JN110669

はじめてのホームページ制作

WordPress 超入門

早崎 祐介

免責事項

- 本書に掲載されている画面および操作説明は、著者の環境における例であり、すべての環境で再現されることを保証するものではありません。なお、OSはWindows10・11、Mac Ventura(13.4)、WordPressのバージョンは6.3.0の動作環境で執筆を行っています。
- 本書に記載されている社名、商品名、製品名などは、一般的に商標または登録商標です。
- 本文中には®、©、TMは記載していません。

はじめに

「会社やお店のホームページを作りたい」

「でも専門知識もないし、何から始めればいいのかわからない」

知識はゼロでも自分でウェブサイトを構築したいという情熱を持つ方にとって、

WordPressは最適な選択です。

本書では、ウェブサイトを持つ意義やレンタルサーバーの契約などの

基本的な知識から始めて、WordPress 5.0で導入されたブロックエディターを活用して、

コンテンツを自由自在に作成する方法まで、初心者向けに丁寧に解説しています。

そして「きれいなホームページができました」で終わりではなく、そこがスタートです。

サイト上での交流の仕組みづくりやセキュリティ対策など、

制作と運営に関する実践的なノウハウも盛り込んでいます。

そこから自力でステップアップして中級者へと送り出すことが本書の目的です。

WordPressは、個人から一流の制作会社が手掛ける企業のウェブサイトまで、

規模の大小を問わず幅広いシーンで活用されています。

超初心者からエキスパートまで、そのニーズに柔軟に対応できるシステムだからこそ、

継続的にステップアップしていきたい方に自信をもってWordPressをおすすめします。

本書は実在するカフェが舞台です。

カフェオーナーのしかくさんがウェブサイト制作に挑む姿を

描くストーリー仕立てで解説が進んでいます。

しかくさんの初心者としての素朴な疑問や成長に共感することでしょう。

本書がウェブサイト制作に奮闘するみなさんにとって、有益な情報となり、

お役に立てることを願っています！

2023年10月　早﨑祐介

この本の登場人物

しかくさん

東京・葛飾のカフェ「CAFE SIKAKU」オーナー。アンティーク家具に囲まれたほっこりする空間で、旬のランチ、イベントなどいろいろな企画を展開中。

ユースケさん

ウェブサイト制作会社代表。WordPressによるサイト構築支援も得意な業務の1つ。「CAFE SIKAKU」の放つ魅力にハマった熱烈なファンの1人。

この2人と一緒に
WordPressの操作を学んでいきましょう

本書は「WordPressってなんですか?」といった超初心者の方でも、ホームページを作れるようになるWordPressの「超」入門書です。
WordPressの最新バージョン6.3.xに対応しており、操作手順をわかりやすく解説します。
お店のサイトを作りたいカフェオーナー・しかくさんとWordPressメンター・ユースケさんの2人のキャラクターによる問答形式で、ステップをひとつずつ踏まえながら、はじめての方でも素敵なホームページを完成させることができます。
過去にHTMLやCSSなどで挫折してしまった方でも、専門知識を意識することなく楽しく読み進められる紙面構成になっていますので、どうぞ安心してご利用ください。
会社やお店のホームページを作りたい方、個人でブログを始めてみたい方、ウェブデザインを学びたい学生の方、WordPressを使えるようになりたいすべての方に最適なWordPressの入門書です。

紙面の見方

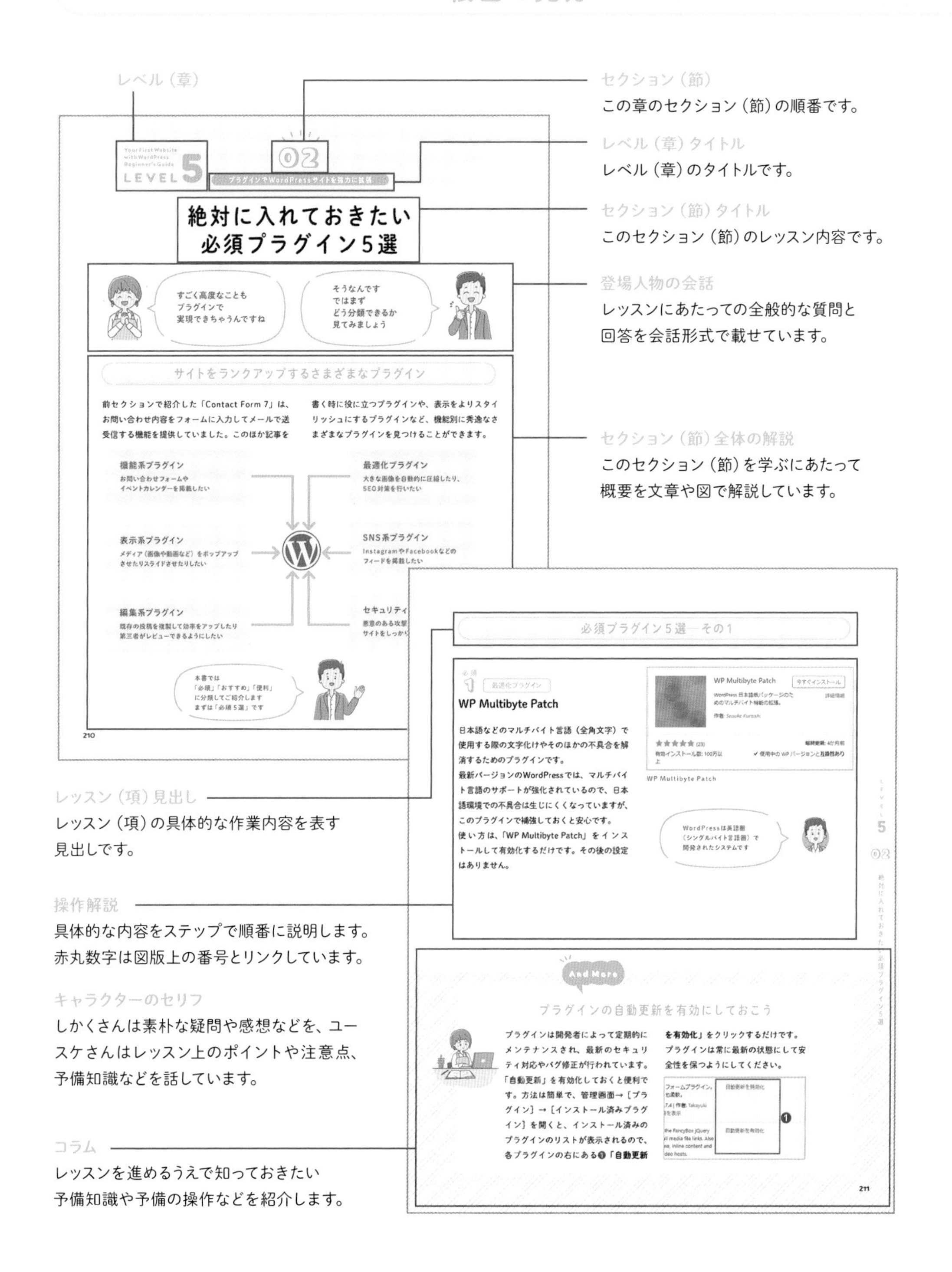

レベル（章）

セクション（節）
この章のセクション（節）の順番です。

レベル（章）タイトル
レベル（章）のタイトルです。

セクション（節）タイトル
このセクション（節）のレッスン内容です。

登場人物の会話
レッスンにあたっての全般的な質問と
回答を会話形式で載せています。

セクション（節）全体の解説
このセクション（節）を学ぶにあたって
概要を文章や図で解説しています。

レッスン（項）見出し
レッスン（項）の具体的な作業内容を表す
見出しです。

操作解説
具体的な内容をステップで順番に説明します。
赤丸数字は図版上の番号とリンクしています。

キャラクターのセリフ
しかくさんは素朴な疑問や感想などを、ユースケさんはレッスン上のポイントや注意点、予備知識などを話しています。

コラム
レッスンを進めるうえで知っておきたい
予備知識や予備の操作などを紹介します。

CONTENTS

COFFEE
Espresso 500-
(Hot / Ice)
Americano 500-
Vienna Coffee
TEA
OPEN
11:00
19:00

LEVEL 8

サンプルサイトについて

本書は、東京都葛飾区に実在する「CAFE SIKAKU」様のご協力をいただき、同店のホームページをWordPressを使って構築していく過程を元にしながら記事を作成しました。
本書にてWordPressを学ぶ際は、実際の「CAFE SIKAKU」のウェブサイトにもアクセスして、どのようなサイトになっているか参考にしてください。

Special Thanks!

CAFE SIKAKU

京成小岩駅の千代田通り商店街にあるカフェ。
アンティークなテーブルや椅子、ソファなど、古めかしくも愛らしい家具たちが醸し出すどこか懐かしい空間で、ほっこりとくつろぎの時間を過ごすことができるカフェです。
旬の食材を使ったランチも人気。
フリマなど、地域に密着したイベントも開催しています。

東京都葛飾区鎌倉4丁目32-13
休業日：日曜・祝日（詳しくはカレンダーで！）

https://cafesikaku.com/

Your First Website
with WordPress
Beginner's Guide

LEVEL 0

はじめての
ウェブサイト

東京・葛飾
とある商店街にて
CAFE
しかく
SIKAKU

お弁当まだあった！
よかった〜！
前から気になっていて……
来られてうれしいです！
ウェブサイト制作会社
代表・ユースケ

いらっしゃいませ！
うちはお弁当だけでなくいろいろ
イベントもやってるんですよ
「ゆかたまつり」に
「クラフトマルシェ」……
いろんなイベントが
あるんですね！
リノベカフェ
CAFE SIKAKU

お店のInstagramは見ていますがもっと宣伝してもいいんじゃないでしょうか……？

うーん……たしかにSNSの投稿だけだとどんどん埋もれていっちゃうんですよね

SNS以外の発信ツールを使ってみるのはどうでしょう？ホームページなら情報発信にも向いていますよ

ホームページ一度作ったことはあるんですけど難しくて
それに私プログラミング？とかそういうのは全然……
ドメイン
CSS
HTML
サーバー

大丈夫です！
WordPressなら知識ゼロからでも問題ありませんよ！
よかったらお店に来たとき少しずつ教えましょうか？

本当ですか？
ぜひ よろしくお願いします！

01
はじめてのウェブサイト

何を伝えるか・誰に伝えるかが重要

ウェブサイトづくりって
何から始めたら
いいんですか？

まずは
ウェブサイトを持つ目的を
明確にしましょう！

どんなウェブサイトにしたいかをイメージする

「ホームページで何ができるのですか？」と聞かれることがありますが、極端にいえばなんでもできますし、なんでも表現できます。ですから、そのように質問されたときは「ホームページで何を表現したいのですか？　あなたのお店の魅力はなんでしょうか？」と聞き返すようにしています。
ウェブサイトを開設すること自体が目的になっていませんか？「サイトを開設する目的」「何を伝えたいのか」をはっきりとイメージすることが、何よりもまず大切です。お店の個性がサイトに表現されていると、その情報を必要としている人にきちんと届くサイトへと成長させていくことができます。
どんなにスタイリッシュでステキなデザインのサイトでも、実店舗のイメージと合っていなければ、ウェブサイトの本領を発揮したとは言えません。
そこで、まず自分の実際のお店（どんな業態でも同様）の魅力や押し出したい個性を明確にイメージするところから始めましょう！

○ ウェブサイトの目的として望ましいこと	× ウェブサイトの目的としてダメなこと
○ お店の魅力や特徴を伝えたい	× とりあえずウェブサイトを持ちたい
○「このお店に行きたいな」と思わせたい	× とにかくかっこいいサイトにしたい
○ 必要としている人に情報を届けたい	× 便利な機能をたくさん実装したい

なんでもできるからこそ
「何を」「誰に」伝えるのか
はっきりとイメージすることが
大切なんですね

そうなんです
いろいろな種類の
ウェブサイトがあるので
まずは代表的な分類を紹介しましょう

ウェブサイトの用途と種類

1 ウェブサイトの用途

ウェブサイトの用途はさまざまです。
代表的な用途を右に挙げてみましょう。

集客	自分の店や会社に来てほしい
採用	スタッフや社員を募集したい
紹介	自分の店や会社を知ってほしい
販売	自分の店や会社の商品を販売したい
発信	自分の店や会社の情報を発信したい

2 ウェブサイトの種類

ウェブサイトの分類の仕方もさまざまですが、大まかに次の8つに分類できます。
「代表的な用途」で黒い文字色の項目が適した用途です。

サイトの種類	具体的な例	代表的な用途（黒い字）
コーポレートサイト	店や会社を紹介するサイト	集客・採用・紹介・販売・発信
ランディングページ	SEO ／見つけてもらうことに特化した（ほとんどの場合）1 ページのサイト	集客・採用・紹介・販売・発信
EC サイト	商品を販売するためのサイト	集客・採用・紹介・販売・発信
オウンドメディア	自らが主体となって発信するメディアの総称	集客・採用・紹介・販売・発信
サービスサイト	店や会社が提供している多様な商品やサービスの中から、特定の商品やサービスに特化して制作されたサイト	集客・採用・紹介・販売・発信
プロモーションサイト ブランドサイト	商品やサービスのイメージ（魅力や世界観）の発信に特化したサイト	集客・採用・紹介・販売・発信
リクルートサイト	求職者に店や会社の魅力をアピールして応募を促すサイト	集客・採用・紹介・販売・発信
ポータルサイト （メディアサイト）	大手検索サイトや行政サイトのような総合的な情報を発信するサイト	集客・採用・紹介・販売・発信

ほかにも「レビューサイト」や「Eラーニングサイト」など時代とともに続々と新しい形態が生み出されています

オウンドメディアとは

「**オウンドメディア**」とは「owned：自分の」「media：媒体」、つまり自分が所有し情報発信するメディア（媒体）のこと。本来は会社や組織がニュースや雑学などを発信するためのサイトを指しますが、広義には自社・自店が運営する公式サイトも含まれています。
オウンドメディアの目的は、自社の商品やサービスへの直接のアプローチではなく、発信される情報が最初のタッチポイントとなり（心をつかみ）、最終的に自社・自店の商品やサービスを知ってもらうことです。
オウンドメディアのメリットは、自分の思いどおりに情報を整理・分類・蓄積できること。SNSでは基本的には時系列にどんどん情報が流れていくので新しい情報にしかユーザーは接触できません。「FacebookやInstagramなどSNSでの発信だけでは不十分」とよくいわれるのは、まさにこのためです。情報を探している人が、SNSだけで有用な情報にたどり着くことはまず期待できないのです。
一方、自分で発信するオウンドメディアなら、特定の情報を必要としている人に届く形で整理・分類・蓄積することができます。その分類に従って必要としている人が、検索で訪問してくれたり、分類に従ってサイト内の特定の情報にたどり着くことができます。
「オウンドメディア」のほか、「ペイドメディア」「アーンドメディア」があります。これら3つを総称して「トリプルメディア」と呼ばれています。
それぞれを上手に住み分け・連携させることで、自社・自店の魅力的な商品やサービスをたくさんの方に手にしていただけるように工夫するとより効果的です。

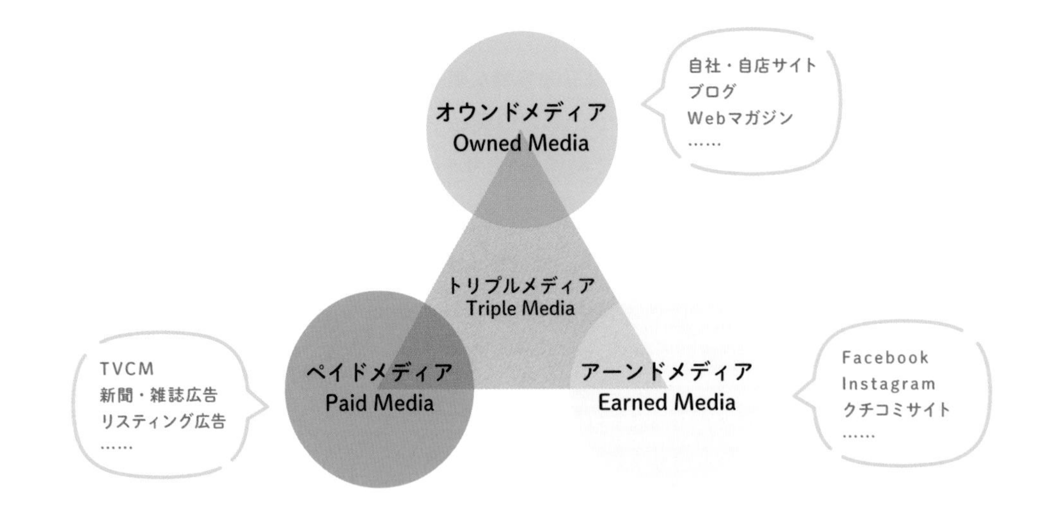

ウェブサイトを開設する目的を定める

1 ウェブサイトで何を伝えたい?

まずはお店の雰囲気ね
それからメニューも
本日のお弁当、営業日も

イベントも定期的に
開催しているんですよね!
テレワークができるスペースが
あることもサイトで情報発信
するとよさそうですよ

CAFEしかくの場合、サイトの用途は「集客」「紹介」、そして「発信」となるでしょう。
サイトの分類は「コーポレートサイト」よりも、自由な意思で幅広い情報を発信できる「オウンドメディア」の性質を意識したほうが面白いサイトになりそうです。

2 ターゲットを具体的に定める

お店に来てほしい人 = サイトを見てほしい人

実店舗をつくるときもそうですが、ウェブサイトをつくるときはターゲットを決めておくことがとても重要です。
性別や年齢層、おひとり様かファミリー層か、趣味や嗜好など、できるだけ具体的にイメージしておきましょう。
明確なターゲットを意識することで、その人に向けてとがった(特徴のはっきりした)サイトづくりができます。
届けたい人にきちんと届くサイトにすることができるのです。

ウチのお店は
商店街の入り口にあるので
ターゲットは
「商店街に来る人みんな」
かな?

まずはざっくりとした方向性を
明確に定めていきましょう
細かいところはサイトを公開した後で
運営しながら育てていけばOKです

“ウェブサイトを育てる”を意識しよう

1 まめに更新する

実際の店舗をイメージしてください。
一度来てくださったお客様にはまた来てもらいたいと思うもの。実際のお店とウェブサイトはこの点でも同じです。
お気に入りの雑貨屋さんでも商品がまったく入れ替わっていなかったらすぐに飽きてしまいますよね。季節ごとに商品を入れ替えたり、定期的にキャンペーンを開催したりして「今日も何か新しい発見ができそう」といったワクワク感を持ってもらうことが重要です。
ウェブサイトを訪れてくれた方にリピーターになってもらうには、サイトもまめに更新して常に新鮮な状態にしておくことがとても大切です。

2 サイトを開設したら そこからがスタート!

実在する店舗とウェブサイトは同じ方向を向くことが大切です。実店舗がオーナーやお客様によって成長していくのと同じように、ウェブサイトも運営しながら育てていきます。方向性をきちんと定めてサイトを作成することも大事ですが、その後に運営しながら絶えず変化し、成長していくように育てることも同じように大事です。

お店もサイトも
お客様と一緒に育てていく!
ステキな考えですね!

SEO対策、最初の一歩

たとえば「東京タワー」と検索すると1億3200万件ものウェブページがヒットします。世界中のサイトを絶えず自動巡回している**検索ロボット（クローラー）**は、世界中のウェブページを**インデックス登録**（索引として整理）して結果を知らせているのです。どのウェブページが「東京タワー」について述べているか知っていて、リストを返すこの仕組みを**「検索エンジン」**といいます。
さらに、検索結果の最上位に表示された「東京タワーの公式サイト」が最も価値があるページだと検索エンジンが判断したわけです。この「最も価値あるページですよ」と検索エンジンにアピールして判断してもらうための対策を**「SEO（Search Engine Optimization＝検索エンジン最適化）」**といいます。
せっかく情報を発信するのですから、SEOを意識したサイトづくりやコンテンツ制作はとても大切です。とはいえ、あまり難しく考える必要はありません。

最も効果的なSEO対策の最初の一歩は

●価値ある情報を発信する

●整理されたわかりやすい構成にする

ことです。
たとえば、「WordPressの初心者向けの本」を探していたあなたが本書を手にするまでに、自分に最適な本をどのように判断したかを思い出してみましょう。
まず本のタイトルを確認して手に取り、ページをめくって、記事の見出しを読み、わかりやすい構成や説明になっているかどうかなどを順に見ていったはずです。
ウェブサイトもこれと同じで、検索ロボットがサイトのタイトル、ページや記事の見出し（大見出しから順にh1、h2、h3……）が順序よく設定されているか、きちんとした構造になっているかを見て、価値あるページかどうかを順位付けしています。
それらの要素に関連する語句を簡潔にわかりやすく盛り込んでいくことがSEOの基本です。

「東京タワー」の検索結果を表示したページ

```
<title>サイトタイトル</title>
<h1>ページタイトルの見出し</h1>
<h1>大見出し</h1>
<p>段落テキスト段落テキスト</p>
<h2>小見出し</h2>
<p>段落テキスト段落テキスト</p>
<h2>小見出し</h2>
<p>.....
```

検索ロボットが見ているソースコードのイメージ

WordPressが最適な理由

サイトを自分で育てるには
WordPressが適している
ということなんですね？

そのとおり！
サイトを運営するために成長してきた
システムがWordPressなんです

コンテンツの執筆・編集に適したWordPress

WordPressは**「CMS」（コンテンツ・マネジメント・システム）**と呼ばれるオープンソース型のウェブサイト構築システムのひとつです。システム自体は無料で使用することができます。
ウェブサイトは写真や文章などの情報で成り立っており、それらを**「コンテンツ」**といいます。コンテンツを管理（マネジメント）するのがCMSです。

WordPressは数あるCMSの中でもコンテンツを執筆・編集することを重要視したシステムです。記事の執筆や編集に特化した「ブロックエディター」を中心として、外観（デザイン）を整える**「テーマ」**、機能を追加する**「プラグイン」**など、サイトを快適に運営するために世界中の人々によって日々開発が続けられています。

WordPress のメリット	メリットの詳細
記事の執筆・編集に最適	バージョン 5 で採用された「ブロックエディター」がより快適に
テーマが豊富	用途に応じて選べる無料のテーマが 10,000 種類以上ある
プラグインが豊富	プログラミングせずにさまざまな機能を追加することができる
情報交換が活発	世界中のウェブサイトの 40% で利用されており問題解決が速い

オープンソースソフトウェアである
WordPressはユーザー目線で
開発されています
誰でも自由に使いやすい
システムを目指しているんです！

WordPress導入のメリット

1 初心者でもサイトが作れる

ウェブサイトを構築するには、本来はHTMLやJavaScriptなどを使った専門的なコーディングが必要です。しかし、WordPressでは豊富なデザインテンプレートを活用するなどして、本格的なウェブサイトを**ノーコード**（プログラミングしないこと）で構築することができます。

2 直感的に記事が作成できる

WordPressのバージョン5で導入された「**ブロックエディター**」は、複雑なレイアウトでもブロックを積み上げるように直感的な操作で記事を作成していくことができます。

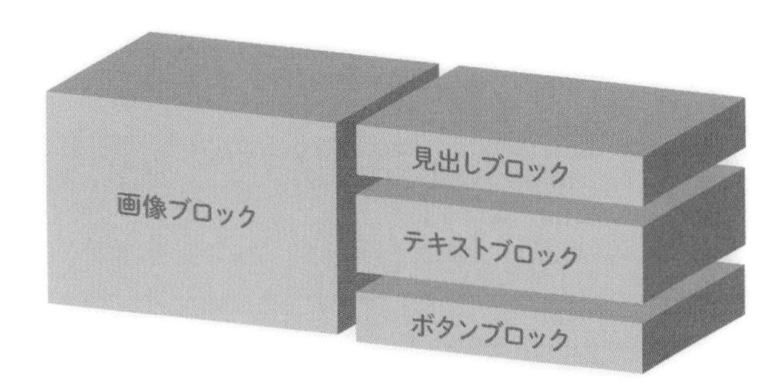

オープンソースソフトウェア――開発者は世界中のユーザー

「オープンソースソフトウェア」とは、システムのソースコードが公開されていて、ソースコードの改変や再配布が自由に認められている無償のソフトウェアのこと。誰でもWordPressのソースコードを見ることができ、誰でもその開発者になれるのです。
みんなが使いやすいシステムを目指して世界中のユーザーが開発を進めているシステム、それがWordPressです。

3 スタイリッシュなテーマが豊富

公式ディレクトリに登録されているテーマの豊富さもWordPressの大きなメリットです。無料のものだけでも10,000点以上もあります。世界中の個人や団体によって、さまざまなテーマがリリースされています。
目的に合わせて好みのテーマを選ぶだけでも、スタイリッシュなサイトを構築することができます。

さらに高度な機能がある
有料のテーマも
多数リリースされています

サイトの利用者から見えるWordPressのデザインは「テーマ」で定義されています。
サイトの管理者はテーマを切り替えるだけでWordPressの外観を簡単に変更できます。

4 ほしい機能はプラグインで

テーマと同様に、**プラグイン**（サイトに機能を追加するツール）も日々開発されています。プログラミングの知識がなくても、「お問い合わせフォーム」「スライドギャラリー」「営業カレンダー」などの機能を簡単に追加することができます。

5 世界シェア4割超で情報が豊富

個人のブログから大規模な商用サイトまで、世界中の40%を超えるサイトでWordPressが使われています。それだけほかのCMSと比べてもやり取りされている情報量が豊富です。
「こんな機能を入れたいな」「これはどうしたらいいんだろう？」と思ったら、ネット検索でたくさんの情報を得られるのもWordPressを利用するメリットです。

W3Techs
Web Technology Surveys

Monetize your audience: Fund an OSS project or website with EthicalAds, a privacy-first ad network

Ads by EthicalAds　advertise here

provided by Q-Success

Home　Technologies　Reports　Sites　Quality　Users　Blog　Forum　FAQ　Search

Featured products and services　advertise here

Web Design Tips, Tutorials, and Guides - DesignBombs　WordPress Tutorials & Themes - ThemeIsle

Trend: Usage / Market Share
Time Frame: Monthly / Quarterly / Yearly
Report: Complete Historical Trends Report

Technologies > Content Management > Usage Trend > Monthly

Historical trends in the usage statistics of content management systems

This report shows the historical trends in the usage of the top content management systems since June 2022.

	2022 1 Jun	2022 1 Jul	2022 1 Aug	2022 1 Sep	2022 1 Oct	2022 1 Nov	2022 1 Dec	2023 1 Jan	2023 1 Feb	2023 1 Mar	2023 1 Apr	2023 1 May	2023 1 Jun	2023 7 Jun
None	33.0%	33.1%	33.1%	33.0%	33.1%	32.9%	32.8%	32.3%	32.0%	31.9%	31.7%	31.7%	31.7%	31.7%
WordPress	42.9%	43.0%	43.0%	43.0%	43.0%	43.1%	43.0%	43.1%	43.2%	43.2%	43.2%	43.2%	43.1%	43.2%
Shopify	4.3%	4.2%	4.2%	4.1%	4.1%	4.1%	4.0%	3.8%	3.8%	3.8%	3.8%	3.8%	3.8%	3.8%
Wix	2.3%	2.3%	2.3%	2.3%	2.3%	2.3%	2.4%	2.4%	2.5%	2.5%	2.5%	2.5%	2.5%	2.5%
Squarespace	2.0%	2.0%	2.0%	2.0%	2.0%	2.0%	2.0%	2.0%	2.1%	2.1%	2.1%	2.1%	2.1%	2.1%
Joomla	1.6%	1.6%	1.6%	1.6%	1.6%	1.6%	1.7%	1.8%	1.8%	1.8%	1.8%	1.8%	1.8%	1.8%
Drupal	1.2%	1.2%	1.2%	1.2%	1.2%	1.2%	1.2%	1.2%	1.2%	1.2%	1.2%	1.2%	1.2%	1.2%
Adobe Systems	1.1%	1.1%	1.1%	1.1%	1.1%	1.1%	1.1%	1.1%	1.1%	1.1%	1.1%	1.1%	1.1%	1.1%
PrestaShop	0.5%	0.5%	0.6%	0.6%	0.6%	0.6%	0.6%	0.7%	0.7%	0.7%	0.7%	0.8%	0.8%	0.8%
Google Systems	0.9%	0.9%	0.9%	0.9%	0.9%	0.9%	0.8%	0.8%	0.8%	0.8%	0.8%	0.8%	0.8%	0.8%
Bitrix	0.8%	0.8%	0.8%	0.8%	0.8%	0.8%	0.8%	0.8%	0.7%	0.7%	0.7%	0.7%	0.7%	0.7%

	2022 1 Jun	2022 1 Jul	2022 1 Aug	2022 1 Sep
None	33.0%	33.1%	33.1%	33.0%
WordPress	42.9%	43.0%	43.0%	43.0%
Shopify	4.3%	4.2%	4.2%	4.1%
Wix	2.3%	2.3%	2.3%	2.3%
Squarespace	2.0%	2.0%	2.0%	2.0%
Joomla	1.6%	1.6%	1.6%	1.6%
Drupal	1.2%	1.2%	1.2%	1.2%

ウェブ市場調査会社「Q-Success」社の調査レポート
https://w3techs.com/technologies/history_overview/content_management/all

And More

WordPress以外にもある初心者にやさしいCMS

WordPress以外にもある初心者向けのCMSを3つ紹介しましょう。

■「Jindo」（ジンドゥー）：「本業に集中したいあなたにピッタリのホームページ作成ツール、それがジンドゥー」がキャッチフレーズ。デザインを選んで、コンテンツを感覚的に入れていけばすぐに完成するイメージです。

■「Wix」（ウィックス）：直感的に操作できるのが特徴です。おしゃれで気のきいたパーツが多数あります。

■「Goope」（グーペ）：デザインの自由度はほかと比べると低いものの使いやすさが追求されており、お店のホームページ作成・管理に適しています。

CMSはWordPressも含めて自分の求めるものに最適なものはどれか調べてみる必要があります。とはいえ調査に時間をかけすぎることなく、とにかくトライしてみることをおすすめします。

WordPress導入のデメリット

1 問題解決は自己責任で

WordPress本体の開発は世界中のボランティアにより進められています。そのため問題が生じた場合でも原則として自分で解決する責任があります。
しかし、前述のとおり世界中のWordPressユーザーが豊富な情報を発信しているので、そこから解決策やその糸口を見つけることができるはずです。

2 攻撃の対象になりやすい

世界中の多くのサイトがWordPressを活用しています。それは、裏を返せばそれだけ悪意を持ったハッカーによる攻撃対象にされやすいとも言えるのです。
とはいえ心配しすぎず、本書「LEVEL 7　安全にウェブサイトを運営するには」(P.257)を参考に、基本的な対策を施していればある程度は大丈夫です。

わからないことがいっぱいだと
不安はつのるけど
リスクもきちんと理解して
対策するということね

3 本格的なカスタマイズはハードルが高い

メリットの1で述べたようにWordPressはノーコード（プログラミングしないこと）である程度完成されたサイトを作ることができます。
しかし、自分が望むとおりに自由自在にカスタマイズしたい場合は、プログラミングは避けられず、専門的な深い知識が必要になります。

WordPress導入の成功のカギは
デメリットもきちんと理解して活用することです
サイバー攻撃などからの防衛・対処方法についても
きちんと理解しておきましょう

And More

問題解決のカギは「探求心」と「検索力」

サイトを構築するうえで、問題にぶつかったり、アイデアはあるのに実現する方法がわからず、つまずくことがあります。
そんな時に成功するためのカギが「探求心」です。インターネットなどで得られる情報をさまざまな角度から考察していくと、直接的な解決策や解決するためのヒントを見つけられるかもしれません。
そこで求められるのが「検索力」です。

本書でわからないことにぶつかったら、まずは「WordPress ○○○○」などとネット検索してみて、問題解決する力を身に付けることが成功のカギです。

03
はじめてのウェブサイト

スマートフォン対応は あたりまえ

最近はスマホでネットを
見る人がほとんどですよね

そうですね！
近年のWebサイトはスマホからの
閲覧を前提に作られていますよ

スマートフォンを意識したサイトづくり

現在、20～50歳代の約８割がスマートフォン（スマホ）を持っていると言われており、**インターネット利用の中心にスマホがある**といっても過言ではありません。いまや**サイトをつくるうえでスマホ表示を意識することは必須**の条件となっています。
これは単純にスマホでサイトが見られればよいということではなく、スマホでの表示や操作に最適化されている必要があるということです（下図参考）。
WordPressで構築したサイトがスマホに適しているかどうかは、選択する「テーマ」によって異なります。ほとんどのテーマがスマホに最適化されていますが、スマホではどのように表示されるのか、どのような操作性になるのか、テーマを選ぶときに確認しておきましょう。

- ☑ 表示：崩れない・画面からはみ出ない
- ☑ 表示：文字や画像を拡大しなくても見やすい
- ☑ 操作：片手での操作が考慮されている
- ☑ 操作：ボタンはタッチしやすいサイズになっている

スマホでの表示が問題ないか
操作はしやすいか
きちんとチェックするということね

スマートフォン対応のため知っておきたいこと

1 レスポンシブウェブデザインに対応したテーマを選ぶ

「レスポンシブウェブデザイン」とは、パソコンやタブレット、スマホなど機器（デバイス）の画面サイズに合わせて自動的に表示が変化する仕組みのことです。
パソコンでブラウザ幅を狭くしたり広くしたりすると、その幅に応じて文字や画像の大きさやレイアウトが変化します。

ブラウザとは、Microsoft EdgeやGoogle Chrome、Safariなどのインターネットを閲覧するためのツールのことです。

本書では
レスポンシブウェブデザインに
対応したテーマのひとつ
「Arkhe（アルケー）」を
使っていきます

ひとつのソースでさまざまなデバイスに適切に表示させる
「レスポンシブウェブデザイン」（レスポンシブデザイン）

And More

プラグインでスマホに対応させる方法もある

パソコンやスマホなど、さまざまな画面サイズで適切に表示するには、レスポンシブウェブデザインに対応したテーマを使うのが主流です。ひとつのテーマでさまざまな画面サイズの表示に対応できます。
一方、「WPtouch」というプラグインを使用すると、パソコンとスマホでの閲覧時に使用するテーマ自体を自動的に切り替えることができます。

2 「モバイルファースト」と「スマホファースト」

多くの人が家の中でも外でもネットを利用しているため、パソコン表示よりもモバイル機器での閲覧を優先する考え方が主流になっています。
持ち運びに適したスマホやタブレットなど、モバイル機器での利用を第一に意識してサイトを作成することを**「モバイルファースト」**といいます。
さらに、最近では**「スマホファースト」**という言葉も登場し、スマホユーザー中心のコンテンツが多く見られます。

スマホが普及し、移動中にネットを利用する機会が増えました

人々のネット利用が
固定された場所から移動中へと
変化してきた時代背景があります

3 パソコンとスマホの両方で表示をチェックする

コンテンツを作成したら、パソコンとスマホ両方の画面表示を確認してください。

- ☑ 全体の表示：崩れていないか
- ☑ コンテンツ：表示される順番は適切か
- ☑ 文字や画像：拡大しなくても見やすいか
- ☑ ボタンやリンク：操作しやすいか

パソコンだけ　スマホだけではなく
いろいろなデバイスにきちんと
対応したサイトづくりが大切です

“モバイルフレンドリー”なウェブサイトにする

これまで見てきたとおり、スマホやタブレットなどのモバイル端末で使いやすいサイトづくりを考慮することは必須です。

このことを「**モバイルフレンドリー**」と呼びます。

モバイルでも見やすく操作しやすくなっているかどうか、つまりモバイルフレンドリーかどうかはSEOの観点からも重要です。

サイトがモバイルフレンドリーかどうかをチェックするには、Googleが提供している「**モバイルフレンドリーテスト**」というツールで簡単にチェックできます（下図参照）。

【Googleのモバイルフレンドリーテスト】
https://search.google.com/test/mobile-friendly

見やすく使いやすいサイトにするために、代表的なモバイルフレンドリーのチェックポイントを紹介しましょう。

●「文字サイズ」「文字幅」「行間」

文字サイズが小さすぎたり、あるいは適切な大きさでも行間が詰まり過ぎていると、読みやすさは著しく低下します。これらはモバイルフレンドリーに大きく影響します。

●「ボタンの大きさ」「タップ要素の間隔」

ボタンが小さすぎたり、ボタン間が近すぎて操作しにくいといった経験はありませんか？要素のサイズや要素同士の間隔を適切に配置することもモバイルフレンドリーの重要なポイントです。

モバイルのネット人口が大幅に増加したのに伴いモバイルフレンドリーの重要性も高まっています

Googleのモバイルフレンドリーテスト結果を知らせる表示。モバイル利用OK（左）と利用NG（右）

知っておきたい 基本的なレイアウト

サイトのイロハを知るってとっても大切なことなんですね！

レッスンを進めるためにもう少しだけ基本的なことを学んでおきましょう

ウェブページの基本的な構成

サイトの目的に合わせて、「情報をわかりやすく視覚化」することはとても大切です。そのためにはウェブページの基本的な構成を知っている必要があります。一般的な構成を確認しておきましょう。

ヘッダー

メインコンテンツ

サイドバー

フッター

【ヘッダー】
ページの最上部のエリアです。サイトのロゴや連絡先など全ページ共通の重要な情報が配置されます。
主要なページにアクセスするための「ナビゲーション」はほとんどの場合にヘッダーに配置されます。

【メインコンテンツ】
ページの主軸となるメインエリアです。多くの場合、ページで最も見てほしい情報が詰まったエリアになります。

【サイドバー】
左か右もしくは両端に配置されます。最新情報や関連記事、副次的な情報のためのエリアです。
広告やサイト全体を探索してもらうための仕掛けを組み込むことなどもできます。

【フッター】
ページの最下部のエリアで、一般的にコピーライト表記やサイトの基本情報、サイトマップなどが配置されます。

基本的なレイアウトパターン

レイアウトは「**カラム（段組み、もしくは列）**」の数や配置のパターンによって分類することができます。代表的なパターンを紹介しましょう。

1 シングルカラムレイアウト

カラム（段組み）が1つ。サイドバーがなく、メインコンテンツが幅いっぱいに配置されたレイアウトです。

大胆なレイアウトが可能で
記事に集中しやすいところが
メリットです

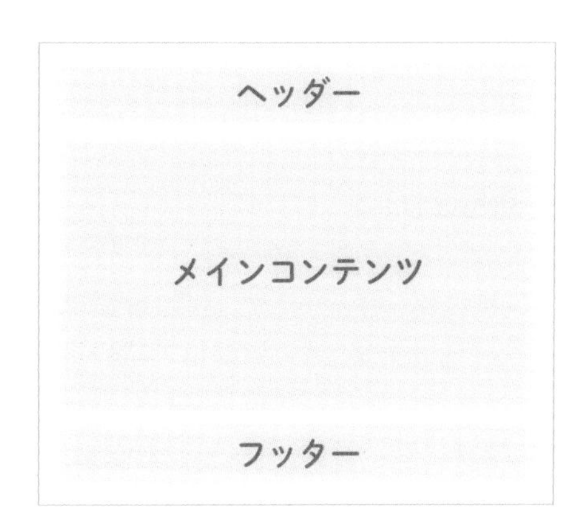

2 マルチカラムレイアウト

メインコンテンツの片側もしくは両側にサイドバーが配置され、カラムは2つか3つ。

サイドバーから別のページへも
訪問してもらいやすいんですね！

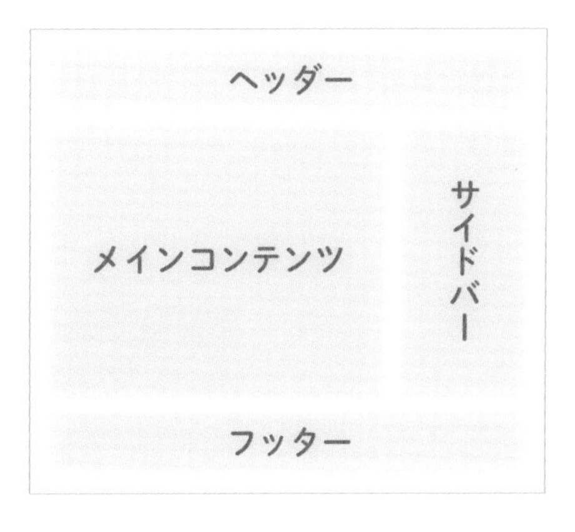

3 タイル型レイアウト

タイル状の四角形をページいっぱいに敷き詰めたレイアウトです。

カードを起点に複数の情報に
アクセスできるのがメリットです
たとえばショッピングサイトなどに
適しています

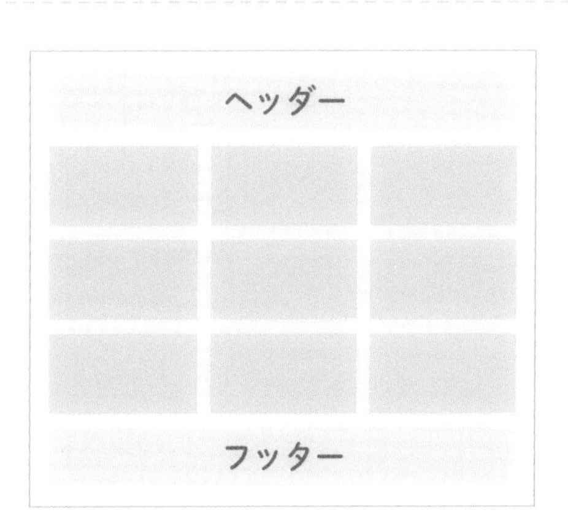

実は2種類あるWordPress

WordPressには、「WordPress.org」と「WordPress.com」の2種類が存在します。

WordPress.org

世界的なコミュニティが提供しているインストール型のWordPressです。一般的に「WordPress」と言えばこちらを指し、本書が説明しているのもこのインストール型のWordPressです。オープンソースソフトウェアで誰もが無料で使用することができます。本格的にウェブサイトを運営するなら断然自由度の高いのが「org」です。

WordPress.com

サーバーも何もかもがパッケージになったホスティング型のWordPressです。運営はAutomatic社で、有料プランも提供されています。とにかく手軽に始めるならすべてがパッケージになったcomを使うのもよいでしょう。もちろんお金をかければ、充実したサポートを受けながら本格的なウェブサイト運営が「com」で構築できます。

	WordPress.org	WordPress.com
日本語サイト	https://ja.wordpress.org/	https://wordpress.com/ja/
利用形態	【インストール型】 自分でサーバーを用意してWordPressも自分でインストールして利用する	【ホスティング型】 WordPress.comが用意しているサーバーとWordPressをすぐに利用できる

Your First Website
with WordPress
Beginner's Guide

LEVEL 1

WordPressサイトを
最速公開

WordPressサイトの公開までの流れ

サイト制作の全体像が
イメージできると
いいんですけど……

そうですね
次に大まかな流れを
見てみましょうか

ウェブサイトの表示に必要な3つ

いざ「ウェブサイトを作ろう！」と思っても、「何から手をつければいいんだろう？」「どんな手順で進めていくのだろう？」といったように、はじめの一歩がわからないことも多いことでしょう。

まずはこのページで、インターネット上でウェブサイトが表示される仕組みについてざっくりとイメージをつかんでみてください。
最低限覚えておきたい用語は以下の3つです。

【ブラウザ】
パソコンやスマホなどを利用してウェブサイトを閲覧するためのアプリの総称です。
ユーザーが多い代表的なブラウザはGoogle ChromeやSafari、Microsoft Edgeなどです。

【URL】（ユー・アール・エル）
インターネット上の位置や情報を示すものです。
たとえば「https://www.yahoo.co.jp」というURLにアクセスすると「Yahoo! JAPAN」のウェブサイトを閲覧することができます。

【ウェブサーバー】
ウェブサイトのデータを実際に格納しておくサーバーのことです。
サーバーとは、パソコンやスマホのようにいろいろな処理をしてくれるコンピュータの一種です。

ウェブサイトが表示される仕組み

インターネットの情報を閲覧するためにブラウザを使います。その時にブラウザとインターネットの間でどのようなやり取りがなされているのでしょうか。その仕組みをごく簡単に図解してみましょう。

パソコンやスマホのブラウザ

ユーザーがURLを入力して「この記事を見せて」とインターネット経由でウェブサーバーに要求

リクエスト（要求）

レスポンス（応答）

ウェブサーバー

インターネット経由でURLを解析しウェブサーバーを特定して「このページだね、送るよ！」とブラウザに応答

ざっくりとしたイメージをつかめばOKです
押さえておきたいポイントは
「リクエスト（要求）したら
ウェブサーバーがレスポンス（応答）してくれる」
ということ
次にWordPress設置の流れを
見ていきましょう！

WordPressサイト公開前の準備作業

1 ウェブサーバーの契約

ウェブサイトを公開するには、その**データを格納しておく「ウェブサーバー」を確保**する必要があります。
民間のレンタルサーバー会社のサービスを利用するのが一般的です（有償で費用は月額1,000円程度が相場です）。

2 独自ドメイン取得とSSL

「ドメイン」とは、ウェブサイトのデータが置かれた**場所を特定する住所**のようなものです。
URLが「https://www.yahoo.co.jp/」であれば、「yahoo.co.jp」の部分がドメインです。
種類によって取得・維持費用が異なります。
独自ドメインとウェブサーバーとの関連付けや、通信暗号化のためのSSLの設定も行います。

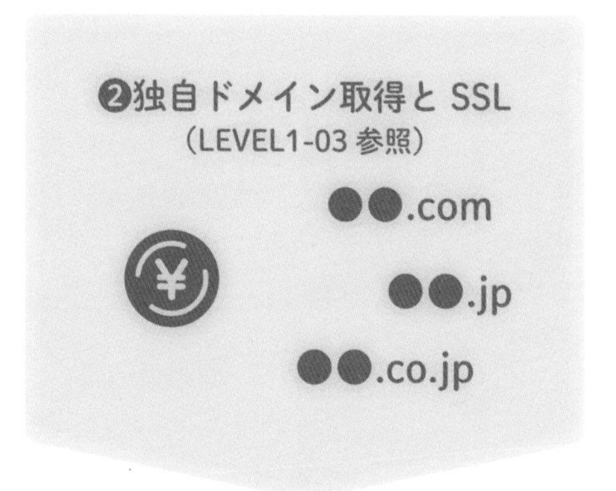

3 データベース生成

「データベース」とは、設定や記事などウェブサイトが機能するために**WordPressが必要な情報を格納するための箱**のようなものです。使用するレンタルサーバーによっては自動で生成されます。

WordPressをサーバーに導入

WordPressをサーバーに導入します。ほとんどのレンタルサーバーでは「WordPress簡単インストール」といった導入専用のツールが用意されており、誰でも簡単にサーバーにWordPressを導入できるようになっています。

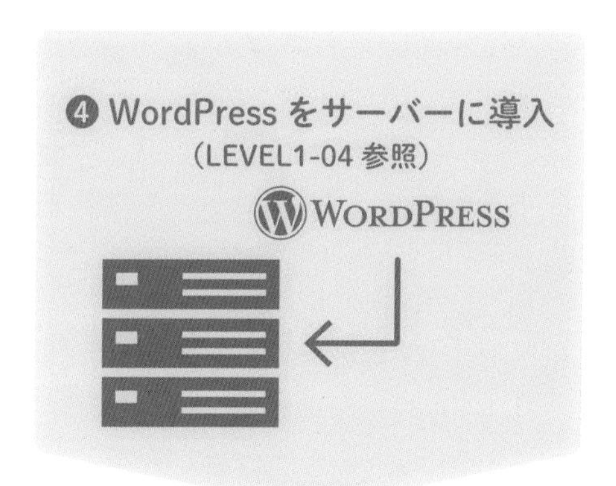

WordPress本体のインストール

サーバーに導入したらWordPressの初期設定を行います。WordPressでは、この初期設定の作業を**「インストール」**と呼んでいます。使用するレンタルサーバーによっては「データベース生成」「WordPressをサーバーに導入」「WordPress本体のインストール」を同時に行えるものもあります。

「ウェブサーバーの契約」から
順番にやっていくのね！

ウェブサーバーの契約

まずは
ウェブサーバーを用意する
ってことでしたね

そうですね
レンタルサーバーを利用するのが
カンタンで便利ですよ

レンタルサーバーを利用するのが便利でカンタン！

自分のウェブサイトを世界中の人に見てもらうためには、どこからでもアクセスできる場所にウェブサイトのデータを置いておく必要があります。
いくつか方法はありますが、**簡単なのはレンタルサーバー（ウェブサーバー）を契約する方法**です。
ここでは、初心者やWordPress利用者向けの便利な機能・サービスを提供している事業者をいくつか紹介します。
どの事業者も契約や設定に大きな違いはありません。
多くの場合「無料お試し期間」が設けられているので、いくつか試してみて自分にあったサーバーを選びましょう。
本書では、「Xserver（エックスサーバー）」を利用して進めていきます。

事業者	初期費用	月額費用	容量	データベース	独自SSL	特徴
Conoha WING	0円	941円〜	300GB	無制限	○	比較的高速
Xserver	0円	990円〜	300GB	無制限	○	利用者が多い
Little Server	920円	150円〜	20GB	3個	○	比較的低料金

サイトの表示速度・容量・サービスの充実度・安定性・料金などさまざまな要素がバランスよく用意されていることが大切です
独自SSL：インターネット上の通信を暗号化して送受信する安全のための仕組みのことです。詳しくは以降で説明します
2023年8月現在

【重要】
レンタルサーバーにはさまざまなプランが用意されています。
必ず「WordPressが利用可能」なプランを選んでください。

「レンタルサーバー 比較」などとネットで検索するとサーバーごとの特徴を比較した情報がたくさん見つかりますよ
いろいろ調べてみてくださいね

Xserverのレンタルサーバーを契約する

1 Xserverのサイトで［お申し込み］をクリック

まずXserverのウェブサイトにアクセスしましょう（https://www.xserver.ne.jp/）。
ヘッダーにある❶［**お申し込み**］または「プラン一覧」の❷［**まずはお試し！10日間無料！**］をクリックします。
「お申し込みフォーム」のページが表示されるので、［10日間無料お試し 新規お申込み］をクリックします。

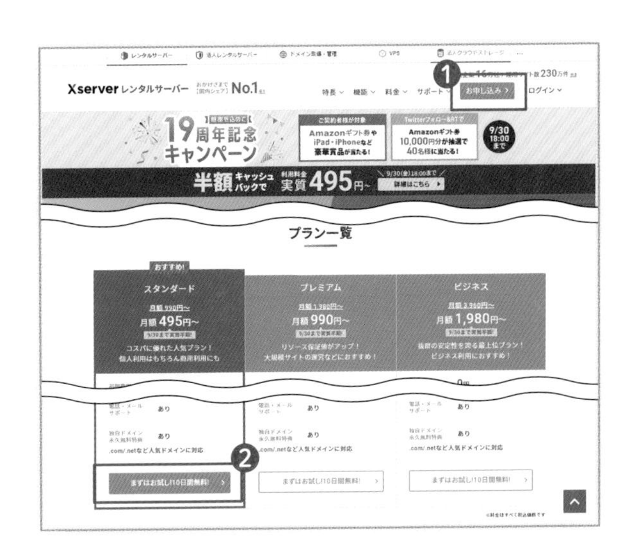

2 プランを選択して申し込む

いくつかのプランが表示されますが、今回は❸「**スタンダード**」プランを選択し、❹［**Xserverアカウントの登録へ進む**］をクリックして登録に進みます。
その後、表示される手順に沿って申し込み手続きを進め、契約を完了しましょう。
申し込みの詳しい手順については、Xserverのウェブサイトなどを参照してください。

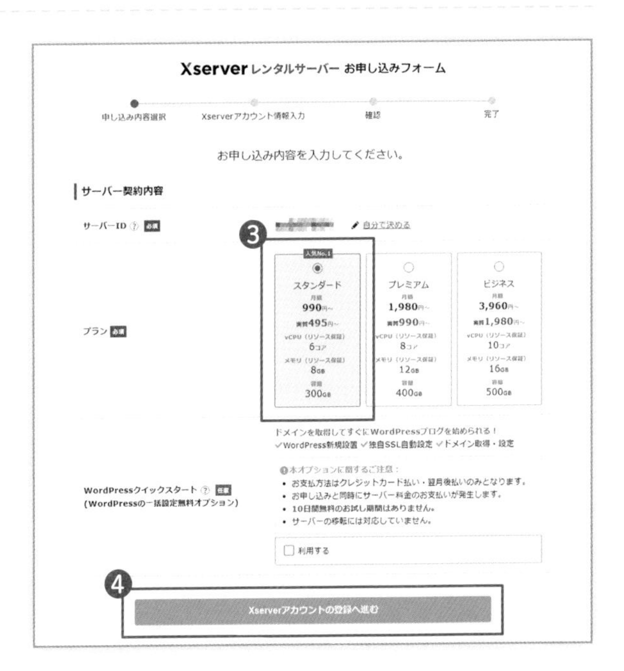

独自ドメインの取得

ドメインは「インターネット上の住所」

インターネットにつながったパソコンやスマホは、個体（デバイス）識別のために"192.168.123.123"のような数字が割り当てられています。この数字を**「IPアドレス」**と言います。
数字が羅列されたIPアドレスでは意味がわからないので、わかりやすい名前と紐付けることでその場所にアクセスしやすくします。この名前のことを**「ドメイン」**と呼びます。インターネット上の特定の場所を表す住所のようなものです。
「.com」、「.net」、「.jp」、「.co.jp」などを「トップレベルドメイン」といい、下表のようにサイトの用途によって分類されています。ほとんどのレンタルサーバー事業者が独自ドメインの取得サービスを提供しており、手軽に取得できます。

ドメイン	主な用途
.com	商用向けのもっとも一般的なドメイン
.net	ネットワークに関するサービス事業者向けのドメイン
.jp	「日本のウェブサイト」を意味するドメイン
.co.jp	日本国内で法人登記を行っている企業向けのドメイン

知っておきたいドメインの知識

1 覚えやすく入力しやすいドメインにするのがオススメ

独自ドメインは、**店名や会社名、商品、サービス名など連想しやすいもの**にするのがおすすめです。入力しやすいように、短めにすることも大切です。
日本語のドメインも可能ですが、世界中からアクセスされることを考えると英数字にするのがいいでしょう。単語や意味の区切りにハイフン(-) を付けるのもわかりやすいです。

cafesikaku.com

SNSアカウントを持っているなら
そのアカウント名と揃えると
伝わりやすさがアップしますよ！

2 独自ドメインのメリット①——信頼性がアップ

独自ドメインにすることで商売や事業のウェブサイトとしての信頼感がアップします。
レンタルサーバーの契約直後は「○○○ .xsrv.jp」のような初期ドメインが割り当てられます。この初期ドメインでもサイトは公開できるのですが、たとえるなら他店舗の一部を間借りして商売しているようなものといえるでしょう。
独自ドメインでサイトを公開することで、独立したお店をかまえてきちんとビジネスをしている印象を与えることができます。

独自ドメインのサイトで信頼感をアップ！（写真はイメージです）

独自ドメインは
看板を掲げて営業する
独立した自分のお店
だといえます

知っておきたいドメインの知識（続き）

3 独自ドメインのメリット②
——メールアドレスも独自に

独自ドメインを取得すると、ウェブサイトだけでなく、**メールアドレスの@以降**にも独自ドメインを使用することができます。
ほとんどのレンタルサーバーがこれに対応しており、Xserverの場合にはサーバー管理画面の「メールアカウント設定」から、ドメインを使ったメールアドレスを作成することができます。

フリーメールやサーバーの初期ドメインだと
以下のようなメールアドレスで独立した感じが薄い

mail@yahoo.co.jp
mail@xxxx.xsrv.jp

独自ドメインのメールアドレスで独立性を主張できる

mail@cafesikaku.com
↑独自ドメイン

4 独自ドメインのメリット③
——自分の資産になる

誰かがすでに取得したドメイン名は他者が使うことができません。
そのため、**独自ドメインは自分のブランド**として育てていくことができます。
ドメイン名に紐づいた事業展開やサービス価値の向上ができるわけです。

【重要】
ドメインには期限があるため、更新する必要があります。うっかり失効しないように注意しましょう。

実際のお店も
ウェブサイトもドメイン名も
一緒に時間をかけて育てていく
ということなんですね！

では
これを読んでいるあなたは
自分が取得するドメイン名を決めてから
次のステップに進めてくださいね

独自ドメインを新規取得する

1 Xserverアカウントにログインする

まずはXserverの公式サイト（https://www.xserver.ne.jp/）にアクセスしましょう。

右上の❶［ログイン］をマウスホバーして表示されるサブメニューから「Xserverアカウント」をクリックします。

「Xserverアカウント ログイン」画面が表示されます。レンタルサーバー契約時のアカウント情報に基づいて、❷「メールアドレス」（もしくはXserverアカウントID）と❸「パスワード」を入力。❹［ログインする］をクリックしてログインします。

すでにログイン済みなら
このステップはスキップしてください

2 ドメイン取得をクリック

表示された「Xserverレンタルサーバー」管理画面で❺［+ドメイン取得］をクリックします。

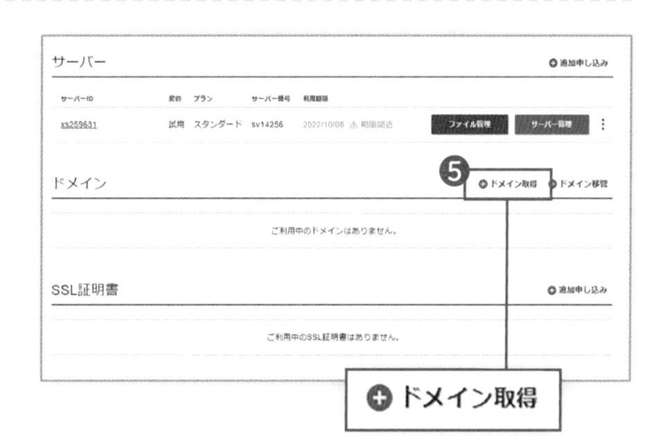

独自ドメインの無料特典を活用しよう

多くのレンタルサーバーでは、1つめのドメインを無料で取得できるサービスを提供しています。
Xserverの場合は、管理画面の「各種特典のお申し込み」というメニューを見つけて特典を活用してみてください（2023年8月時点の情報です。期間限定のキャンペーンの場合もあります）。

ほかのレンタルサーバー事業者からも
同様のサービスが提供されています
各社の公式マニュアルなどを活用して
独自ドメインを取得してみましょう

独自ドメインを新規取得する（続き）

3 希望するドメインを入力して取得可能か検索してみる

表示された「Xserverドメインのお申し込み」画面の❶「**取得したいドメインを入力**」に希望するドメイン名を入力しましょう。

❷取得したいドメインの種類（com、net、jpなど）を選択して、ページ下部にある❸［**ドメインを検索する**］をクリックして、取得可能かどうかを調べます。

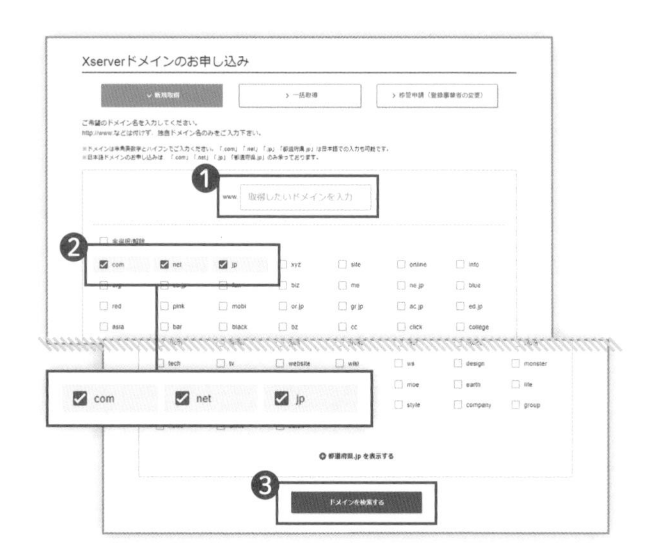

4 取得可能なドメインが一覧表示される

❹**検索結果の一覧**が表示されます。取得可能なドメインはチェックボックスで選択できるようになっています。

取得可能な複数のドメインの中から、取得したいドメインを1つ選択し、「登録年数」を設定します（複数のドメインを取得することも可能です）。

「利用規約」と「個人情報の取り扱いについて」を読み、同意したことを示すチェックを入れます。

❺［**お申し込み内容の確認とお支払いへ進む**］をクリックして取得手順を続行します。

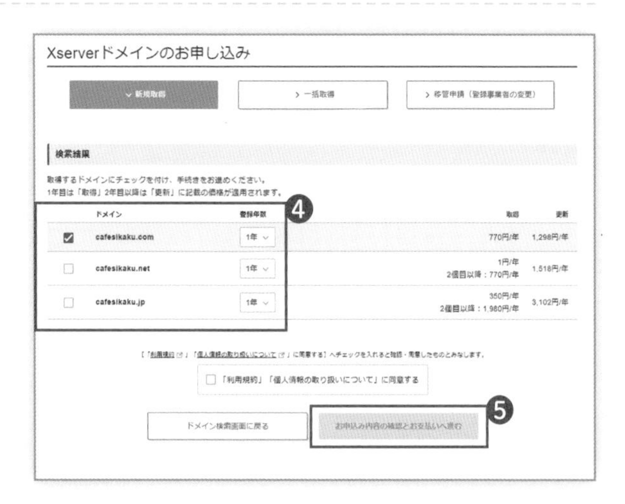

執筆時点の手順を示しました
申込方法などの仕様は
変わることがありますので
わからないことがあったら
ネットで調べてくださいね

5 ドメイン取得を完了させる

あとは表示に沿って手順を進めていきましょう。料金の支払いが反映されればドメインの取得は完了です。

Xserverレンタルサーバー管理画面のトップページに❶**取得したドメインが表示**されていることを確認してください。

And More

SSLでインターネット通信を安全に

SSL で保護されている安全なサイト
（SSL 経由のプロトコル）

https://**cafesikaku.com**

SSL が適用されていないサイト
（保護されていないプロトコル）

http://**cafesikaku.com**

httpsから始まるURLでアクセスする「SSL」（Secure Sockets Layer）とは、インターネット上で安全にデータ通信をする仕組み（プロトコル）です。

ブラウザで、URLが入力されている**アドレスバー部分の鍵マーク**で簡単に見分けることができます（表示はブラウザによって異なります）。

この仕組みにより、悪意のある第三者から個人情報などの通信を守ったり、通信される重要な情報の改ざんを防ぐ役割を果たしています。

もとはクレジットカードや個人情報を扱うなど、秘匿性が求められるサイトの情報通信のためのものでしたが、インターネットの普及により、SSL化はすべてのサイトで導入するべきだと考えられるようになりました。

取得した独自ドメインをサーバーに追加する

1 ［サーバー管理］ボタンからサーバーパネルを開く

ここまでの作業で、新しい独自ドメインを無事に取得することができました。
次のステップとして、取得した独自ドメインをサーバーに追加する必要があります。
Xserverのレンタルサーバー管理画面で簡単に行うことができます。
まずは❶［サーバー管理］をクリックして「サーバーパネル」画面を表示します。

ここで行うのは
●取得したドメインをサーバーに追加
●SSL経由でアクセスできるよう設定する
の2つです

2 「ドメイン設定」画面を開く

「サーバーパネル」→❷［ドメイン設定］→ドメイン設定」画面を開きます。
ついで❸「**ドメイン設定追加**」タブページで取得したドメインを入力します❹。
ここで「**無料独自SSLを利用する（推奨）**」にチェックされていることを確認してください。SSLによる安全な通信を行うために必要です。
❺［**確認画面へ進む**］→次に表示された画面で［追加する］をクリックします。
これで取得した新しい独自ドメインをサーバーに追加する作業は完了です。

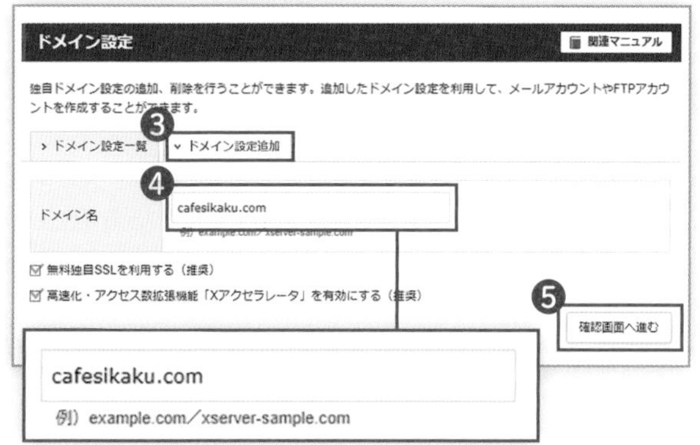

Xserverでは、これら2つのステップ（取得したドメインのサーバーへの追加およびSSLの設定）を同時に行えます。
レンタルサーバーによっては、SSLの設定を違う手順で行う場合があります。

取得した独自ドメインをサーバーに追加する（続き）

3 追加した独自ドメインにアクセスしてみる

❶追加した**独自ドメインをブラウザのアドレスバーに入力**してアクセスしてみます。

本書の場合の入力：cafesikaku.com

これを読んでいるあなたは
自分の取得した独自ドメインを
入力してくださいね

右の図のように「このウェブスペースへは、まだホームページがアップロードされていません」と表示されたら、取得したドメインとサーバーが正しく関連付けられたことを意味します。

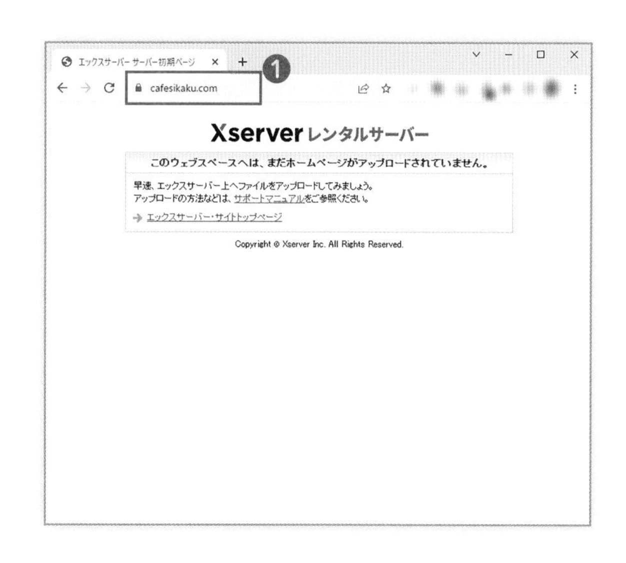

サーバーとドメインは紐づいたけど
「まだ何もないよ」ということね

新しいドメインの反映には1時間ほどかかる

新しく独自ドメインを設定した場合、**インターネット上に反映されるまでには1時間程度かかります。**時間をおいてアクセスしてみましょう。

「無効なURLです」や「このサイトにアクセスできません」などと表示される場合、「ドメイン設定一覧」タブページの追加した独自ドメインの横に「反映待ち」と表示されているはずです。

「反映待ち」の表示がないのにアクセスできない場合は、**ブラウザの「スーパーリロード」**（キャッシュをクリアして完全に再読み込みする方法）を試してください。

【スーパーリロードのキー操作】

Windows：Ctrl+F5キー

Mac：⌘+shift+Rキー

WordPressの インストール

サーバーもドメインも準備したし
いよいよWordPressの話に
入るんですね

はい！　まずは
導入とインストールからです
想像よりずっと簡単ですよ

サーバーの管理画面で簡単にWordPressを導入できる

WordPressの導入・インストールは、本来はとても専門的でとても面倒です——まずWordPress公式サイトにアクセスして、WordPressの最新バージョンをダウンロードして、サーバーにアップロード。さらにデータベースを作成して、WordPressの設定ファイルを編集して……といった具合に。
でも安心してください。
ほとんどのレンタルサーバーでは、サーバーの管理画面でWordPressを簡単に導入してインストールできるようになっています。

ウェブサーバーの契約 → 独自ドメイン取得とSSL → データベース生成 → WordPressをサーバーに導入 → WordPress本体のインストール

ここまで完了しました → ここから先を一気に完了させます

「安心してください」
という言葉を
信じていいんですね？

ハハハ　大丈夫です！
Xserverの「WordPress簡単インストール」では
3つのステップを同時に行えるようになっています

レンタルサーバー各社のWordPress導入・インストールの手順

1 レンタルサーバー各社で異なるサービス内容

ほとんどのレンタルサーバー事業者によって**「WordPress簡単インストール」**が用意されています。下表のように事業者ごとに手順はさまざまです。本来は3つあるステップを、どのような手順で実装していくかはレンタルサーバーによって異なります。
とにかくまずは「Word Press簡単インストール」をやってみましょう。うまくいかなかったりわからないところにぶつかったら、レンタルサーバーのマニュアルサイトなどで詳しい手順を参照してください。

レンタルサーバー A の場合	**①サーバーの管理画面で WordPress のインストール（データベースの生成も WordPress 本体の追加も同時もしくは自動）**
レンタルサーバー B の場合	**①サーバーの管理画面で WordPress 本体の導入（同時にデータベースの自動生成） ② WordPress 本体のインストール（初期設定）**
レンタルサーバー C の場合	**①サーバーの管理画面でデータベース生成 ②サーバーの管理画面で WordPress 本体の導入 ③ WordPress 本体のインストール（初期設定）**

「○○○○（←レンタルサーバー名） WordPressインストール」
などと検索すれば有用な情報がすぐに見つかりますよ！

And More

WordPressの設置前に準備しておくこと

WordPressを設置する前に、最低限以下の4項目を決めておきましょう。後の工程がスムーズに進められます。

- ・ブログ名（サイトのタイトル）
- ・ユーザー名
- ・パスワード
- ・管理用のメールアドレス

■ブログ名（サイトのタイトル）

WordPress管理画面では**「サイトのタイトル」**とも言います。店名やサービス名などサイトを識別できる名称にするのがポイントです。

管理画面ではさらに**「キャッチフレーズ」**を設定します。キャッチフレーズには、注目してもらいたい・アピールしたいキーワードを盛り込むのがポイントです。

WordPressのほとんどのテーマは、「サイトのタイトル」+「キャッチフレーズ」で**タイトルタグ**（<title>）が生成され、**❶ブラウザのタブをマウスホバーすると表示されます。**

タイトルタグは、訪問者はもちろんのこと、**検索エンジンがサイトの目的を識別**するための重要な役割を持っています。

■ユーザー名

WordPressの管理画面にログインするためのアカウント名です。アカウント作成後に「ユーザー名」を変更したい場合は、新しいアカウントを作成する必要があります。

不正ログイン対策のため、類推しにくい半角英数の名前にするのが一般的です。

■パスワード

WordPressの管理画面にログインするためのパスワードです（設置後に変更可）。

不正ログイン対策のため、下記の条件のように類推しにくいパスワードにします。

- 半角7文字以上16文字以内
- 半角英数字と記号の組み合わせ　など

■メールアドレス

WordPress管理用のメールアドレスです。

このメールアドレスは、パスワードのリセットやセキュリティに関する通知を受信するために重要なものです。

❶ CAFE SIKAKU（カフェしかく） – 葛飾
CAFE SIKAKU（カフェしかく） – 葛飾区の千代田通り商店街の居心地のいいカ...
cafesikaku.com

サイトのタイトル（ブログ名）とキャッチフレーズを設定しておくと、ブラウザのタブにマウスホバーした際にタイトルとして表示されます
【図の例】
サイトのタイトル：「CAFE SIKAKU（カフェしかく）」
キャッチフレーズ：「葛飾区の千代田通り商店街の居心地のいいカフェ」

Xserverで「WordPress簡単インストール」を実行

1 ［サーバー管理］ボタンでサーバーパネルを開く

Xserverレンタルサーバーの管理画面で、❶［**サーバー管理**］をクリックして「サーバーパネル」画面を表示します。

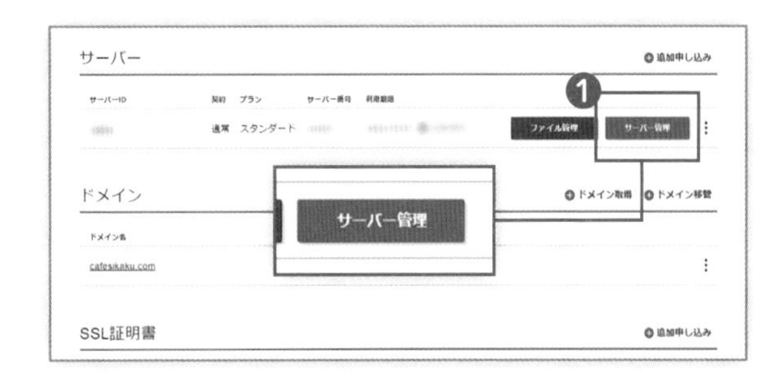

2 WordPressインストール画面を開く

「サーバーパネル」画面左下にある「WordPress」のメニューグループ→❷「**WordPress簡単インストール**」をクリックします。

「ドメイン選択」画面→WordPressをインストールしたいドメインを確認→❸「**選択する**」をクリック。

「WordPress簡単インストール」画面が表示されたら❹「**WordPressインストール**」タブをクリックします。

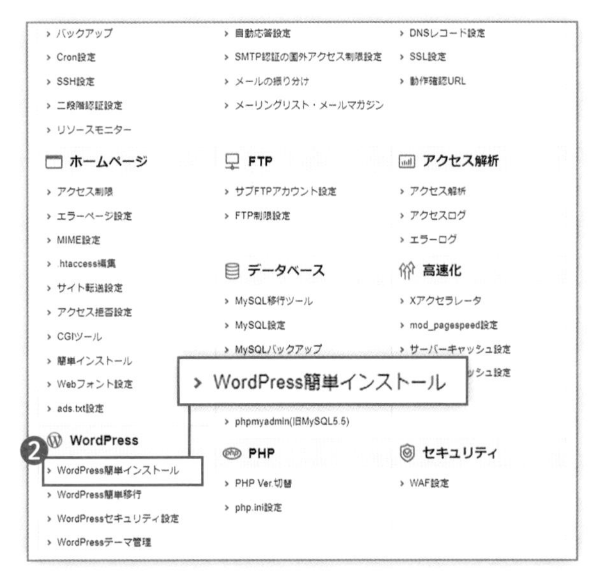

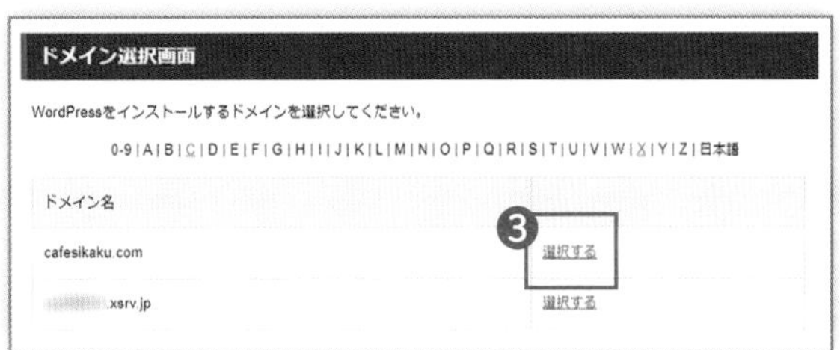

3 WordPressのインストール設定

WordPressの設定に必要な項目を入力します。下記は必須の入力項目です。P.52のAnd Moreで決めたとおりに入力します。

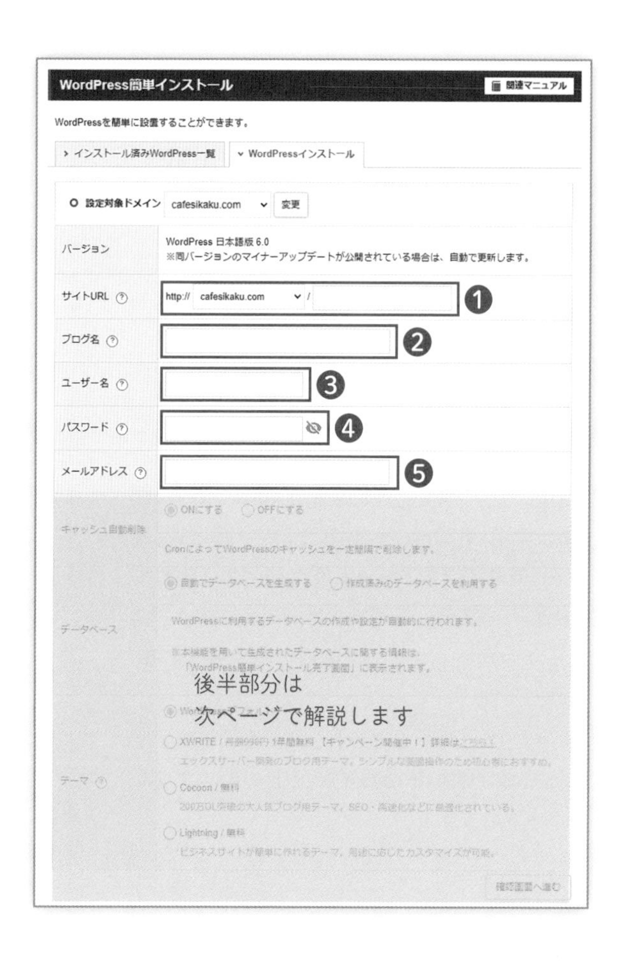

❶サイトURL

ドメインが選択されていることを確認して、右側の入力欄は空のままにしておきます。

> ドメインの下層フォルダをトップページにしたい場合はそのフォルダ名を入力します。

❷ブログ名

サイトのタイトルです。店名や会社名にするのが一般的です（後で変更可）。ここでは「CAFE SIKAKU（カフェしかく）」としました。

❸ユーザー名

WordPressの管理画面にログインするためのユーザー名で、半角英数で設定します。
類推しにくい文字列にするのが一般的です（後から変更は不可）。

❹パスワード

上記「ユーザー名」のアカウントのためのパスワードです。類推しにくいものにします。

- 半角7文字以上16文字以内
- 半角英数字と記号の組み合わせ
  !#$%=~^|:_[].+-*/

❺メールアドレス

WordPress管理用のメールアドレスを入力します。

この画面で行う設定は
とても重要な項目ばかりです
P.52のAndMoreを参照しながら
前もって決めておいてください

4 WordPressのインストール設定（続き）

ステップ3に続いて下記の項目を設定します。

❶キャッシュ自動削除

「ONにする」を選択します。WordPressが設置されているサーバーのキャッシュを定期的にクリアします。

❷データベース

「自動でデータベースを生成する」を選択します。

> 自動でデータベースを生成しない場合は「作成済みのデータベースを利用する」を選択します。
> その場合、あらかじめデータベースを生成しておく必要があります。

❸テーマ

ここでは「WordPressデフォルトテーマ」を選択します（ほかのテーマの選択についてはP.74を参照してください）。

上記の入力を終えたら❹［**確認画面へ進む**］をクリックします。
その後に表示される確認画面で間違いがなければ「インストールする」をクリックします。

WordPress簡単インストール　関連マニュアル
WordPressを簡単に設置することができます。
前半部分は前ページを参照
❶ キャッシュ自動削除　ONにする　OFFにする
CronによってWordPressのキャッシュを一定間隔で削除します。
❷ データベース　自動でデータベースを生成する　作成済みのデータベースを利用する
WordPressに利用するデータベースの作成や設定が自動的に行われます。
※本機能を用いて生成されたデータベースに関する情報は、「WordPress簡単インストール完了画面」に表示されます。
❸ テーマ　WordPressデフォルトテーマ
XWRITE / 月額990円 1年間無料【キャンペーン開催中！】詳細はこちら！
エックスサーバー開発のブログ用テーマ。シンプルな画面操作のため初心者におすすめ。
Cocoon / 無料
200万DL突破の大人気ブログ用テーマ。SEO・高速化などに最適化されている。
Lightning / 無料
ビジネスサイトが簡単に作れるテーマ。用途に応じたカスタマイズが可能。
❹ 確認画面へ進む

データベースの生成と
WordPress本体の導入と
WordPress本体の初期設定を
同時に行っているということね

Xserverの
「簡単インストール」は
全部同時にやってくれるので
本当に簡単です

5 インストール完了画面の確認

この画面が表示されたらインストール完了です。WordPressサイトを運営する上で必要な情報を大切に管理しましょう。

❶**「パスワード」フィールドの右にある目のアイコン**をクリックするとパスワードを確認することができます。

「サイトURL」にさっそくアクセスしてみましょう！

6 公開されたサイトを確認してみよう

インストールしたWordPressサイトのトップページがブラウザに表示されます。

ブラウザのアドレスバーを見ると、SSLが設定されているはずなのに、❷**「保護されていない通信」**となっています。Xserverの「WordPress簡単インストール」でインストールした後に、SSLで参照できるように設定する必要があります。

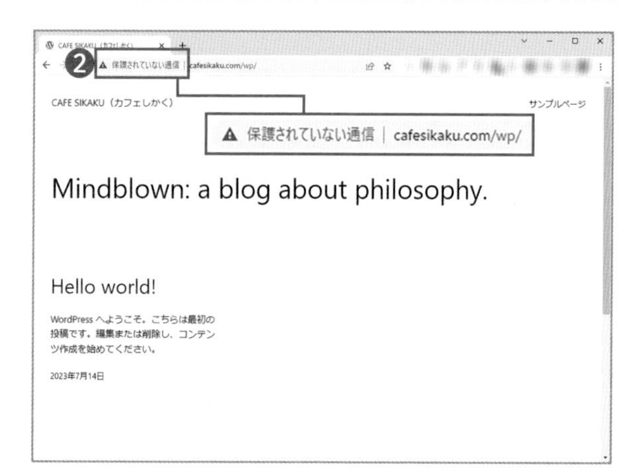

わーい!!
これでうちのお店のウェブサイトが
公開されたんですね！

そう！
……と言いたいところですけど
もう一息です！
SSLでアクセスできるようにして
さらにWordPressを最新にしましょう

SSL経由でアクセスできるようにする

1 SSL経由でログインする

WordPressのインストール後には、SSL経由でアクセスする設定をしておきましょう。それには「http」ではなく**「https」で始まるURL**を入力してアクセスします。
本書では「cafesikaku.com」をドメインにしているので

「https://cafesikaku.com/wp-admin」

と入力するとログイン画面に**リダイレクト**します。「/wp-admin」はWordPressの管理画面の一般的な場所です。

「リダイレクト」とは、アクセスしたURLから別のURLに自動的に転送されることです。

❶ユーザー名またはメールアドレス
インストール時に設定したユーザー名かメールアドレスを入力します。

❷パスワード
インストール時に設定したパスワードを入力します。

入力を確認して❸［**ログイン**］をクリックするとログインできます。

初期設定で決めた
ユーザー名とパスワードを
きちんと管理しておく必要が
あるってことね

2 SSL経由でアクセスできるように設定する

WordPressの管理画面→［設定］→［一般］を選択して、「一般設定」画面を開きます。

❶ WordPressアドレス（URL）
WordPressがインストールされているURLです。

❷サイトアドレス（URL）
公開しているウェブサイトのホームページのURLです。

❶と❷のURLを両方とも変更します。変更するのはURLの先頭のプロトコル「http」を**「https」に変更**するだけです。
必ず半角で入力してください。

本書の場合は下記のようになります。

変更前：http://cafesikaku.com
↓
変更後：**https**://cafesikaku.com

画面の下部にある［変更を保存］をクリックすると変更完了です。
変更すると、一度ログアウトしますので、ログインしなおします。

間違えて入力すると
管理画面にログインできなく
なってしまいます
注意してください！

最新版にアップデートする

1 WordPressを最新版にアップデートする

「WordPress簡単インストール」機能を使うと、WordPress本体、プラグイン、テーマ、翻訳などが最新のバージョンではないことがあります。これらを最新の状態にアップデートしておきましょう。

更新できるものがあるかどうかは、管理画面→［ダッシュボード］→❶［更新］や、上部の❷**管理バーのアイコン**で確認することができます。ここでは［ダッシュボード］→❶［**更新**］をクリックして「更新」ページを開きます。

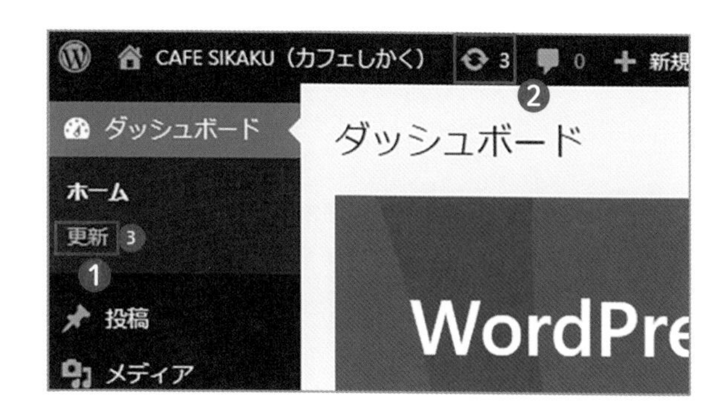

アップデートはサイトの内容を失う
可能性もあるため慎重に行うべき作業です
ここではWordPressをインストールした
直後ですから問題ありません

2 更新できるものを確認して更新していく

▶ WordPressの更新

「WordPressの新しいバージョンがあります」と表示されている場合は［今すぐ更新］をクリックして更新を完了させます。

▶プラグイン

一覧に更新できるプラグインがあれば❶**「すべて選択」**をチェックして❷［**プラグインを更新**］をクリックして更新を完了させます。

▶テーマ

同様の方法で更新を完了させます。

▶翻訳

同様の方法で更新を完了させます。

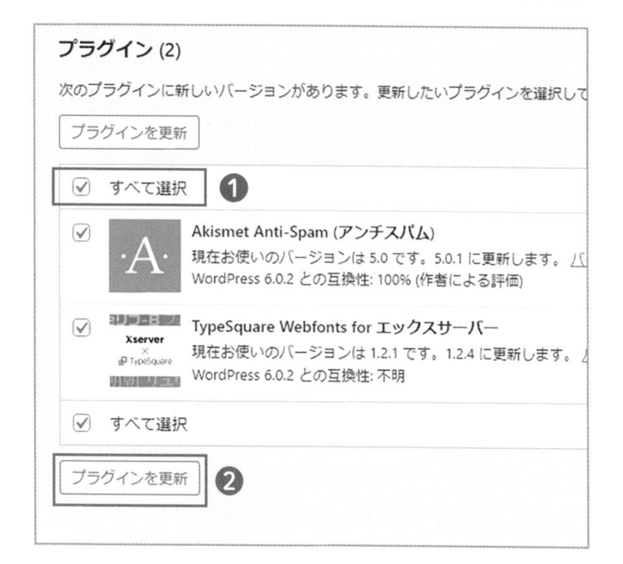

これで準備は整いました
次からはいよいよWordPress
そのものを説明していきますね！

WordPressを導入・インストールする本来の方法

Xserverの「WordPress簡単インストール」では、P.53で説明した「**①サーバー機能でデータベース生成、②サーバー機能でWordPress本体の追加、③ WordPress本体でインストール（初期設定）**」の3つのステップを1回で設定できて、とても便利でした。
これらは別々に設定するのが本来の方法で、これを採用しているレンタルサーバーもあります。そこで、**③ WordPress本体のインストール（初期設定）**、つまり**WordPress単体の通常のインストール**について紹介しましょう。

①のデータベースがすでに生成されており、②のWordPress本体がサーバーに追加され、なおかつ生成したデータベースとWordPress本体の関連付けが完了していることが前提です。

データベースの生成やWordPressの導入についてはレンタルサーバーのマニュアルサイトなどを参照してください

【1】WordPressが導入されたURLにアクセス

WordPressがサーバーに正しく追加されていることを確認して、そのURLにアクセスします。「https」から始まるURLを入力して、最初からSSL経由でアクセスしてください。
本書ではドメインが「cafesikaku.com」なので、「https://cafesikaku.com/」が入力する文字列です。
WordPressがサーバーにすでに導入されており、データベースとも正しく関連付けられているなら、「ようこそ」というWordPressの設定画面が表示されます。

【2】WordPressのインストール設定

「ようこそ」の設定画面で下記の各項目を入力します。❶〜❹の説明はP.54と同様ですのでここでは省略します。P.54を参照してください。

❶サイトのタイトル
❷ユーザー名
❸パスワード
❹メールアドレス

❺検索エンジンでの表示
は、とりあえず「検索エンジンがサイトをインデックスしないようにする」にチェックを入れないでおきます（詳しくはP.62を参照）。

上記の入力を終えたら❻［**WordPressをインストール**］をクリックしてください。

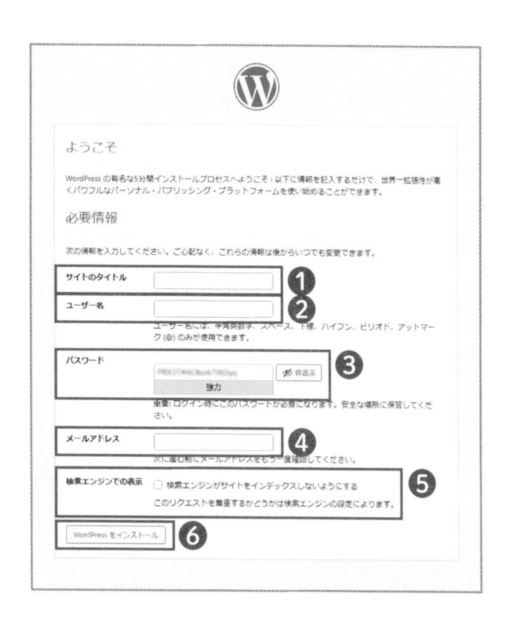

【3】インストール完了画面の確認

「成功しました！」と表示されたらWordPressのインストールが完了しています。
❼［**ログイン**］をクリックすると管理画面にログインできます。

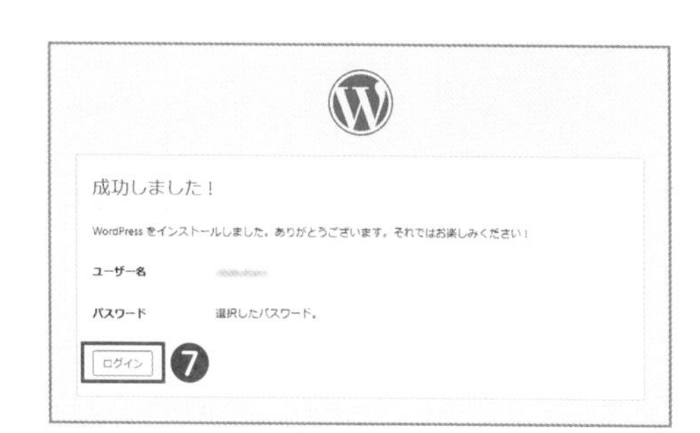

以上がWordPressの導入・インストールの本来の手順です。

作成中のサイトを検索されたくない場合は？

サイトを公開してインターネットでアクセスできるようにした＝GoogleやYahoo!などの検索エンジンで誰でも見つけることができるようになった、ということです。
検索エンジンはインターネットを定期的に巡回して新しいサイトやページを見つけると、それらの情報をネット検索の対象として登録（インデックス）していきます。
しかし、作成中なので見つけてほしくない場合もあります。こんなときに「まだ登録（インデックス）しないでいいです」と検索エンジンに宣言する方法があります。それが❶**「検索エンジンがサイトをインデックスしないようにする」**です。
管理画面→［設定］→［表示設定］にあります。ここにチェックを入れたら❷**［変更を保存］**をクリックしてください。これにより検索エンジンでは検索結果に表示されなくなります（URLを知っている人だけがサイトを閲覧できるようになります）。

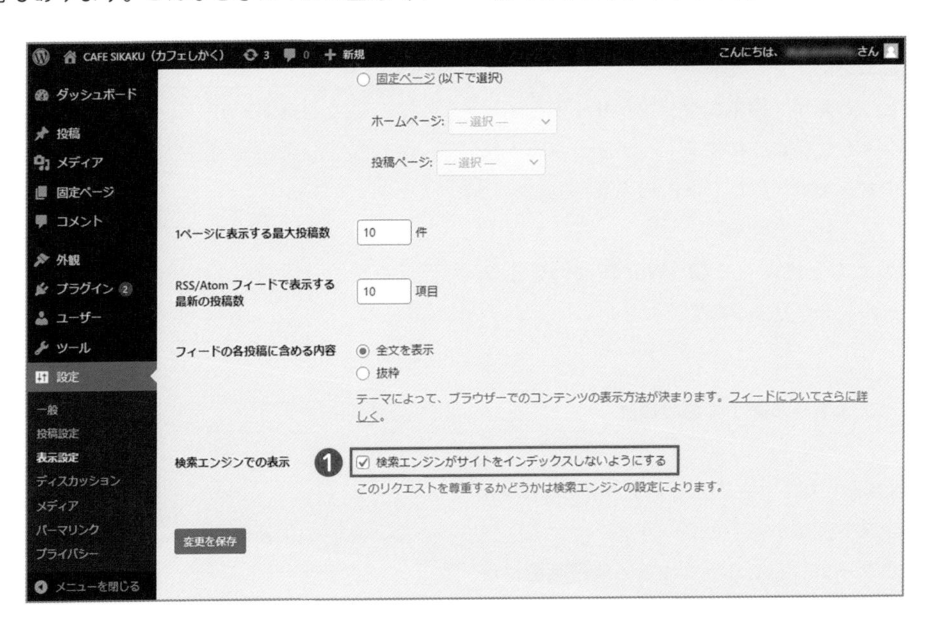

【重要】
サイトのコンテンツが十分に充実してきたら、この設定を解除するのを忘れないようにしてください。チェックを入れたままだと「見つけてほしいのに、いつまでたっても検索で見つけてもらえない」ことになってしまいます。

Your First Website
with WordPress
Beginner's Guide

LEVEL 2

WordPressの
基本とテーマ

01
WordPressの基本とテーマ

WordPressの管理画面

「管理画面」ってページを作ったり編集したりするということですか？

そうなんです
WordPress操作の基本なので
とにかくさわって慣れましょう

サイトを運営・管理する管理画面の役割

WordPressの管理画面では、記事の作成や投稿などコンテンツの管理、テーマやプラグインのインストールや設定など、**WordPressのサイトを運営・管理するためのさまざまな操作**を行います。
管理画面を表示するにはWordPressにログインします。右ページの手順を参照してください。
使用するテーマやプラグインによって表示されるメニュー項目は異なります。ユーザーの権限や表示している画面によっても表示される項目が異なる場合があることを覚えておきましょう。

サイドバー（メインナビゲーション）

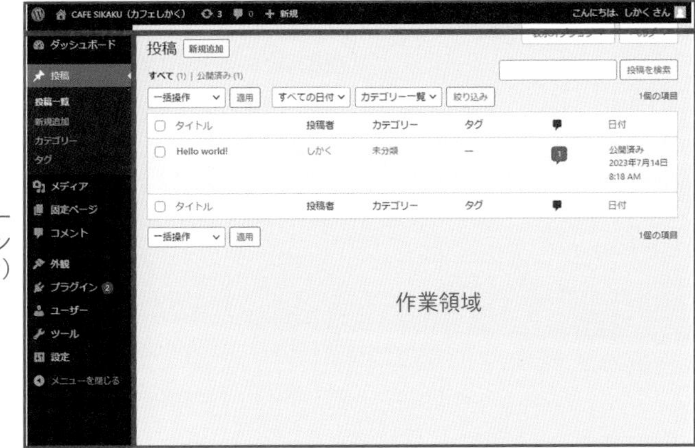

ヘッダー（ツールバー）

あのー
ログインって
どこからできるんでしたっけ？？

ハハハ
ログインURLがわからなくなるって
けっこうありがちなんですよね～
そこから説明しましょうね～

管理画面のログインとログアウト

1 WordPressにログインする

https://設定したドメイン名/wp-admin
https://設定したドメイン名/wp-login.php

ログインするための一般的なURLは上記のとおりです。❶**「ユーザー名またはメールアドレス」**と❷**「パスワード」**を入力して❸**［ログイン］**をクリックします。

管理画面にアクセスするには
「ドメイン名/wp-admin」
と覚えていれば安心です。

アクセスすると
●ログイン済みの場合 → 管理画面
●未ログインの場合 → ログイン画面（右図）
が表示されます。ログインについては、セキュリティ対策のために類推されにくいURLにあとで変更します（P.260で説明します）。

2 WordPressからログアウトする

画面上部のツールバー右側の「こんにちは、○○さん」をマウスホバーすると❹**サブコンテンツ**が表示されます。❺**ログアウト**をクリックします。

「マウスホバー」は
マウスカーソル（ポインタ）を
ボタンなどの要素の上に
重ねることなんですね！

LEVEL 2 01 WordPressの管理画面

管理画面ヘッダー

ヘッダー部分のツールバー

WordPressの管理画面についてふれていきましょう。まずはヘッダーのツールバーです。

❶WordPressロゴマーク

マウスホバーでサブメニューが表示されます。

- WordPressについて：WordPressの基本情報
- WordPress.org：公式サイトへのリンク
- ドキュメンテーション：WordPress公式サイトの「WordPressサポート」ページへのリンク
- サポート：WordPress公式サイトのWordPressサポートフォーラムのページのリンクが表示されます。

❷サイト名

公開サイト（ここでは「CAFE SIKAKU（カフェしかく）」）へ移動します。

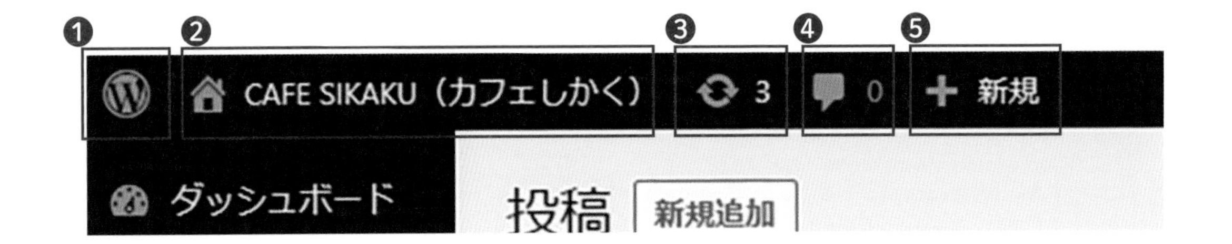

❸更新アイコン

WordPress本体やテーマ、プラグインの更新があると表示されます。アイコンをクリックすると更新画面に移動します。

❹コメント

サイト訪問者が投稿したコメントを管理します。管理画面→［設定］→［ディスカッション］でコメント機能などの各種設定を行うことができます。

❺新規

投稿記事や固定ページなどの新規作成メニューです。

各画面を開いてみて
「何ができるんだろう？」と
探索してみてください
まずは慣れることが大事です

❻こんにちは、○○ さん

ログイン中のユーザー名（表示名）が表示され、マウスホバーで下記のサブメニューがさらに表示されます。

●プロフィールを編集：ユーザーの「プロフィール」画面へのリンク
●ログアウト：ログアウトします。

❼表示オプション

表示する項目や、1ページに表示する一覧の項目数などを指定できます。表示しているメニューページによってそのオプションは異なります。

❽ヘルプ

表示している画面の「概要」のほか、操作方法などの簡潔な説明が表示されます。

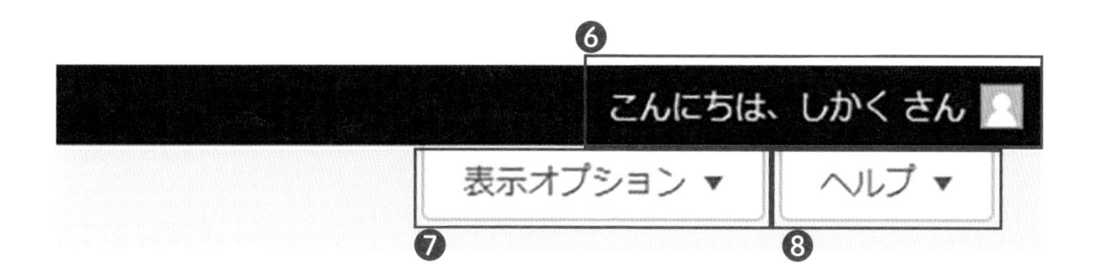

And More

パスワードを忘れてしまったら？

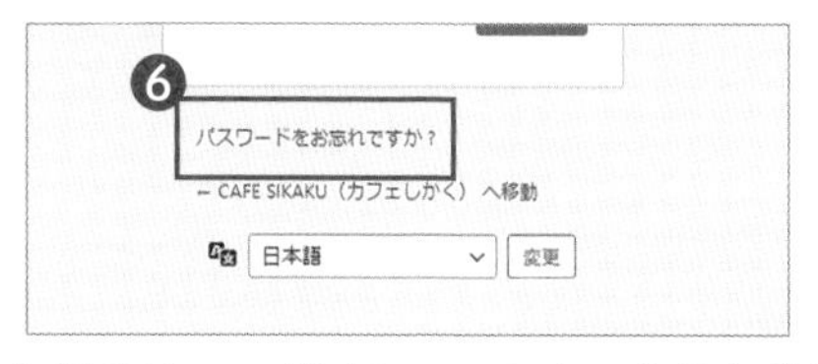

パスワードを忘れた場合は、ログイン画面下部にある❻**「パスワードをお忘れですか？」**をクリックします。
表示される画面の「ユーザー名またはメールアドレス」にWordPressのインストール時に登録したメールアドレスを入力して［新しいパスワードを取得］ボタンをクリックします。
届いたメールの手順に従って操作すればパスワードを再設定できます。

管理画面サイドバー

 サイドバー部分のメインナビゲーション

続いてサイドバーのメインナビゲーションを見ていきましょう。
WordPressを操作するときに最もよく使うエリアです。

❶ダッシュボード

「ダッシュボード」メニューでクリックもしくはマウスホバーすると、その下層のサブメニューが表示されます（以下同様）。

- ホーム：管理画面で最初に表示される画面です。
- 更新：WordPress本体、プラグイン、テーマ、翻訳の更新を管理します。更新できる項目がある場合はその個数が表示されます。

❷投稿

- 投稿一覧：すべての投稿の一覧です。編集・削除など投稿の管理を行います。
- 新規追加：投稿を新規追加します。
- カテゴリー：投稿を分類するためのカテゴリーを管理します。
- タグ：タグを管理します。タグとは投稿に割り当てるキーワードのようなものです。

❸メディア

- ライブラリ：画像や動画などのメディアファイルを管理します。
- 新規追加：投稿などで使用するためのメディアファイルを追加します。

❹固定ページ

- 固定ページ一覧：すべての固定ページの一覧です。編集・削除など固定ページの管理を行います。
- 新規追加：固定ページを新規追加します。

❺コメント

サイト訪問者が投稿したコメントを管理します。管理画面→［設定］→［ディスカッション］でコメント機能などの各種設定を行うことができます。

❻外観

- テーマ：検索や追加で使用するテーマを選択します。
- その他のサブメニューは選択したテーマに依存します。

❼プラグイン

- インストール済みプラグイン：導入済みのプラグインを管理します。
- 新規追加：公式のWordPressプラグインディレクトリに登録されたプラグインを検索するなどして、プラグインを新規追加します。

❽ユーザー

- ユーザー一覧：サイトに登録されているユーザーアカウントを管理します。
- 新規追加：サイトに新規ユーザーアカウントを追加します。
- プロフィール：ログインしている自分のアカウントを管理します。

❾ツール

WordPressを管理するために拡張されたツールを使用できます。ここでは詳細の説明を省きます。

❿設定

サイトの基本的な設定や、有効化しているプラグインなどの設定を管理します。

1 最初にやっておくこと

管理画面を見てきたので、今度は実際に管理画面を操作してみましょう。

最初にやっておくとよい
いくつかの基本的な設定を
見ていきます

2 サイト上での表示名の設定

管理画面→［ユーザー］→［プロフィール］を開くと自分のユーザーアカウントの設定を確認できます。

❶［**ブログ上の表示名**］は、管理画面の右上に表示される❷**「こんにちは、〇〇 さん」**のほか、記事の投稿者としても表示されます。

この表示は、「ユーザー名」「名」「姓」「ニックネーム」の表記から選択できます。

本書では、❸［**ニックネーム（必須）**］に入力してその表記を選択することにしました。

「ブログの表示名」で選択した表示

3 キャッチフレーズと日付形式の設定

管理画面→［設定］→［一般］を開きます。ここでは2つだけ確認します。

❹キャッチフレーズ

P.52の「And More　WordPressの設置前に準備しておくこと」で考えておいた「キャッチフレーズ」を入力しておきます。

❺日付形式

記事の投稿日付の表記などで使用されます。好みの表記を選択しておきましょう。

すべての設定を確認してページ下部の［変更を保存］をクリックして更新します。

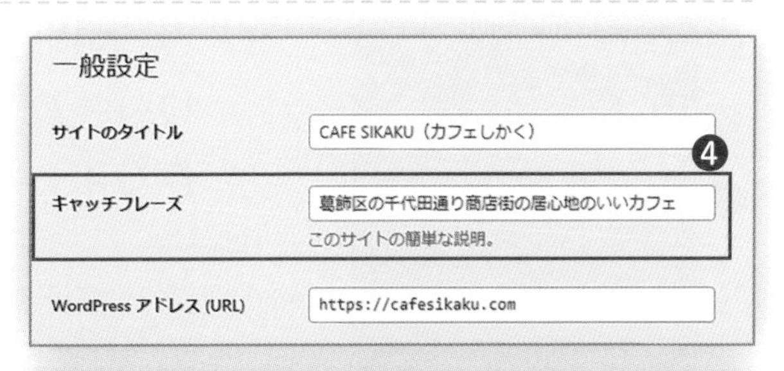

最初にやっておく基本設定（続き）

4 コメント機能を無効にする

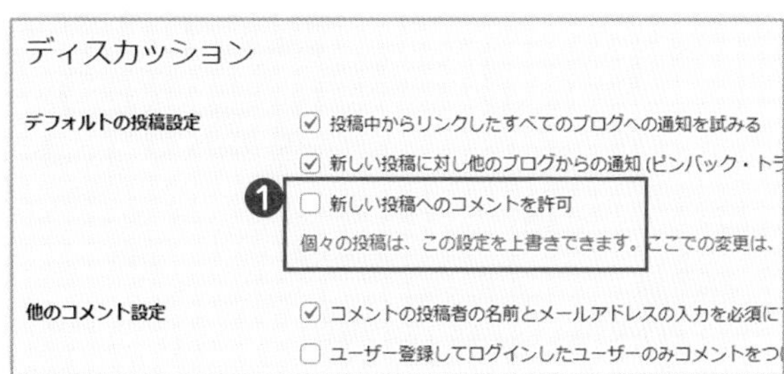

WordPressでは、サイトの訪問者に投稿へのコメントを残してもらうことができます。訪問者とのコミュニケーションを活発に行うことが目的のブログの場合は、このディスカッション機能が大いに活用できるでしょう。
しかし企業サイトやポートフォリオサイトではこの機能は不要だといえます。
コメント欄を非表示にするには、管理画面→［設定］→［ディスカッション］から、❶**「新しい投稿へのコメントを許可」**のチェックをはずします。これによりコメント機能が無効になります。

初期設定で
コメントを無効にしておいて
個別の投稿でコメントを有効にする
こともできます

5 パーマリンクの設定

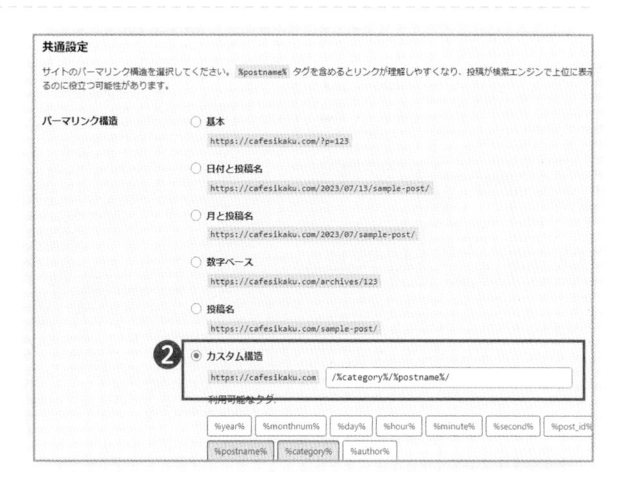

管理画面→［設定］→［パーマリンク］を開きます。パーマリンクとは、恒久的な＝permanent、つまり記事やページなどのコンテンツにアクセスするための固有のURLのことです。
一般的には、意味のあるキーワードを含めて、ユーザーや検索エンジンにとってわかりやすい構造にすることが重要です。
本書では、❷**［カスタム構造］**を選択して、カテゴリーと投稿名を組み合わせた構造（下記）にします。

/%category%/%postname%/

「どんな設定があるのかな？」って
いろいろ見ておくとよさそうね！

WordPressの基本的な仕組み

そもそもWordPressってどうやって動いているんですか？

すごくいい質問ですね
仕組みを理解すると今後の作業でもなぜそれをするのかが明確になります

WordPressの仕組みをごく簡単に説明すると……

WordPressは必要な**情報をデータベースから取り出し**ながら、**表示するページをその都度生成してブラウザに返して**います（このようにその都度生成されるページを一般に**「動的ページ」**といいます）。「WordPress」とひとくちに言っても、いろいろな処理をするために、**たくさんのプログラムで構成されている**ところがポイントです。

ブラウザ表示を例に、WordPressが行っていることを概念化して図式にすると、おおかた下図のような流れになります。

パソコンやスマホのブラウザ

ユーザーがURLを入力・送信することで「この記事を見せて」とウェブサーバーに要求する（リクエスト）

ウェブサーバー上にあるWordPress

リクエストされたURLからクエリ（要求内容）を解析してデータベースの格納データから該当する情報を参照する

データベース

データベースに格納されているデータを参照して要求されている内容に該当する情報を返す

リクエスト（要求）

データを参照

レスポンス（応答）

該当する情報を返す

集めた情報をウェブページの形に整えてブラウザに送信・応答する

文字情報／画像・動画／日時情報／執筆者情報、etc...

本体 + テーマ + プラグインが一体化したひとつのシステム

1 WordPressを構成する3つのプログラム群

前のセクションでは「たくさんのプログラムによっていろいろな処理がなされている」ことを説明しました。それらの処理を分担し合っているのが**「WordPress本体（コア)」**と**「テーマ」**と**「プラグイン」**です。WordPressはこの3つのプログラム群で、一体化したひとつのシステムを構成しています。

さまざまなウェブページを生成します

流れはなんとなく
わかったような……
でもちょっと難しいかな？

そうそう それでいいんですよ！
どのような役割分担になっているかが
なんとなくわかれば十分です
次に「テーマ」を学びましょう

テーマを目的に合わせて選ぶ

テーマって20～30種類ぐらいはあるんですか？

いえいえケタが違います
公式テーマディレクトリだけでも
軽く1万点は超えているんですよ！

外観デザインを担当する「テーマ」

WordPress**テーマがおもに担当する役割は外観**です。記事や画像などの視覚的印象、訪問者のワクワク感（体験／エクスペリエンス）を演出するうえでも大きな影響を与えるものが「テーマ」です。
WordPressのインストール時に同梱されているテーマがいくつかあります。これらには西暦の名前が付けられており、最新版が初期状態で選択されているテーマ（デフォルトテーマ）です。通常はWordPress本体のメジャーアップデート（5→6といった具合に）ごとに革新的な新機能が加えられますが、それらの新機能に対応した新たなテーマがデフォルトテーマとして同梱されます。

同梱されているテーマ	テーマの特徴
Twenty Twenty-Three (2023)	WordPress 6.1 で導入された新しいデザインツールを活用するために開発されたテーマ。より直感的なページデザインが可能に
Twenty Twenty-Two (2022)	カスタマイズ時の柔軟性を重視しており、WordPress 5.9 で導入されたフルサイト編集機能に対応しているのが大きな特徴
Twenty Twenty-One (2021)	時代を超越したデザインを可能にするブロックパターンや柔らかなカラーリングが特徴

WordPressの開発にともなって
新しいテーマも
絶えず登場しているんですね

テーマ選びのポイント

1 膨大な数があるテーマ

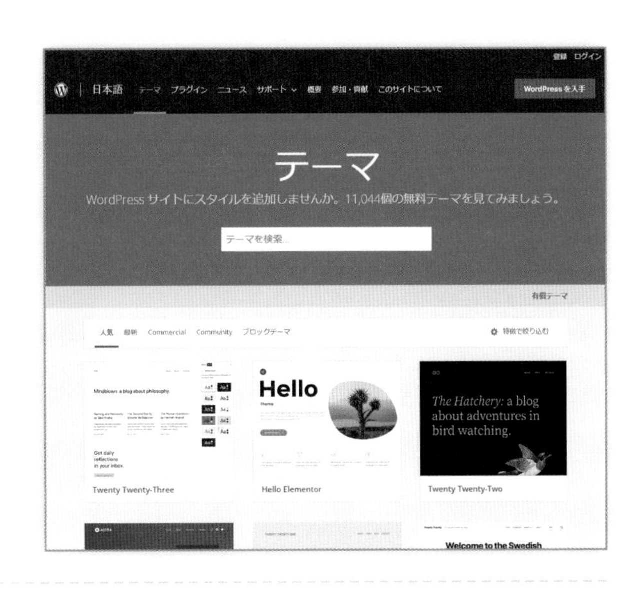

本書執筆時点（2023年7月）で1万点あまりのテーマがWordPress公式テーマディレクトリに登録されていました。
また、公式テーマディレクトリに登録されていない有名なテーマも多くあります。
これら**膨大な数のテーマ**の中から、自分が作ろうとしているサイトに**最適なテーマを見つけ出す**のは大変なことです。

2 テーマ選びのポイント

テーマ選びで迷わないようにいくつかのポイントをまとめてみました。

テーマ選びのポイントは

- **自分が作るサイトの目的を明確にする**
- **いくつかのテーマのプレビューを見て どんな違いがあるのか注目する**
- **特徴と目的にあったテーマを探す**

といったことがあげられます。

テーマ選びの最も重要なポイント

初学者はテーマ選びに時間をかけないこと！
とりあえず前に進めてWordPressの全体像をつかんでから改めてテーマ選びをするようにしましょう。

まずは
管理画面からテーマを探して
インストールする方法から
説明していきます

テーマのインストールと有効化

1 新しいテーマを追加するには

管理画面→［外観］→［テーマ］を開くと、「Twenty Twenty-One」、「Twenty Twenty-Two」、「Twenty Twenty-Three」がすでにインストールされているのを確認できます。WordPress 6.3.xの初期状態では「Twenty Twenty-Three」が有効化されています。
公式テーマディレクトリに登録されているテーマを一覧するには、❶［**新規追加**］もしくは❷「**新しいテーマを追加**」をクリックします。

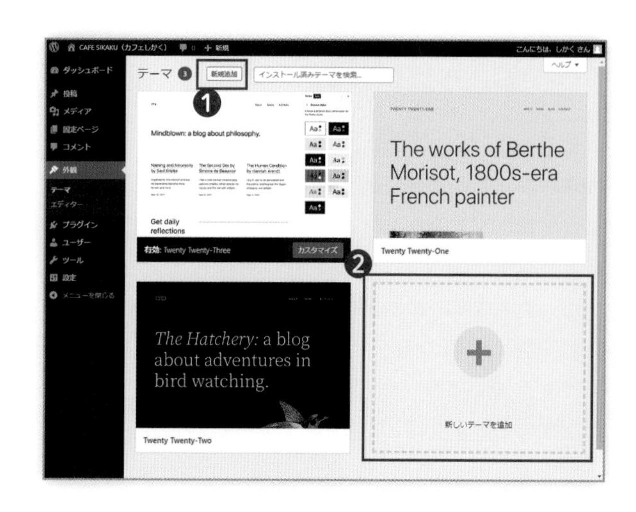

2 テーマディレクトリでテーマを検索する

「テーマを追加」画面に表示されるのは公式テーマディレクトリのテーマの一覧で、すでにインストール済みのテーマは「インストール済み」と表示されます。
初期表示は「人気」のテーマが表示されていますが、そのほかに自分がマークした「お気に入り」、テーマの絞り込み検索ができる❸「**特徴フィルター**」タブページで分類されています。

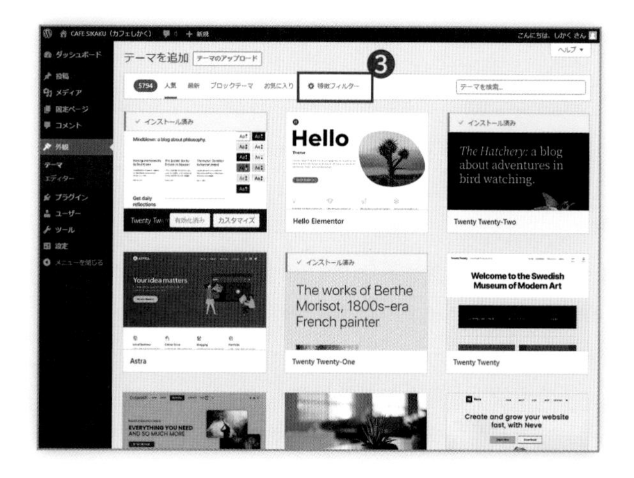

分類を活用したり
絞り込み検索してみたり
上手に最適なテーマを
見つけ出すということね

テーマのインストールと有効化（続き）

3 特徴フィルターで使いたいテーマを絞り込む

「特徴フィルター」をクリックすると、テーマの特徴で絞り込んだ検索ができます。
サイトの大まかな目的を選択できる「件名」、テーマの特徴となる「機能」および「レイアウト」を組み合わせて選択し、❶［**フィルターを適用**］をクリックすると該当するテーマの一覧が表示されます。

公式テーマディレクトリのテーマは安心

管理画面→［外観］→［テーマ］→［新規追加］が行えるテーマはすべて公式テーマディレクトリに登録されています。これらは厳しい審査基準に合格しているので安心して利用できます。
「テーマはおもに外観を担当する」というポリシーに従っているので、機能面は比較的シンプルです。
そのほか、多言語に対応していること、後述する「100%GPL」に準拠していることが求められています。
とはいっても、「公式テーマディレクトリに登録されていない＝安心できない」わけではありません。公式ディレクトリに登録されていないテーマの場合、広く使用されていて信頼のおけるテーマであることをしっかり確認して使用するようにしましょう。

テーマのインストールと有効化（続き）

テーマの名前で検索する

インストールしたいテーマの名前がわかっている場合は、「テーマを追加」画面右上の❶［テーマを検索 ...］にその名前を入力します。本書の解説で使用するテーマは「Arkhe」です。［テーマを検索 ...］に「arkhe」と入力してみました。すると❷該当するテーマが表示されています。

みなさんは自分の目的に合った
テーマを見つけてくださいね
もちろん解説で使用する
「Arkhe」でもかまいません

本書で「Arkhe」を使う理由

「Arkhe」は、本来は制作開発者向けのミニマムでシンプルなベーステーマです。
本書ではArkheを採用して、さまざまなテーマが持つ独自機能の説明を最小限にすることを目指しています。
Arkheに限らず、あなたが選択したテーマに備わっている機能をまず存分に活用することが第一です。それでも補えないことは本書を参考にしてください。

●テーマディレクトリ：
公式テーマディレクトリ登録されている

●対価：
無料

●公式サイト：
https://arkhe-theme.com/ja/

テーマのインストールと有効化（続き）

5 テーマを確認してインストールする

表示されたテーマでマウスホバーするといくつかのボタンが表示されます。

画面中央の❶［**詳細 & プレビュー**］か右下の❷［**プレビュー**］をクリックすると、テーマの詳細やプレビューを確認することができます。

❸［**インストール**］をクリックして、「インストール中 ...」と表示された後に「インストール済み」と表示されたらテーマの追加が完了です。

6 テーマを有効化する

テーマのインストール直後に表示、もしくは［管理画面］→［外観］で一覧表示されるテーマをマウスホバーすると❹［**ライブプレビュー**］が表示されます。ここをクリックすると、自分のサイトにそのテーマを適用した場合の体裁を、前もって確認（プレビュー）することができます。

そのテーマをサイトで使用する（つまり有効化）するには❺［**有効化**］をクリックします。

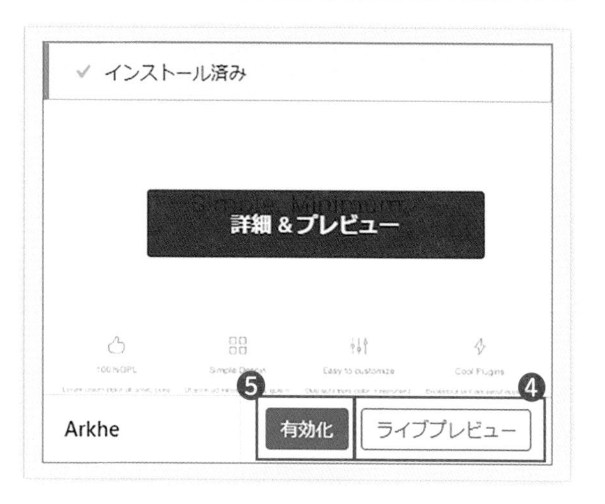

こんなにたくさんあるなかから
自分のサイトにあったテーマを
絞り込むのって大変そう……

きっと最適なテーマが
見つかるはずです
次ページでは
日本でよく活用されている
テーマをいくつか紹介するので
参考にしてください

おすすめの日本製のテーマ3選

日本のサイトには日本製のテーマが適している

現実の世界と同じように、ウェブにおいても言語の違いは大きいもので、数十文字で表現できるアルファベットと比較して、日本語の場合はひらがな・カタカナ・漢字の総数が数千に及びます。日本では一般的なデザインや機能が海外ではまったく一般的ではないこともあります。
そのため、**日本のWebサイトの特徴をしっかりと理解した、日本で開発されたテーマだと安心**です。
ここでは、本書で使用するArkhe以外に日本製の代表的な3つのテーマを紹介します。いずれもWordPressの基本的なポリシーに準拠（100%GPL）しているテーマです。

Lightning／ライトニング

「Lightning」は、洗練されたデザインが特徴で企業サイトなどの制作に適しています。メインビジュアルのスライドショー表示など、サイトを印象づける機能が搭載されています。

●テーマディレクトリ：
公式テーマディレクトリ登録されている

●対価：
無料／有料版はさらに高機能

●公式サイト：
https://lightning.vektor-inc.co.jp/

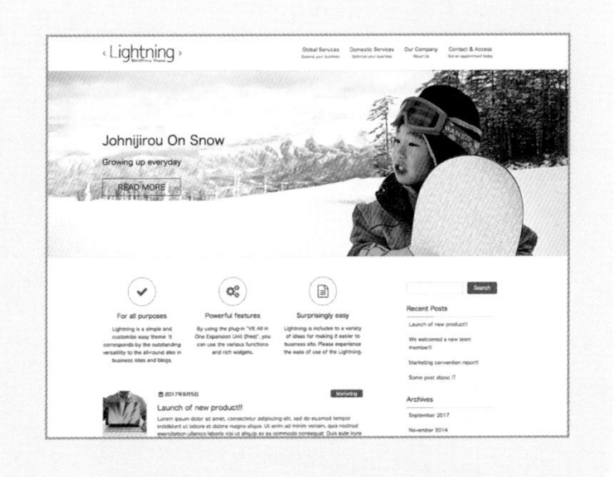

Cocoon／コクーン

「Cocoon」は、公式テーマディレクトリには登録されていないテーマですが、多くのブロガーに使用されています。
無料でありながらとても高性能で、アフィリエイトなどの収益化がよく考慮されているのが選ばれている理由です。

●テーマディレクトリ：
登録されていない

●対価：
無料

●公式サイト：
https://wp-cocoon.com/

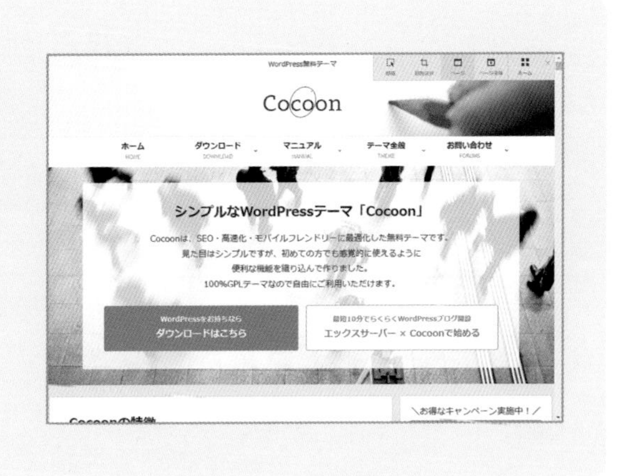

Swell／スウェル

「Swell」も、公式テーマディレクトリには登録されていませんが、有料のテーマであるだけにかなり高性能です。最新のブロックエディターに完全対応しています。
ほかのテーマから乗り換えやすいつくりになっているのもうれしいポイントです。

●テーマディレクトリ：
登録されていない

●対価：
有料

●公式サイト：
https://swell-theme.com/

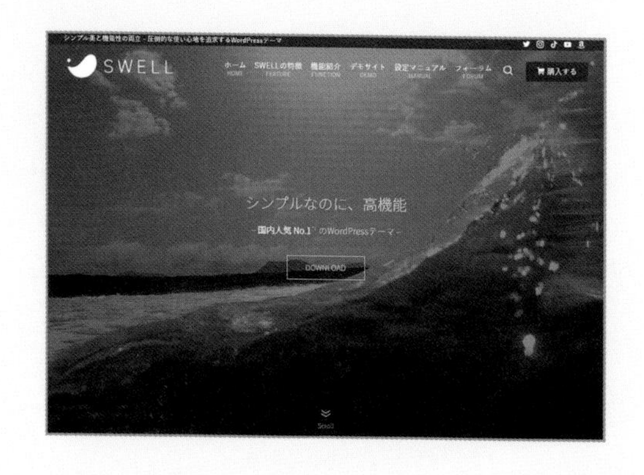

WordPress本体も
テーマなどの派生物も
自由に使えるという考え方だから
こんなにたくさんのサイトで
利用されているんですね

そうなんですよ
WordPressの背景を
ちょっとでも知ると
理解が深まりますよね
私は「100%GPL」のもの
だけを選択するように
強くオススメします

WordPressのライセンスについて

WordPressは**「GPL」**（ジーピーエル、GNU General Public Licenseの略）と呼ばれるライセンスを採用しており、プログラムの**実行・研究・再配布・改変版の頒布の「4つの自由」**を宣言しています。WordPress本体だけではなく、その派生物であるテーマやプラグインも同じライセンスを継承しなければならないのが基本的な考え方です。
GPLを完全に宣言しているテーマやプラグインのことを**「100%GPL」**（本体と派生物の両方がGPL）と言ったりもします。無料・有料を問わず入手したものを複数のサイトで自由に利用できます。4つの自由については［管理画面］→［WordPressについて］→［自由について］に説明があります。
一方、有料のテーマやプラグインで、1回の購入あたり利用できる回数を1サイトに限定している場合があります。これらは本体のGPLを継承しておらず、**「スプリット・ライセンス」**（スプリット＝分割。本体はGPL、派生物はGPLではない）と呼ばれます。

テーマを切り替えて比較してみる

WordPressインストール直後の状態で、2023年のデフォルトテーマ「Twenty Twenty-Three」と、本書の説明で使用する「Arkhe」、そして「Lightning」の外観の違いをみてみましょう。

Twenty Twenty-Three

CAFE SIKAKU（カフェしかく）

Hello world!

WordPress へようこそ。こちらは最初の投稿です。編集または削除し、コンテンツ作成を始めてください。

© 2023 CAFE SIKAKU（カフェしかく）

Arkhe

Lightning

テーマを切り替えるだけで
ずいぶん印象が変わるんですね

本書では
よりシンプルなテーマ「Arkhe」で
WordPressの全体像を
学んでいくことにしましょう

Your First Website
with WordPress
Beginner's Guide

LEVEL 3

WordPressで
サイト制作
（外枠編）

ウェブサイトの構成を考える

サイトで伝えたいことはたくさんあるけれど……何から手をつければいいんでしょう？

どんなサイトにしたいのかしっかりイメージをしてまず全体の構成を考えてみましょう！

お店の魅力をきちんと分析する

ここまでで商品やサービスを飾るディスプレイ棚の準備ができたイメージです。
この棚をどのように飾り付けるか、何をどのようにわかりやすく整理していくか、お客様が思わず立ち止まって「何があるんだろう？」とのぞき込んでもらえるようにしなくてはなりません。

それにはまず、実際の店舗・会社の特徴や魅力を伝えることが必要です。自分のお店には**どんな特徴や魅力があるか**書き出してみましょう。そこからサイトの全体像を俯瞰してイメージしていきます。
まず本書のモデルの「CAFEしかく」さんの特徴や魅力を書き出してみます（次ページ参照）。

商品棚を整理・装飾してお客様に興味を持ってもらえるサイトづくりをしていきましょう（写真はイメージです）

1 自店の特徴や魅力を書き出してみる

本書のモデル「CAFEしかく」さんのサイトを構築するにあたって、特徴や魅力を書き出してみました。

CAFEしかくの特徴や魅力はどんなところ?

✓東京・葛飾区の千代田通り商店街入ってすぐのお店

✓おしゃれなスイーツはもちろんおいしいごはんもしっかり食べられる!

✓どこか懐かしい下町風情あふれるこの商店街に自然となじみ地域と密着しながら成長していくカフェ

✓お弁当も人気!!

✓フリマのようなワクワクイベントなどアイデア次第で自由に活用してもらいたい

✓カフェ好きが納得する味と居心地のよさ

✓不揃いなアンティークのイスやソファに自由に座ってリラックスできる

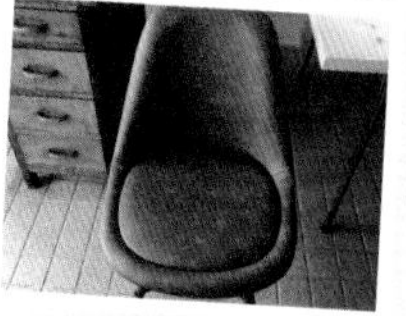

✓この商店街は新しいものも取り入れつつご近所さん同士の昔ながらのつながりを大切にしている

実際の店舗や会社の特徴や魅力がそのままウェブサイトでのアピールポイントになりますよ

1 サイトの方向性を明確にする

実際のお店や会社の魅力をきちんと分析したら、制作するサイトの方向性を明確にしていきます。

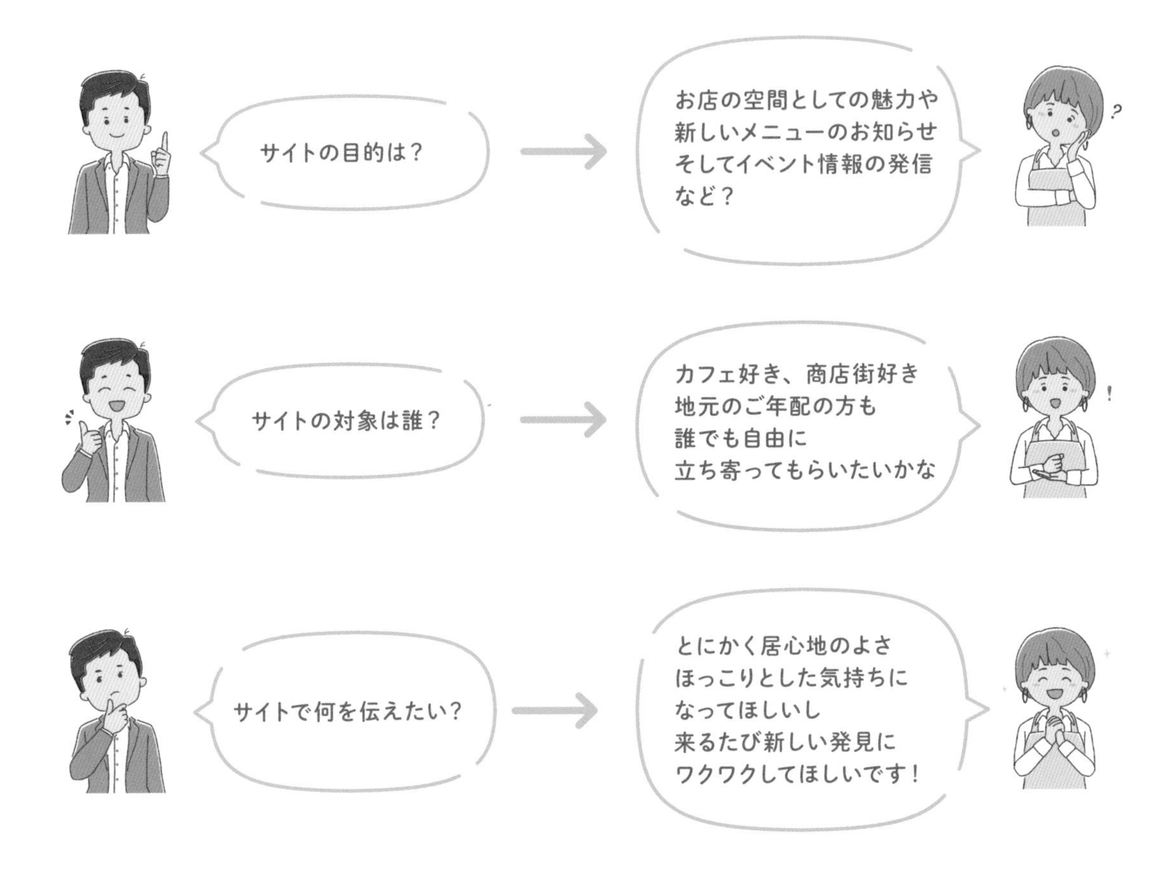

制作するサイトがだんだん明確になっていくイメージ

特徴や魅力を挙げる	サイトの目的は何か	誰に伝えるのか	何を伝えるのか
それがそのまま サイトの アピールポイント になる	何のために サイトを作ろうと しているのか きちんと定める	サイトを通して 情報を伝える 相手は誰なのか 明確にする	伝えたいことを 明確にイメージして 伝わるウェブサイト にする

「テーマ」と「アイデア」を整えれば「コンセプト」が見えてくる

たとえば本書の場合なら、WordPressの基礎学習が「テーマ（目的）」です。サイト制作経験のない方（誰に）ウェブサイト制作の基本的な方法を伝える（何を）ことが本書の目的です。伝える手段として実在するカフェオーナーに教えていく体裁にした「アイデア」に基づいて執筆しています。
どのような企画でも、もちろんサイト制作でも、この手順は同じです。
「テーマ（目的）」に従ってまずは情報を収集・整理・分析しますが、この段階ではまだ方向性がありません。分析結果に従って「誰に」「何を」に加えて「どのように（アイデア）」伝えたいかを考えていくと「コンセプト（方向性）」がはっきりと見えてきます。
コンセプトが明確になれば、サイト制作を一定の方向へと前進させることができるようになるのです。

サイトの構成を考える／サイトマップの作成

1 サイト全体の構成を考える

「目的」を定めて、「誰に」「何を」「どのように伝えたいか」がイメージできてきたら、今度はサイト全体の構成を考えていきましょう。このようなサイトの構成図のことを**「サイトマップ」**と言います。
サイト全体をイメージできたら、それを下図のようなサイトマップに落として図式化していくと、サイト全体を視覚的に見渡せるようになります。

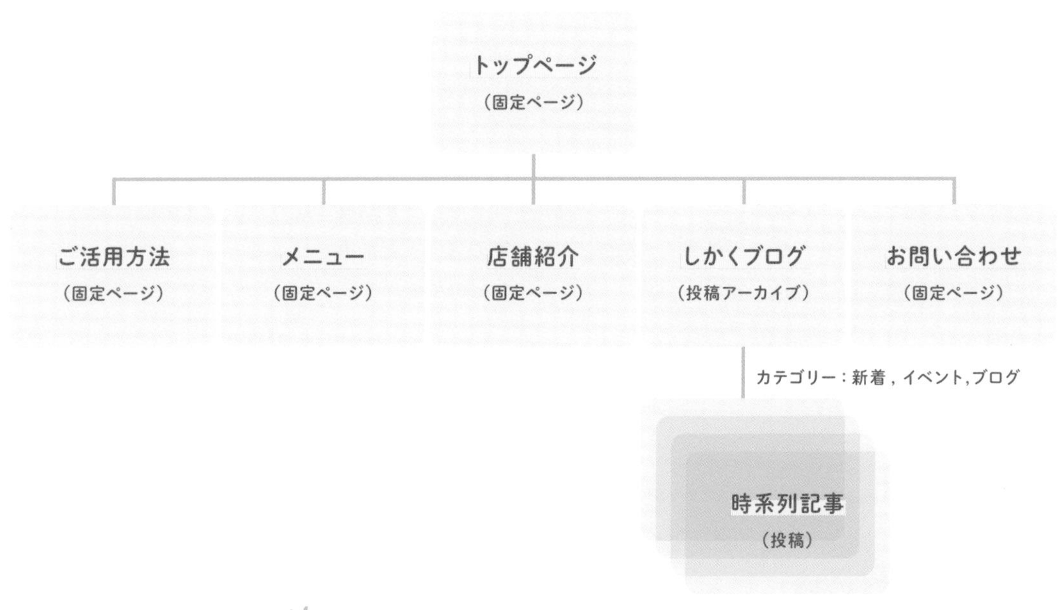

競合するサイトを分析しよう

競合サイトをたくさん見ることはよい勉強になります。どのような情報を載せ、どのようにページを分類し、どのように魅力を表現しているのかを分析して、「いいな」と思ったところをどんどん参考にしていきましょう。
そうして分析した情報と、先に分析した自店舗の情報を合算するとかなりの情報量になるはずです。次はこれらの情報を絞り込みます。テーマやコンセプトに合ったものだけを厳選してブラッシュアップしていきましょう。
この作業を行うことで高品質なコンテンツに仕上げていくことができます。

1 ページごとの構成を書き出す

全体のサイトマップができたら、次はページごとの構成を書き出していきます。

トップページ

基本的な情報発信＋ほかのページの入り口となるページ

- ✓大きい画像：店のイメージを視覚的に伝える
- ✓コンセプト：オーナーの思いを伝え詳細は下層ページへ誘導
- ✓新着情報：イベントなどの情報を伝え詳細ページへ誘導する
- ✓SNSとの連携：FacebookやInstagramへのリンクを掲載して回遊率をアップする
- ✓概要：住所などの基本情報 営業カレンダー

しかくブログ

全カテゴリーの「投稿」記事をアーカイブするページ

- ✓カテゴリー分類：「新着」「イベント」「ブログ」

お問い合わせ

イベントの相談などのお問い合わせ窓口となるページ

- ✓お問い合わせ方法
- ✓個人情報保護についての記述

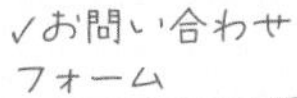

- ✓お問い合わせフォーム

ご活用方法

お店の雰囲気を伝えつつ活用方法を提案するページ

- ✓女子会やママ会に
- ✓リモートワークや打ち合わせに
- ✓ワークショップなどのイベント開催に

メニュー

商品を写真とともに掲載するページ

- ✓ドリンク
- ✓食事
- ✓スイーツ

店舗紹介

お店の情報を掲載するページ

- ✓コンセプト
- ✓お店の基本情報
- ✓アクセスマップ

こうやって構成を書き出していくと
伝えたい情報が具体的に
イメージできてきますね

常に考えるべきことは
「自分は何を伝えたいか」
「お客様は何を知りたいか」
とにかく書き出して整理する！
この繰り返しが大切なんですよ

「固定ページ」で常設のコンテンツを作成する

サイトの構成も整っていよいよここからコンテンツの作成に着手するんですね？

そうです！
実際に作りながらWordPressの操作を覚えていきましょう

「固定ページ」と「投稿」の違い

WordPressで作成するコンテンツには大きく分けての**2種類の投稿タイプ**があります。
「固定ページ（page）」と「投稿（post）」です。
一度作成したらあまり更新されることのない内容のページは**「固定ページ」**で作成します。

それに対して、ブログやイベント情報など、時間の経過つまり時系列とともに増えていくような記事を**「投稿」**で作成します。
P.88で考えたサイトマップから具体例を示していきましょう。

固定ページ

メニュー

一度作成すればほとんど変更しない常設のページを「固定ページ」で作成します。
本書では「メニュー」「店舗紹介」「お問い合わせ」ページが該当します。

店舗紹介

お問い合わせ

投稿

最新情報／ブログ

新着情報やブログのような記事は、「〇年〇月〇日に作成」などと投稿した日付情報を伴うことがほとんどです。これらの記事は「カテゴリー」や「タグ」と呼ばれる分類により整理できます。本書では「新着」「イベント」「ブログ」で分類することにしています。

投稿アーカイブ

時系列記事の一覧

「投稿」の一覧ページのことを「アーカイブ（書庫）」と呼びます。この一覧を特定のカテゴリーで分類したアーカイブを作成することもできます。本書では「投稿アーカイブ」のページも用意しています。

変動しないコンテンツは「固定ページ」
日記のように増えていくのが「投稿」
なんですね！

そのとおり！
まずは「固定ページ」を例に
基本的な操作から確認してみましょう

「固定ページ一覧」の基本的な操作方法

1 「固定ページ一覧」を開く

管理画面→［固定ページ］→❶［**固定ページ一覧**］を選択します。
固定ページの一覧が表示され、インストール時に2つのページがサンプルとして作成されています。
❷は「**サンプルページ**」のタイトル文字列をマウスホバーした状態です。タイトルの下に［編集］［クイック編集］［ゴミ箱へ移動］［表示］などの操作メニューが表示されます。

2 「固定ページ一覧」内の記事の状態を確認する

固定ページの一覧を見ると、「サンプルページ」はすでに公開されており、「プライバシーポリシー」は下書きの状態です。
一覧の上部には❸「**すべて（2）｜公開済み（1）｜下書き（1）**」と表示されており、それぞれの状態に絞り込んで一覧を表示させることもできます。

3 固定ページを削除する

作成済みの固定ページを削除するには、マウスホバーして表示される操作メニューから「ゴミ箱へ移動」のテキストリンクをクリックします（P.91ステップ2の図参照）。
右の図は「プライバシーポリシー」を削除した時の表示です。一覧の上部には❶「ゴミ箱(1)」と表示されており、「プライバシーポリシー」のページがゴミ箱に移動したことがわかります。

4 削除した固定ページを「復元」「完全に削除する」

❶「**ゴミ箱（1）**」をクリックすると、右図のようにゴミ箱に移動したページを確認することができます。
マウスホバーして表示される操作メニューから❷「**復元**」もしくは❸「**完全に削除する**」を選択して操作することができます。

「復元」すると削除する前の状態に戻り、「完全に削除する」ともう元には戻せなくなります。

固定ページの編集画面

1 一覧から固定ページを開く

固定ページを編集するには、❶**タイトルの文字列**（「サンプルページ」）、もしくはマウスホバーで表示される操作メニューから❷［編集］のテキストリンクをクリックします。
あらかじめ作成されていた「サンプルページ」の編集画面が開きます。

この「サンプルページ」に
固定ページの特徴が
説明されているので
ぜひ一度読んでみてください

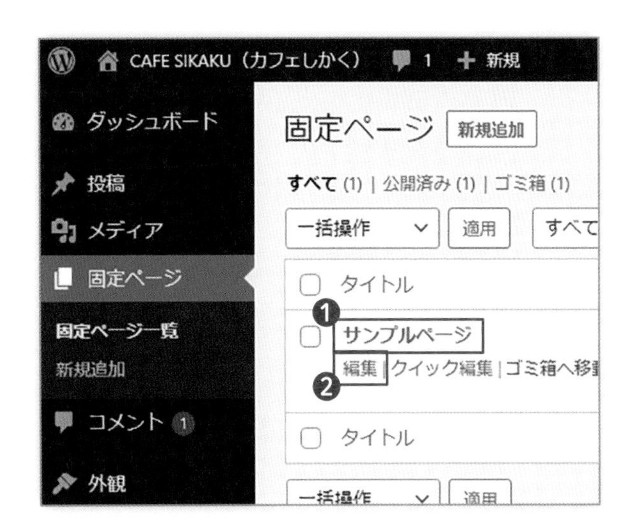

2 編集画面の構成

編集画面を大きくエリア分けすると、メインの❸**編集エリア**、上部の❹**トップツールバー**（または**アイコンバー**）、そして右側の❺**設定パネル**で構成されています。
設定パネルは、右の図では［**固定ページ**］**タブ**が表示されていて、この固定ページのさまざまな設定を行うことができます。
編集エリアをクリックすると［**ブロック**］**タブ**に切り替わり、マウスカーソル位置のブロックの各種設定を行うことができるようになります（ブロックについては次ページ参照）。
保存せずに固定ページ一覧画面に戻るには、トップツールバー左端の❻ **WordPressのシンボルマーク**をクリックします。

1 「ブロック」はそれぞれの要素の固まり

本文中のさまざまな場所をクリックすると、たくさんの「固まり」(「**ブロック**」と呼ぶ) で構成されていることがわかります。

カーソル位置のブロックの上に❶「操作メニュー」が表示され、「設定パネル」も❷［ブロック］タブに切り替わり、選択中のブロックのさまざまなオプション設定ができます。

❸「はじめまして」にカーソルを置くと、操作メニューの❹アイコンは現在の選択が「段落」ブロックであることを示しています。その左に隙間をあけて表示されている❺アイコンは、現在選択中のブロックを外包する親ブロックがあることを示しています。右図の場合は「引用」ブロックが親です。❺をクリックして親ブロックを選択してみてください。

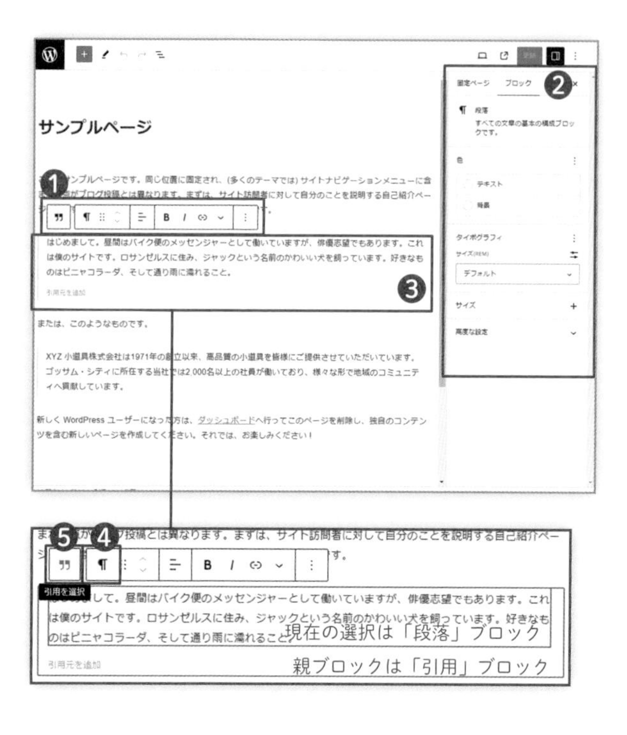

2 ブロックを削除するには

ブロックを削除するには、操作メニューの右端の❻［**オプション**］ボタンをクリックして表示されるサブメニューから❼「**削除**」をクリックします。

まとめて削除する場合は、削除したい複数のブロックをマウスドラッグで選択してキーボードの Delete キーを押しても削除できます。

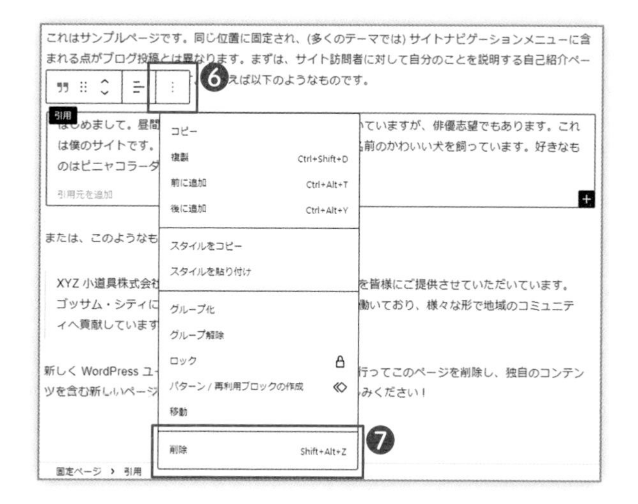

本項ではブロックのごく基本的な編集方法のみ紹介しています。複雑なレイアウトが行える「ブロックエディター」の詳細についてはLEVEL4で紹介しているので参照してください。

3 ページを編集する

作成したサイトマップに従って、サンプルページをベースに「メニュー」ページを作成してみます。
右図では、タイトルを❶「**メニュー**」に変更しました。
最初のブロック（段落）だけ残して編集し、ほかは削除します。

4 ページのプレビューと保存

編集中ページのプレビューや保存をするには右上の操作メニューを使用します。右図では❷ 5つの操作ボタンがあります。左から順に、
❸［**プレビュー**］：❹サブメニューが表示され、「デスクトップ（パソコン画面）」「タブレット」「モバイル（スマートフォン）」のプレビューに切り替えることができます。
❺［**固定ページを表示**］：保存済みのページを開きます。
❻［**更新**］：ここまでの編集内容を保存します。
❼［**設定**］：編集画面右側の「設定パネル」の表示／非表示を切り替えます。
❽［**オプション（縦3点ボタン）**］：編集画面の各種設定を変更できます。

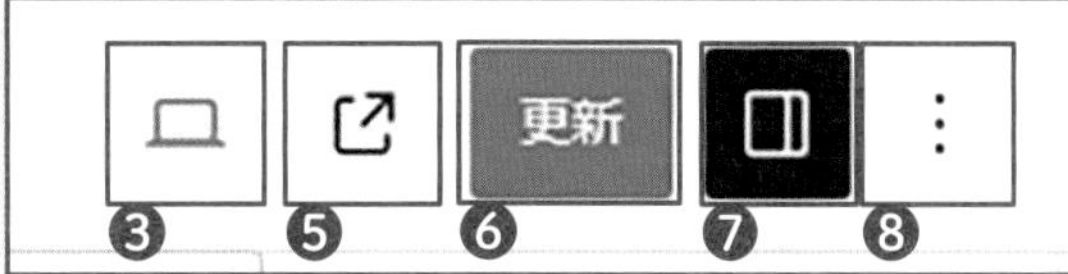

パソコンだけじゃなく
スマホの表示も
きちんと確認しなくちゃ
いけないんですよね

5 ページを更新する

右上の操作メニューの❶［更新］をクリックして新たな編集を保存します。左下に❷**「固定ページを更新しました。」**とメッセージが表示され、［更新］ボタンは非アクティブ（クリックできない状態）になります。
すでに公開しているページなら、この「更新」によって公開中のページが更新されたことになります。

記事はこまめに保存するようにしましょう
編集中のページをまだ公開したくない場合は
［下書きへ切り替え］ボタンのクリックで
更新するようにしてください

直感的にページがつくれるブロックエディター

WordPress 5.0（2018年12月リリース）から新しく搭載された「ブロックエディター」では、編集時の要素ごとの固まりを「ブロック」と呼びます。
「見出し」「段落」「画像」などのほか、「横並び」などのレイアウト系、「カレンダー」「最新の投稿」のような機能系などさまざまなブロックがあります。
これらの多様なブロックを組み合わせることで、テクニカルなスキルを持たないユーザーでもプロフェッショナルな**ウェブコンテンツを直感的につくる**ことができるのです。
15世紀のドイツで、金属活字とインクによる印刷システムを発明して情報・メディア革命をもたらしたヨハネス・グーテンベルクにちなんで、このブロックエディターには「Gutenberg（グーテンベルク）」の愛称が開発時に付けられていました。

1 「固定ページ」の設定パネル

右側のパネルの上部、❶「**固定ページ**」タブをクリックすると、「固定ページ」の❷**設定パネル**が表示されます。
編集中のページに関係したさまざまなオプションを設定することができます。

概要

クリックでオプション設定が展開されます（以下同様）。
【表示状態】表示方法の制御をします。
・公開：すべての人に公開される
・非公開：サイト管理者と編集者にだけ表示される
・パスワード保護：パスワードを知っている人のみ閲覧できる
【公開】公開された日時です。時刻と日付はそのページが公開された日時です。将来の日時を指定して更新すると、上部の［更新］ボタンは［予約投稿］に変わり、指定した日時に公開されます。
【公開】表示方法を定義したテンプレートを指定します。
【URL】公開されるURLです。公開するページのために、URLの末尾につく名前を「パーマリンク」フィールドに入力します。そのURLが公開するページのためのURLになります。
【投稿者】そのページを執筆した人です。たとえば社長ブログを別のスタッフが代筆するときなどに便利です。
【下書きへ切り替え】公開中のページを下書きに切り替えます。
【ゴミ箱へ移動】そのページを削除します。

〜件のリビジョン

自動保存された特定の編集状態まで戻せます。

アイキャッチ画像

閲覧者の目を惹きつけるための画像です。ページ訪問時にそのページの印象を特徴づける画像として使用されます。その使用方法は選択したテーマによって異なります。

抜粋

検索でこのページがヒットした時のページ概要として表示されたり、「投稿」の場合は、投稿アーカイブ（一覧）ページの概要として表示されるのが一般的です。

ディスカッション

ページ表示時に、閲覧者のコメント投稿を許可するかどうかを選択できます。

ページ属性

ページを階層化する時に活用します。

「パーマリンク」と「アイキャッチ」
についてはもう少し説明していきますね

固定ページの設定パネル――URL

1 URLを設定して更新する

固定ページの設定パネルで「概要」→「URL」の右に表示された❶**テキストリンク**をクリックしてURL設定オプションを表示します。
❷**「パーマリンク」**フィールドに入力した文字列が❸ URLの最後の部分になります。これは、**編集しているページのためのURL上の名前**のようなものです。
本書では「メニュー」ページを編集しているのでパーマリンクを❹「menu」と入力して更新します。

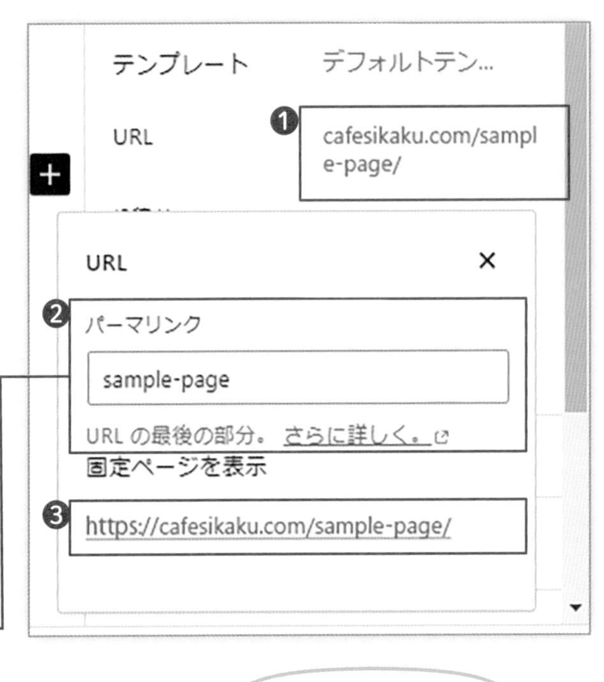

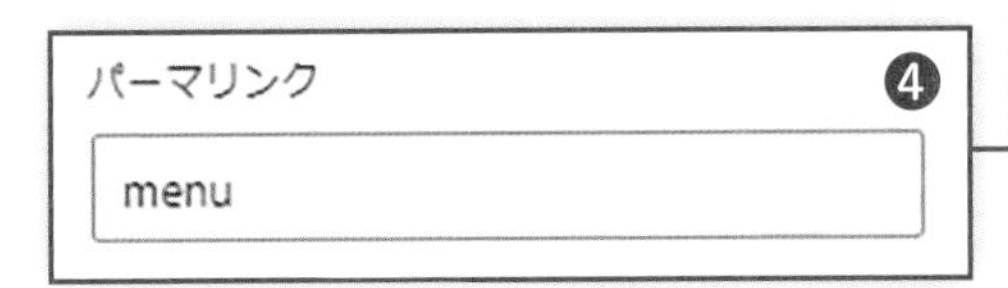

「パーマリンク」ってたしか
記事やページにアクセスするための
固有のURLってことでしたね
(P.71参照)

2 ページを表示して確認する

「固定ページを表示」の下の更新された❸URLをクリックして公開されたページを表示して確認します。
中身は空っぽですが、メニューページができました❺。

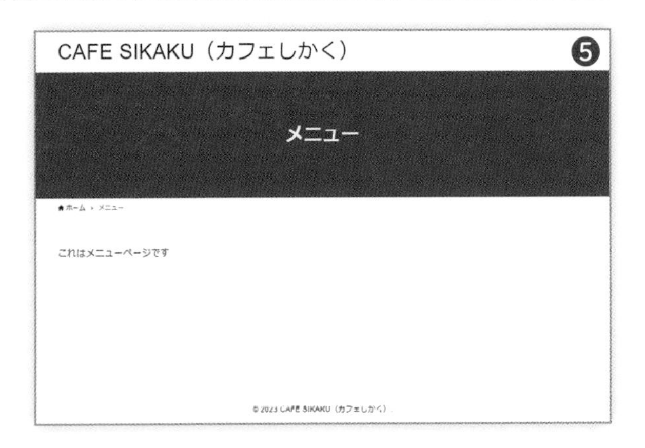

固定ページのアイキャッチ画像の設定

1 「アイキャッチ画像」の設定オプションを表示する

「固定ページ」の設定パネルで、「アイキャッチ画像」をクリックして❶**「アイキャッチ画像を設定」**オプションを表示します。

アイキャッチ画像って
目が「アイ（Eye）」で……
「キャッチ（Catch）」が
「つかむ」とか「惹きつける」？
だから「アイキャッチ」なのね！

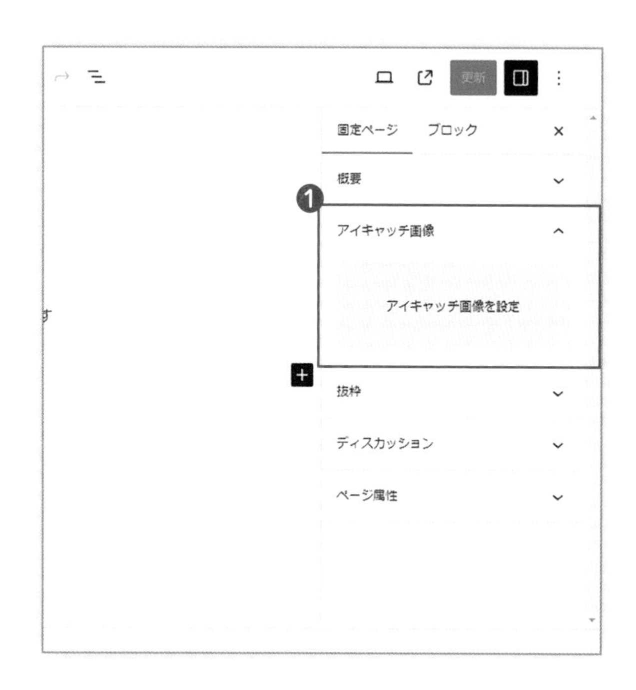

2 画像をアップロードする

「アイキャッチ画像を設定」のエリアに画像ファイルをドラッグすると、❷**「ファイルをドロップしてアップロード」**の文言に表示が変わります。
画像ファイルをこのエリアにドロップすると画像がアップロードされ、アイキャッチ画像として設定されます。

❶「アイキャッチ画像を設定」エリアをクリックすると表示される「メディアアップローダー」を開いても同様の操作をすることができます。
メディアアップローダーを開くと、すでにアップロードされている画像を「メディアライブラリ」から選択することもできます。

3 アイキャッチ画像の設定完了

❶**アイキャッチ画像**のサムネイル表示で、どの画像が設定されているか確認できます。
［更新］ボタンをクリックして保存すると公開ページに反映されます。

アップロードした画像を
サムネイルで確認できて安心ですね！

4 公開ページを確認する

設定したパーマリンクにアクセスするとアイキャッチがどのようにページに反映されたか確認できます。
❷がパソコンでの表示、❸がスマホでの表示です。

わー！！！　画像が入ると
ウェブサイトらしくなってきますね！

パソコンとスマホの両方の画面で
きちんと確認してくださいね

固定ページの新規作成

1 固定ページの新規追加

［固定ページ一覧］に戻ると、先ほど編集した「メニュー」のタイトルが確認できます。
新たに固定ページを作成するには、サイドバーの❶「**新規追加**」、もしくは作業エリアの❷［**新規追加**］をクリックします。

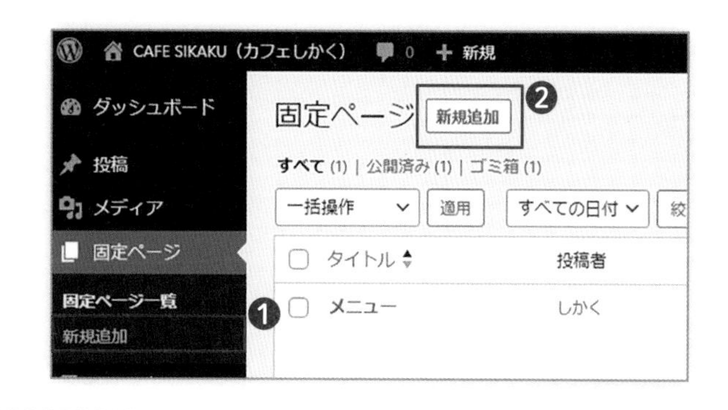

2 固定ページを追加する

本書ではサイトマップに沿って以下のページを追加していきます。

ページタイトル：「ご活用方法」
- 本文：これはご活用方法のページです
- パーマリンク：usage

ページタイトル：「お店紹介」
- 本文：お店紹介のページです
- パーマリンク：about

ページタイトル：「お問い合わせ」
- 本文：お問い合わせのページです
- パーマリンク：contact

アイキャッチ画像のアップロードも済んだら、❸［**公開**］をクリックします。

これで公開されるんだから
きちんと確認しないとね！

LEVEL 3 02 「固定ページ」で常設のコンテンツを作成する

3 「固定ページ一覧」で確認する

ここまでで、本書では「ご活用方法」「メニュー」「お店紹介」「お問い合わせ」を「固定ページ」で作成しました。
固定ページ一覧でタイトルを確認してみましょう。❶のように作成した**固定ページのタイトル**が並んでいるのが確認できます。

画像などにこだわりだすと
作業に迷ってしまいそうです

あとで差し替えればいいんですから
はじめは細かいところにこだわらず
まずは大枠を作っていってください！
全体を理解することを優先して
次は「投稿」に進みましょう！

新規作成した固定ページ

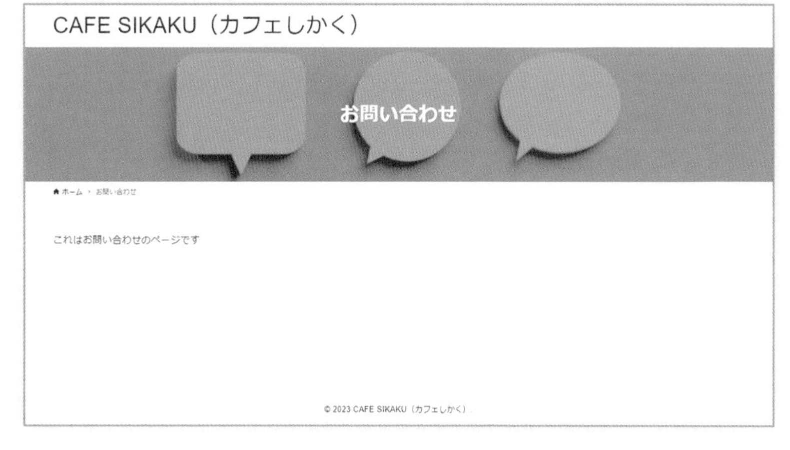

「投稿」で時系列の記事を投稿する

お知らせやイベント
みたいに
時系列に整理されるのが
「投稿」でしたっけ？

ちゃんと覚えてましたね！
加えて「記事を分類できる」点も
大きな特徴なんです

投稿記事をカテゴリーやタグで分類する

「投稿」で作成する記事は、**「カテゴリー」**と**「タグ」**で分類することができます。
カテゴリーとタグの違いは**分類を階層化できるかどうか**です。
分類に親子関係をつけて階層化できるのがカテゴリー、キーワード的な役割を果たすのがタグです。
難しく考えず使い分けるポイントは、系統立てた分類はカテゴリー。インスタのハッシュタグのように連想ワードを列挙していくのがタグです。
以下にカテゴリーとタグそれぞれの特徴をまとめました。投稿記事をうまく分類することで訪問者が閲覧しやすいサイトにしましょう。

カテゴリー

【階層構造】
分類を階層化できる

【用途】
投稿記事を大まかにジャンル分けするなど、系統立てた分類に最適です。
たとえば「おかず」「サラダ」「デザート」と大まかにジャンル分けします。「おかず」を親分類として、さらに「お肉のおかず」「お魚のおかず」などの子分類を設けて階層化することもできます。

タグ

【階層構造】
分類を階層化できない

【用途】
投稿記事の連想ワードを列挙するようなイメージです。
たとえば「鶏むね肉のレシピ」の記事なら、「鶏むね」「健康レシピ」「ヘルシー」「低カロリー」などの連想ワードを「タグ」にしたいと思うかもしれませんよね。

「カテゴリー」はきちんとした分類
「タグ」は連想するワード
みたいな感じですね！

上手に使い分けることで
訪問者に
「同じ分類の別の記事も見てみたい」と
思ってもらえたらうれしいですよね
回遊率がアップするよう工夫しましょう！

カテゴリーの編集

1 「カテゴリー」管理画面を開く

管理画面→［投稿］→❶［**カテゴリー**］をクリックして「カテゴリー」画面を開きます。作業エリアは、左側の❷「**新規カテゴリーを追加**」エリアと、❸**作成済みカテゴリーを一覧表示する**エリアで構成されています。
本書では「新着/news」「イベント/event」「ブログ/blog」の3つのカテゴリーを準備することにします。

2 デフォルトカテゴリーは必須

WordPressの初期状態（デフォルト）では「未分類/uncategorized」がカテゴリー登録されています。記事の投稿保存時にカテゴリーが選択されていない場合、自動的にこの「デフォルトカテゴリー」が割り当てられます。
本書では「ブログ/blog」をデフォルトカテゴリーに設定することにします。❹**クイック編集**をクリックして編集してみましょう。

「カテゴリー編集」画面に移動するには、カテゴリー名か「編集」をクリックします。

使用頻度のいちばん高いカテゴリーをデフォルトにしておきましょう！
「未分類」をそのまま残しておくこともひとつの方法です

カテゴリーの編集（続き）

3 カテゴリーを編集・保存する

未分類カテゴリーを❶のように本書では編集します。

名前：ブログ
スラッグ：blog

上記の設定が済んだら、❷［**カテゴリーを更新**］をクリックして保存します。

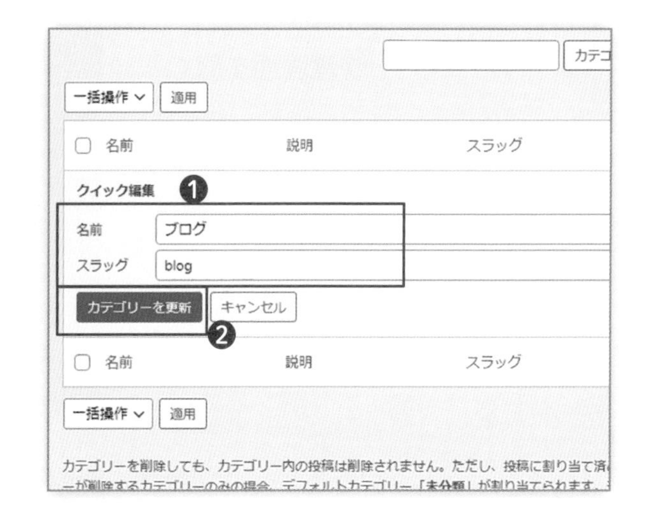

4 編集・保存したカテゴリーを確認する

カテゴリー一覧に、ステップ3で作成した❸**「ブログ/blog」のカテゴリータイトル**が確認できます。

And More

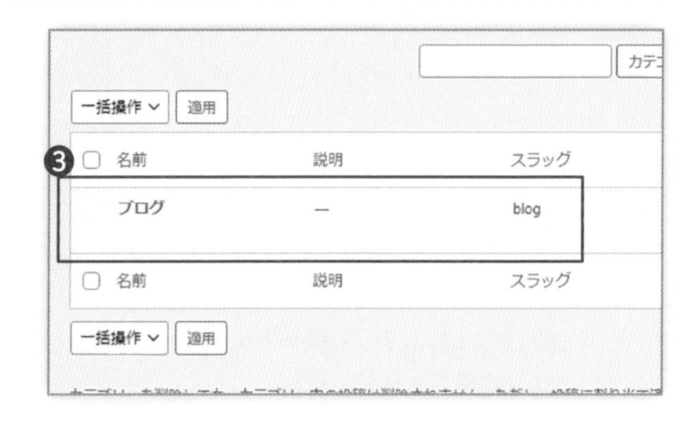

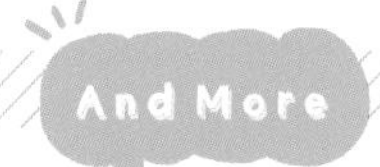

デフォルトカテゴリーは後でも変更可能

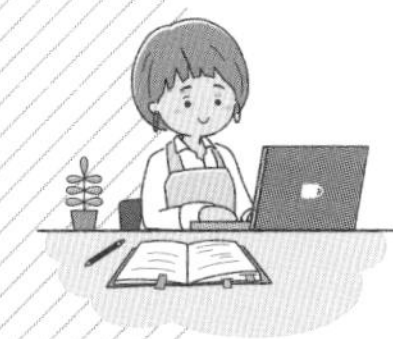

カテゴリーを作成した後でデフォルトカテゴリーを変更したくなったときは、管理画面→［設定］→［投稿設定］で変更可能です。
❹「投稿用カテゴリーの初期設定」のプルダウンで選択して、画面下部の［変更を保存］ボタンをクリックします。

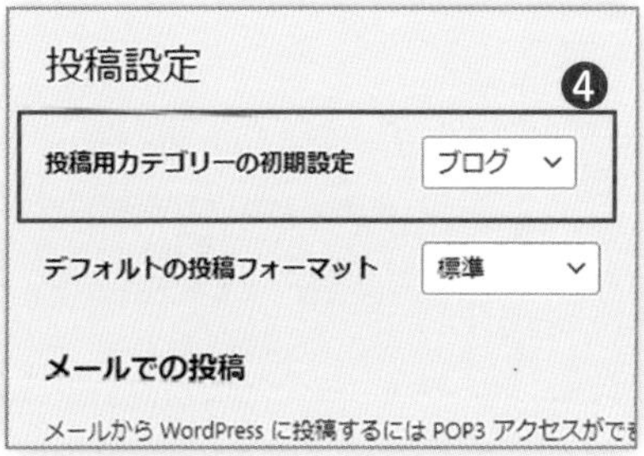

カテゴリーの追加

1 カテゴリーを追加する

作業エリア左側の「**新規カテゴリーを追加**」を使用します。❶「**名前**」、❷「**スラッグ**」、❸「**説明**」を入力して、❹［**新規カテゴリーを追加**］をクリックして保存します。
本書ではさらに2つカテゴリーを追加します。

新着／news
　名前：新着
　スラッグ：news
　名前：イベント
　説明：「いち早く新着情報をお伝えします」

イベント／event
　名前：イベント
　スラッグ：event
　説明：「地域に密着したイベントもたくさん開催しています」

本書では❺3つのカテゴリーを作成しました。

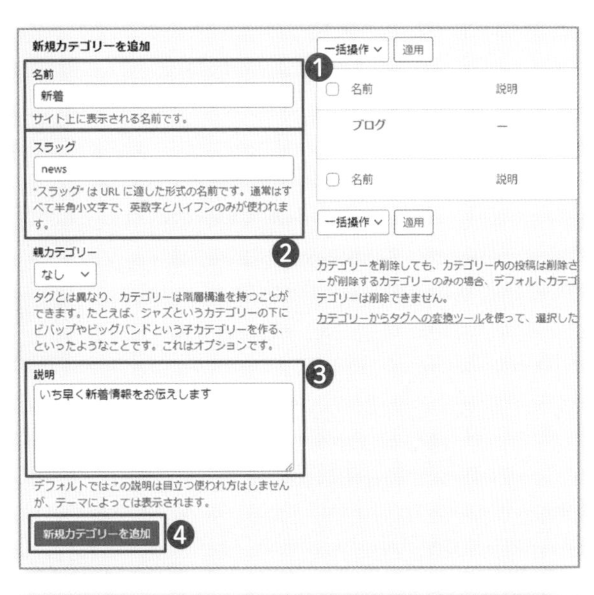

「タグ」もきちんと整理して
分類したい場合は同様の方法で
あらかじめ作成することもできます
本書では記事作成時に
タグを設定していくことにします

投稿記事を作成する

1 「投稿一覧」管理画面を開く

管理画面→［投稿］→❶［**投稿一覧**］をクリックして「投稿」画面を開きます。
続いて、❷［**新規追加**］もしくは❸［**新規追加**］をクリックして新規投稿画面を開きます。

2 「投稿」を新規作成する

固定ページの編集と同じ要領で、❹**記事タイトル**と❺**コンテンツ**を入力します。
本書では記事タイトルを「サイト制作中」としました。

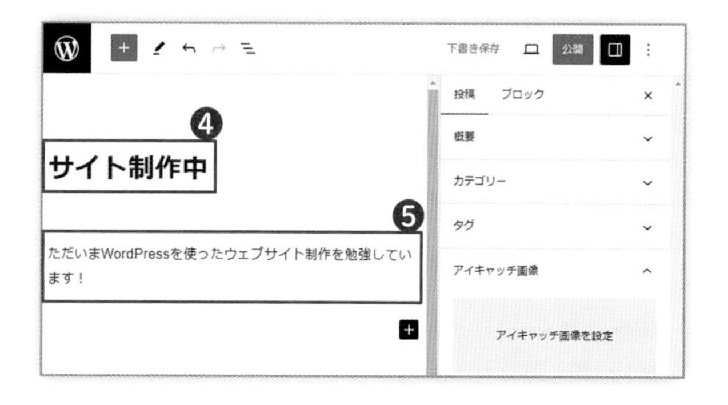

3 アイキャッチ画像も登録する

設定パネルの❻「**投稿**」タブをクリックすると「投稿」の各種設定エリアが表示されます。
❼**アイキャッチ画像**の設定エリアで、固定ページの編集と同じ要領で登録します（P.99を参照）。

「投稿」も「固定ページ」も
編集の仕方は
ほとんど同じなんですね

4 カテゴリーを設定する

「投稿」設定パネル→❶「**カテゴリー**」の設定エリアから1つもしくは複数のカテゴリーを選択します。
本書では「ブログ」カテゴリーを選択しました。

カテゴリーを未選択のまま保存した場合は、デフォルトカテゴリーが自動的に選択されます。

5 タグを設定する

タグを設定するかどうかは任意です。
「投稿」設定パネル→❷「**タグ**」設定エリアの［**新規タグを追加**］フィールドに、記事に関連するキーワードを入力します。このとき半角カンマ（,）を入力するか Enter キーを押すことで新しいタグが登録されます。同時に投稿のタグとしても設定されます。
右図では「WordPress」と「サイト制作」がタグとして設定されました。

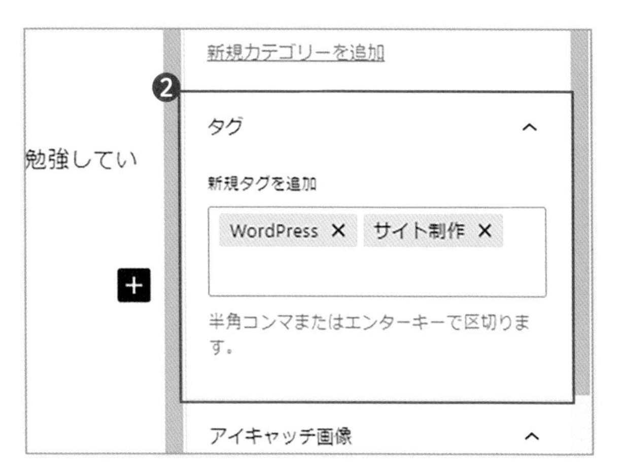

【登録済みのタグは選択候補になる】
別の投稿記事でタグを入力しようとすると、一度使った**登録済みのタグは選択候補として自動的に表示される**ようになります。
❸は、「サイ…」と入力したら、すでに登録されている「サイト制作」がタグ選択候補として表示された例です。

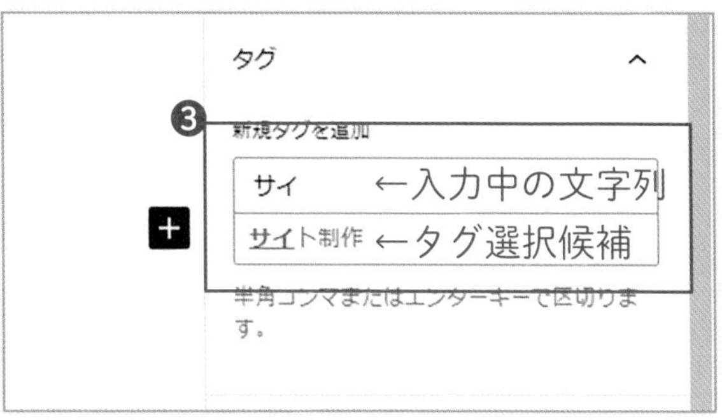

登録済みのタグが候補として表示される

投稿記事を作成する（続き）

6 パーマリンクもきちんと設定する

パーマリンクもきちんと設定することは大切です。「投稿」設定パネル→「概要」→「URL」設定エリアの右隣にある❶**テキストリンク**をクリックします。❷**「パーマリンク」**フィールドが表示されます。

ここで「パーマリンク」フィールドが表示されない場合は、トップツールバーにある［下書き保存］をクリックして投稿を保存してください。

表示された「パーマリンク」フィールドには記事のタイトルが全角の日本語で設定されていますが、URLになるので半角英数で入力するように変更してください。
本書では「under-construction」とします。
全体を確認して［公開］をクリックすれば投稿記事が公開されます。

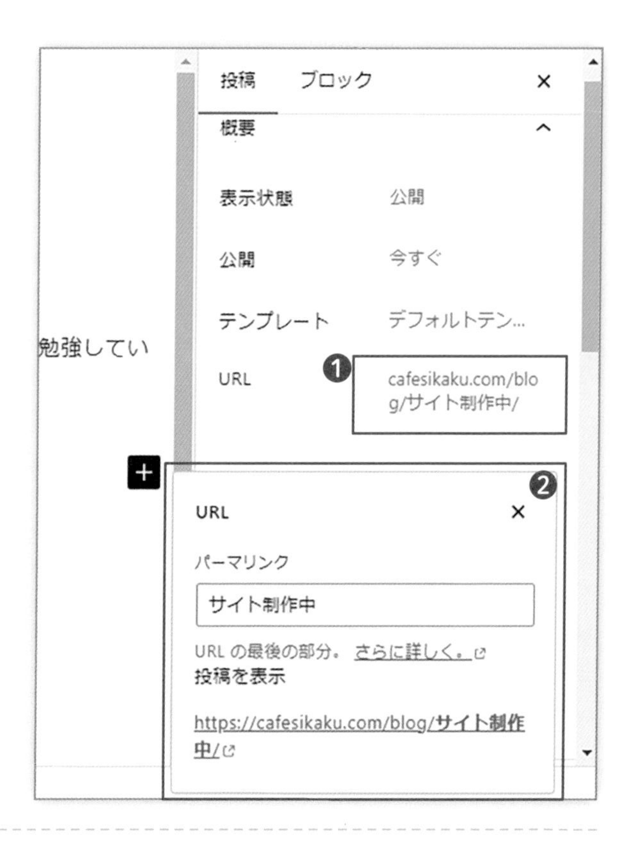

7 いくつかのダミー記事を投稿する

ここではダミー記事を❸のように4つ投稿しました。「イベント、新着」のように複数のカテゴリーを同時に適用することもできます。
アイキャッチ画像も登録して形を整えてみてください。

❸ タイトル	投稿者	カテゴリー	タグ
新着情報のお知らせ（投稿テスト）	しかく	新着	—
イベント開催のお知らせ（投稿テスト）	しかく	イベント	—
サイト制作中	しかく	ブログ	WordPress、サイト制作
Hello world!	しかく	ブログ	—

記事を繰り返し投稿していくと
各ステップの意味が
だんだんわかってきますね

投稿記事を作成する（続き）

8 トップページを確認する

サイトのトップページを確認しましょう。
最新の3つの投稿記事では設定したアイキャッチ画像が表示されていますが、WordPressインストール時に自動生成された❶**投稿「Hello world!」**にはアイキャッチ画像が設定されていません。
ただし本書で使用しているテーマ「Arkhe」は、デフォルトで用意されている画像が表示されるようになっています。

SEOを意識したパーマリンクの決め方

固定ページでも投稿でも**「パーマリンク」はURLの一部**になります。SEOの観点からも意味あるシンプルなフレーズにすることが大切です（カテゴリーやタグの「スラッグ」も同様です）。
ポイントを挙げてみましょう。

【半角英数を推奨】
半角英数の文字列をおすすめします。ブラウザのURLアドレスバーでは日本語表示も可能に見えますが、実際には読解不能な%記号や英数文字の羅列（URLエンコード）になっています。

【検索キーワードを含む短いフレーズに】
記事のタイトルや内容に関連した語句にします。年月日などもよいでしょう。

【重複はできない】
パーマリンクは、記事やページなどのコンテンツにアクセスするための固有のURLの一部になります。すでに使用したパーマリンクを別の記事で使用することはできません。

【命名の例】
●「おにぎり」についての記事なら
rice-ball（単語間のハイフンはOK）
onigiri（日本語のローマ字表記もOK）
shake-onigiri（重複しにくい）
●イベントのお知らせの記事なら
・event202307（重複しにくい）

04

WordPressでサイト制作（外枠編）

テーマカスタマイザーで外観を作り込む

固定ページを作って
いくつか記事も投稿したけど
ヘッダーの見た目も
なんだか寂しいですね……

ここまででサイト全体の
基本的な構造が整いましたので
今度はテーマカスタマイザーで
外観も整えていきましょう！

テーマカスタマイザーはサイトのデザインを整えるツール

サイトのデザインや設定をカスタマイズするときに使用するのが**「テーマカスタマイザー」**です。
テーマカスタマイザーで何を設定できるかは選択しているテーマによって異なります（利用できないテーマもあります）。
本書で使用する「Arkhe」では、サイト全体、ヘッダー、フッター、固定ページ、投稿ページごとにカラーリングや画像、メニューの配置などのデザイン要素とそれらに付随する基本機能を設定可能です。
大まかな流れとして、テーマカスタマイザーでサイトの基本的なデザインと機能を整え、足りない部分を他の手段で実装するような使い分けをします。

Arkhe（アルケー）

本書で採用しているテーマ。くわしくは次ページ以降で紹介します。

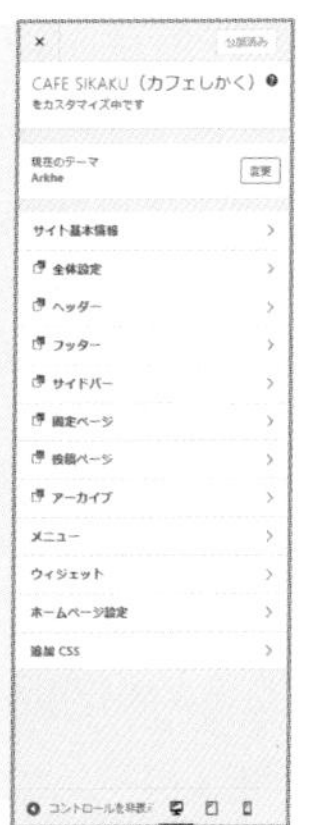

Lightning（ライトニング）

独自の設定メニューが多数用意されています。

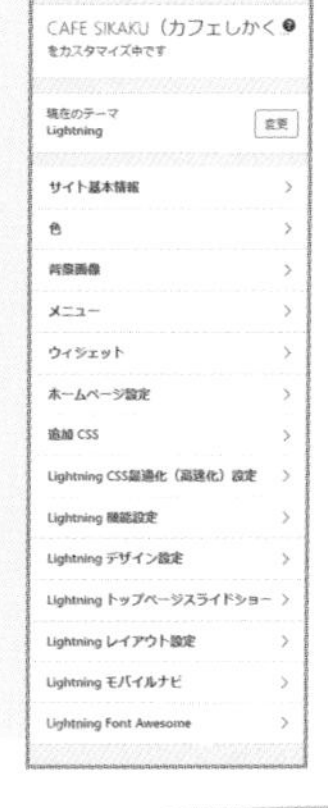

Cocoon（コクーン）

最小限の項目だけでシンプルなかわりに独自の管理画面メニューで高度な設定が行えます。

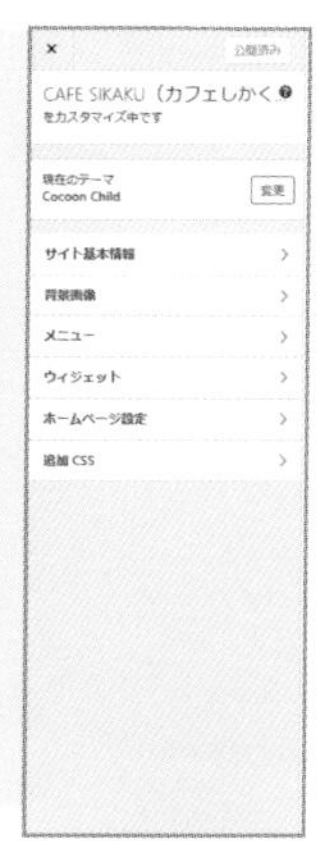

選択したテーマによって
できることが全然違うんですね

そうなんです
だからまずは何ができるか
とにかく触ってみてください
本書ではArkheでできることを
見ていきましょう

テーマカスタマイザーの基本操作

1 設定内容がただちにプレビューされる

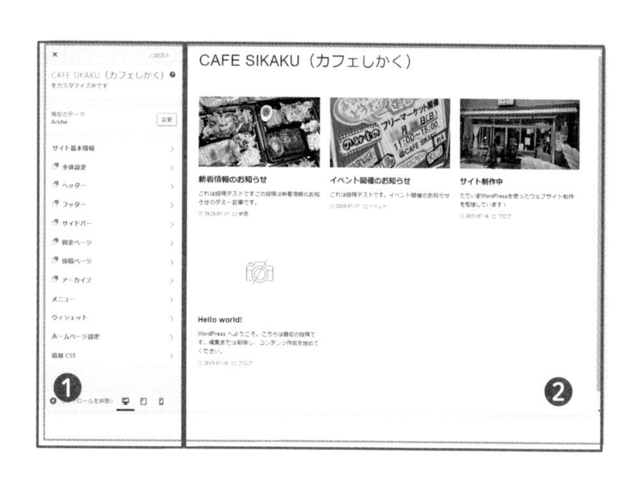

管理画面→［外観］→［カスタマイズ］でテーマカスタマイザー画面を開きます。

画面左側のナビゲーションは、**❶さまざまなオプションの設定メニュー**です。設定を変更すると画面右側の**❷プレビュー表示**にただちに反映されます。

プレビュー表示は公開サイトと同じ体裁で表示され、ほかの下層ページもプレビュー表示からアクセスして体裁を確認できるようになっています。

2 各種デバイスのプレビュー表示が確認できる

設定メニュー下部の**❸デバイスアイコン**をクリックしていくと、異なるデバイスでの表示を確認することができます。

アイコンは左から順に、パソコン表示、タブレット表示、スマホ表示で、クリックするとプレビュー表示が切り替わります。

「タブレット」のプレビュー表示

「スマホ」のプレビュー表示

3 複数人で確認できるプレビューリンクの共有

設定メニュー上部の❶［**公開**］をクリックすれば、変更した設定を公開中のサイトにすぐに反映させることができます。

［公開］ボタン右の❷［**設定**］ボタンをクリックすると、さまざまな保存オプションが表示されます。

変更の途中でまだ公開したくない場合は「下書き保存」を選択します。

下書き保存して❸「**プレビューリンクの共有**」の❹［**コピー**］をクリックすると、保存した下書きを表示するURLがクリップボードにコピーされます。コピーしたURLをメールなどに貼り付けて送ることにより、自分以外の人に公開前サイトの内容を確認してもらうことができます。

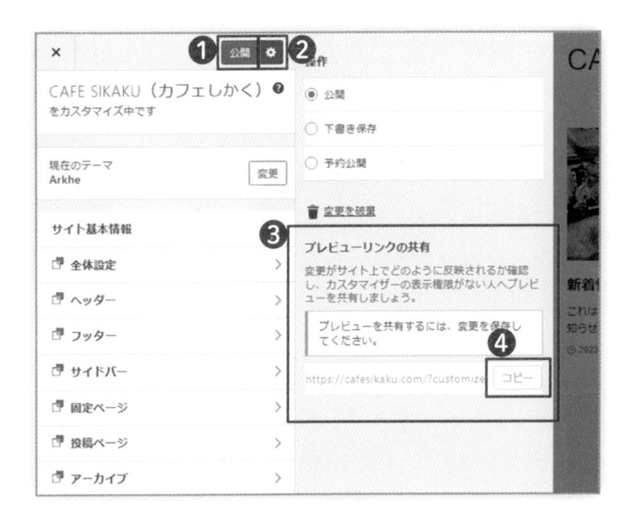

4 テーマカスタマイザーを閉じる

テーマカスタマイザーを閉じるには、設定メニュー左上の❺×マークをクリックします。

作業の区切りごとに保存するのはとても大切です
「下書き保存」を活用してこまめに保存する習慣を身に付けましょう

1 「サイト基本情報」を確認する

「サイト基本情報」設定メニューをクリックすると右図の設定画面が表示されます。

❶ロゴ

ヘッダーには「サイトのタイトル」で設定したテキストが表示されていますが、その部分を店舗や会社のロゴ画像に変更することができます。

❷サイトのタイトル

ヘッダーに表示されるテキストのほかに、サイトタイトル、フッターにも表示される大切な情報です。

❸キャッチフレーズ

Arkhe（アルケー）の場合は、❺「サイトのタイトル+キャッチフレーズ」のようにサイトタイトルの一部になります。

❹サイトアイコン

図中で説明されているとおりですが、ブラウザのタブに表示される❻サイトアイコンが最も代表的な例です。

2 ロゴ画像をアップロードする

ロゴ画像を設定するには、前ページSTEP1の❶［ロゴを選択］をクリックします。❷**「ロゴを選択」というタイトルのアップローダー**が表示されます（すでにアップロード済みの画像も表示されています）。
このエリアに❸**ロゴ画像をドラッグ**すると画像ファイルがアップロードされます。

3 必要な情報を入力して選択

アップロードされた画像が選択されていることを確認して、その画像の**「代替テキスト」「タイトル」「キャプション」**などをきちんと入力します❹。
ロゴ画像として選択するには❺［**選択**］ボタンをクリックします。

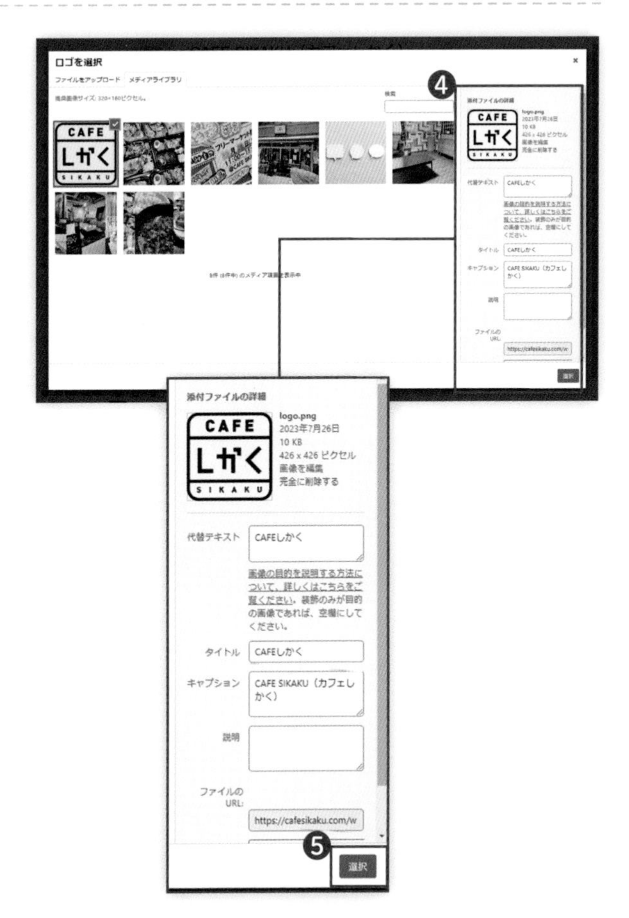

「代替テキスト」や「タイトル」などを入力しても、ほとんどの場合、公開サイトに見える形では表示されません。
しかしながら、検索ロボットはそれらの文字列を見ているため、SEOの観点からは大切な情報です。
画像の内容を表すキーワードを含めつつ丁寧に入力するようにしましょう。

4 ロゴ画像を切り抜く

選択した画像の一部を切り抜くこともできます。明るい表示の部分が残り、グレーで表示されている部分が切り取られます。

画像を切り抜く場合：
範囲を調整して❶［**画像切り抜き**］をクリックします。

画像を切り抜かない場合：
画像をそのまま使用する場合、❷［**切り抜かない**］をクリックします。

本書では切り抜かずに使用します。

5 ロゴ画像の表示を確認する

ロゴ画像が正しく設定されると、❸**プレビュー画面のロゴ画像の表示**を確認することができます。
問題がなければ、「公開」や「下書き保存」などの適切な保存オプションでここまでの編集を保存します。

ちょっと小さい気はするけど
ロゴが入ると
さらに「わたしのサイト」って
感じがしてきました！

そうでしょ？
その調子で先へ進みましょう！
ロゴの画像サイズは「ヘッダー」の
設定メニューで調整できますが
先に「メニュー」の設定を行います

テーマカスタマイザー：グローバルメニューの追加

1 「メニュー」の設定を開く

テーマカスタマイザーのナビゲーションパネルから❶「**メニュー**」をクリックします。
続いて❷［**メニューを新規作成**］をクリックします。

❸メニュー名
「グローバルメニュー」と入力します。

❹メニューの位置

グローバルナビゲーション
ヘッダーエリアに表示されるメインのメニューです。

ドロワーメニュー内
メインのメニューは隠されており、メニュー表示のためのアイコン（ハンバーガーメニューと呼ばれます）をクリックすると表示（ドロワー＝引き出し）されるメニューです。

フッター
フッターエリアに表示されるメニューです。

これらを3つとも選択して、❺［**次**］をクリックすると、「グローバルメニュー」が作成され、メニュー項目を追加できるようになります。

項目を追加
メニュー項目を追加するための❻［**＋項目を追加**］が表示されたので、これをクリックします。

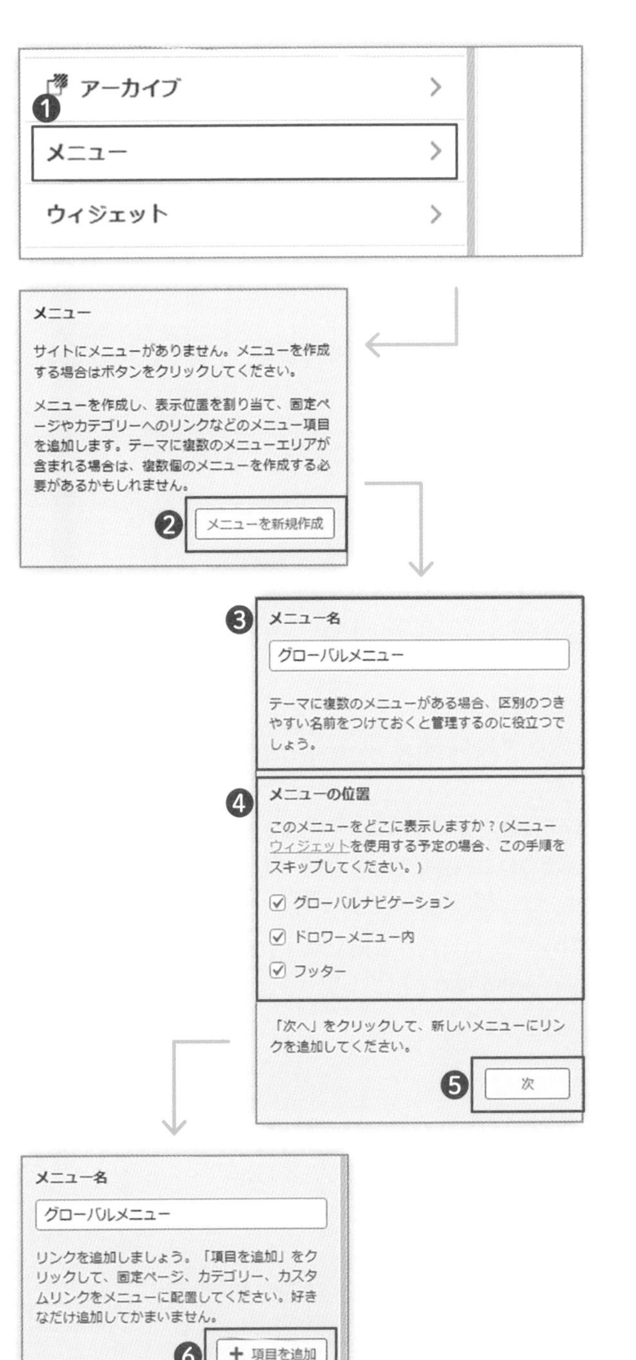

2 追加可能なメニュー項目

❶作成した「グローバルメニュー」に追加できるメニュー項目が右側に表示されています。

カスタムリンク：URLを指定して独自のメニュー項目を作成・追加できます。

固定ページ：作成済みの「固定ページ」へのリンクメニュー項目を追加できます。

投稿：作成済みの「投稿」記事へのリンクメニュー項目を追加できます。

カテゴリー：特定のカテゴリーの記事一覧（アーカイブ）へのリンクメニュー項目を追加できます。

タグ：特定のタグの記事一覧（アーカイブ）へのリンクメニュー項目を追加できます。

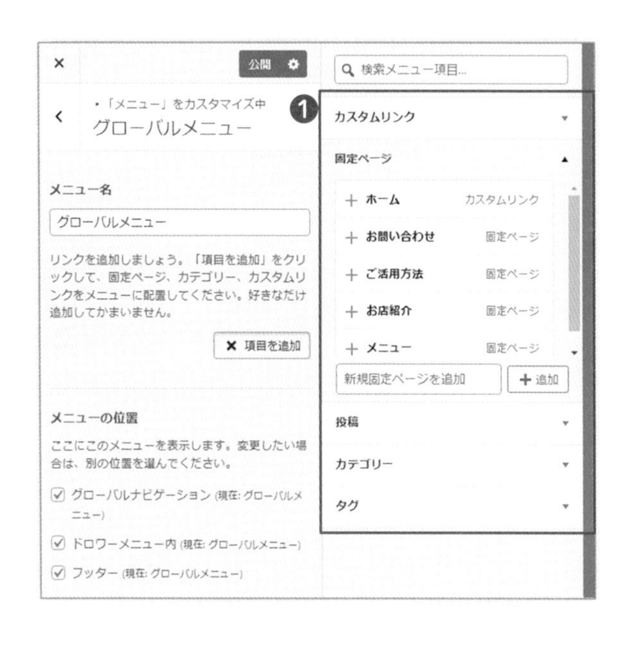

3 メニュー項目を追加する

❷追加可能なメニュー項目の先頭の「+」をクリックしてメニュー項目を追加できます。追加済みの項目はチェックマークに替わります。
❸は**追加済みのメニュー項目**です。追加済みのメニュー項目を元に戻すには、そのメニュー項目右の「×」をクリックします。
❷を閉じるには❹［×**項目を追加**］をクリックします。
本書では、固定ページすべての項目を追加することにします。

テーマカスタマイザー：グローバルメニューの追加（続き）

4 プレビュー画面で表示を確認

プレビュー画面で追加した❶**グローバルメニュー**の表示を確認します。

考えたサイトマップでは
「ご活用方法」「メニュー」「お店紹介」「お問い合わせ」
の順番だったような〜?

そうでしたね
ではメニューの順番を入れ替えて
みましょう

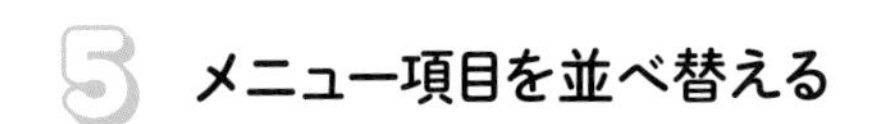

5 メニュー項目を並べ替える

❷メニュー項目はドラッグ＆ドロップで**順番を簡単に入れ替える**ことができます。

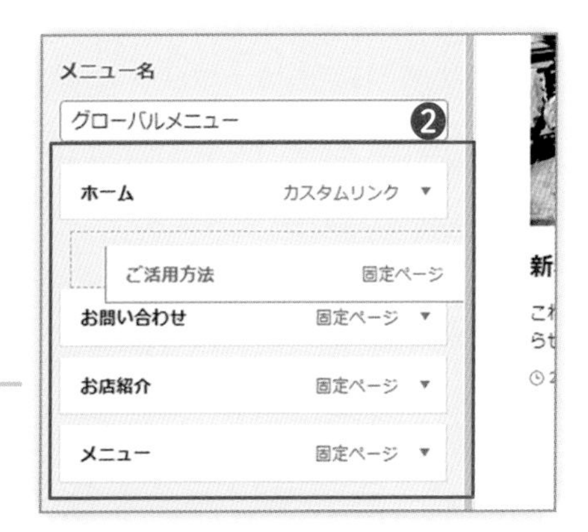

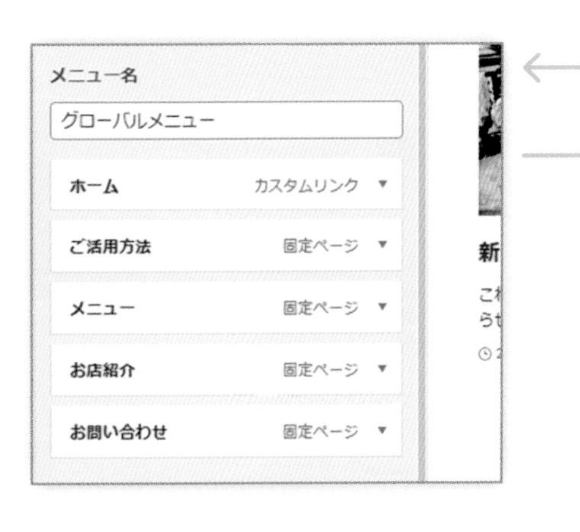

6 スマホ表示でも確認する

スマホのプレビューでも確認してみましょう。グローバルメニューは、❶**「ドロワーメニュー」**内に隠れています。ドロワーメニューは通称**「ハンバーガーメニュー」**とも呼ばれています。これをクリックすると、隠れていた❷グローバルメニューが表示されます。
表示を確認したら保存します（「公開」もしくは「下書き保存」をクリック）。

どうして「ハンバーガーメニュー」って呼ぶんですか？

おもしろい呼び方ですよね
3本線のアイコンが「上下のバンズにパテが挟まった様子」を連想させることからこう呼ばれるようになったんですよ

フッター専用のメニューの作成について

本書では、「メニューの位置」の3カ所すべて（「グローバルナビゲーション」「ドロワーメニュー」「フッター」）にチェックを入れました。そのため、3カ所とも同じメニュー項目が表示されます。
たとえば、フッターだけ異なるメニュー項目にしたい場合は、❸をクリックして別のメニューを作成します。

テーマカスタマイザー：ヘッダーエリアの設定

1 「ヘッダー」の設定を開く

設定メニューの❶「ヘッダー」設定メニューをクリックします。
選択したテーマArkhe（アルケー）では、先頭にアイコン（ ）がついている場合はArkhe特有の設定が含まれていることを示しています。

2 ロゴ画像のサイズの変更

「ヘッダーロゴ設定」で、パソコン（PC）とスマホ（SP）のそれぞれのロゴ画像のサイズ（高さ）を調整することができます。
本書では、次のように調整しました。

❷画像サイズ（PC）：80
❸画像サイズ（SP）：60

うん！
いい感じの大きさですね！

「ヘッダー」のそのほかの設定

「ヘッダー」のそのほかの設定を紹介します。

❶ヘッダーの背景色
ヘッダー部分の背景色を設定します。

❷ヘッダーの文字色
ヘッダー部分の文字色を設定します。

❸レイアウト設定→メニューボタン
ドロワーメニューの表示／非表示を切り替えます（SP/PCそれぞれ個別に設定可能です。以下、同様）。

❹レイアウト設定→検索ボタン
サイト内検索をするための虫眼鏡アイコンの表示／非表示を切り替えます。

❺レイアウト設定→ボタン配置
ドロワーメニューと検索ボタンの表示位置を設定します。

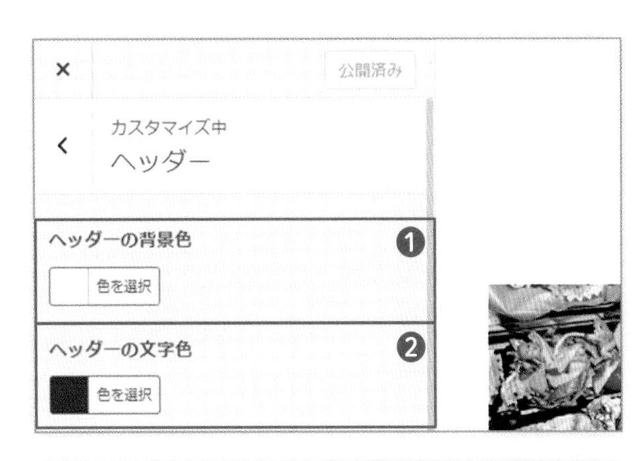

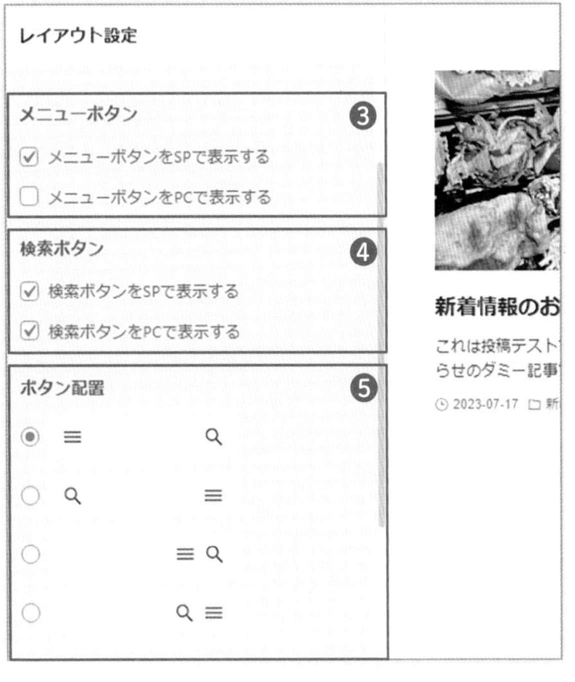

「SP」はスマホ
「PC」はパソコン
で表示したときの
それぞれの設定ということね

「ヘッダー」のそのほかの設定（続き）

続けて「ヘッダー」のそのほかの設定を紹介します。

❶ヘッダーの固定設定
ページのスクロール時に、ヘッダーを上部に固定表示することができます。

❷グローバルナビゲーション
ヘッダー内の初期設定時の位置は、ロゴが左端、グローバルナビゲーションが右端に配置されています。この設定を選択すると、ロゴを中央に配置して、その下側にナビゲーションを配置できます。この場合、ナビゲーションを画面上部に固定するかどうか選択できます。

❸オーバーレイ設定
ヘッダーをページ最上部の画像に完全に重ねることができます。印象的な画像を大きく表示してインパクトのあるトップページを作りたい時にオススメの機能です。

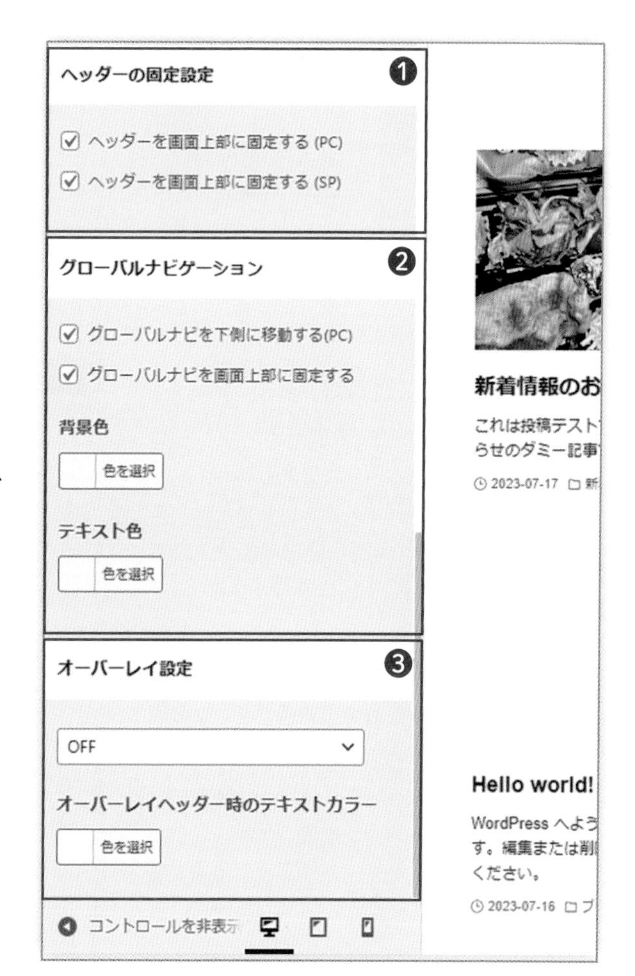

パソコンとスマホそれぞれの設定を触ってみて
それぞれのプレビューを見ながら
「どこがどう変わるのかな？」と
影響する場所を発見してください！

5 表示を確認する

ヘッダーエリアの本書での表示は下図のようになりました。

本書では以下のように設定しています。
- ●メニューボタン：SPのみ表示
- ●検索ボタン：PC/SP両方で表示
- ●ボタン配置：初期設定のまま
- ●グローバルナビ：下側に移動
- ●ヘッダーの固定：PC/SPとも上部固定
- ●オーバーレイ設定：なし

ホーム　ご活用方法　メニュー　お店紹介　お問い合わせ

オーバーレイ設定でヘッダーを印象的に

本書で使用しているテーマ「Arkhe」のテーマカスタマイザー→「ヘッダー」の「オーバーレイ設定」をONにすることで、ヘッダーエリアをページ最上部のコンテンツに重ねる（オーバーレイ）ことができます。
こうすることで、画像がファーストビューいっぱいに表示され、インパクトのあるダイナミックな印象を与える効果を得られます。

1 「サイドバー」の設定を開く

設定メニューの「サイドバー」メニューをクリックします。これはArkhe（アルケー）特有の設定メニューです。

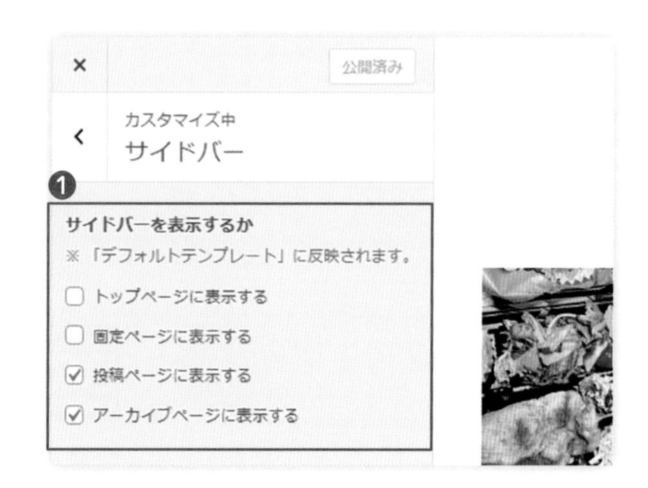

❶サイドバーを表示するか

トップページ、固定ページ、投稿ページ、アーカイブページで、それぞれサイドバーを表示するかどうかを選択できます。

投稿ページやアーカイブページでは、ほかの記事やカテゴリーの一覧を表示することで回遊率の向上を期待することができます（詳しくはP.130を参照）。

2 サイドバーの表示を切り替える

たとえば❷「**トップページに表示する**」を有効にしてみると、プレビューエリアで❸**サイドバー**の表示を確認できます。メニューリンクをクリックして固定ページなどほかのページの体裁も同様に確認してみましょう。

3 表示を確認する

本書でのサイドバー表示の設定は次のとおりです。

固定ページ：サイドバー表示はOFF

投稿ページ：サイドバー表示はON

トップページは今のところ
アーカイブページと変わりがありませんが
あとでトップページ専用のコンテンツを
作り込んでいくので
「サイドバーなし」にしておきます

テーマカスタマイザー：投稿ページの表示設定

1 「投稿ページ」の設定を開く

右側のプレビューエリアで❶**投稿記事**のどれかをクリックして、投稿記事のプレビュー表示をしておきます。
❷「**投稿ページ**」をクリックして「投稿ページ」設定メニューを表示します。

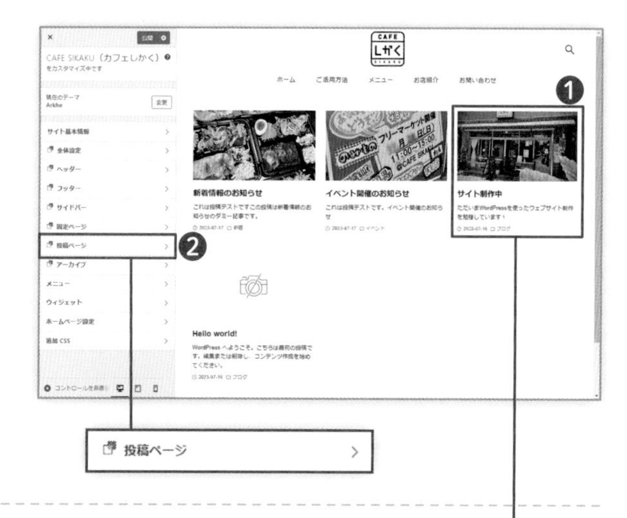

2 プレビューを確認する

右側のプレビューエリアに❶でクリックした投稿記事のプレビューが表示されます❸。このプレビューでこれから行う調整の結果を確認していくことができます。

確認したいページに移って
プレビューすればいいんですね！

3 「投稿ページ」の設定で表示項目を整理

ブログで必要とする一般的な表示が初期設定ですでに選択されています。
ここでは、注目ポイントに絞って紹介することにします。

❶タイトル下の情報

各項目でどのような情報を表示するか選択することができます。

- **「公開日を表示」「更新日を表示」**は投稿の公開日および更新日を表示します❷。
- **「投稿者情報を表示」**は複数スタッフで運用する際に使うと便利です。
- **「アイキャッチ画像を表示」**は投稿記事の先頭にアイキャッチ画像を表示します❸。

❹本文下のターム情報

タームはカテゴリーやタグの分類のことで、記事の下に表示されます❺（本書では使用しませんが説明のためONにしています）。

❻前/次の記事へのリンク

前後の記事へのテキストリンクを表示します❼。サイトの回遊率アップ（P.130参照）に必要な表示です。

❽投稿者情報エリア

記事を執筆した人のプロフィールが表示されます❾。複数スタッフで運用する際に活用すると効果的です（本書では使用しませんが説明のためONにしています）。

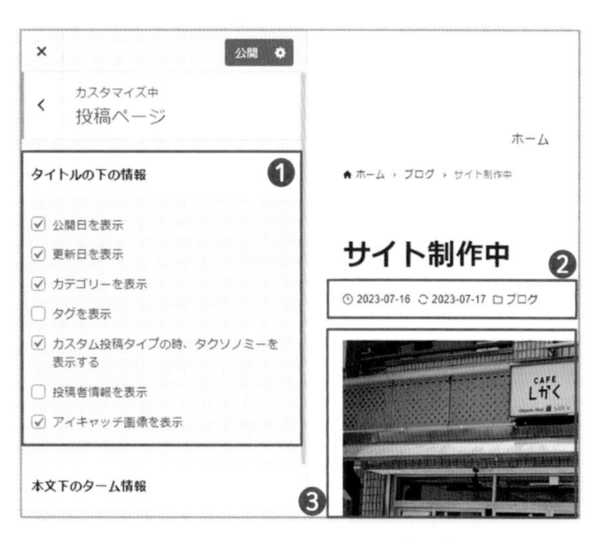

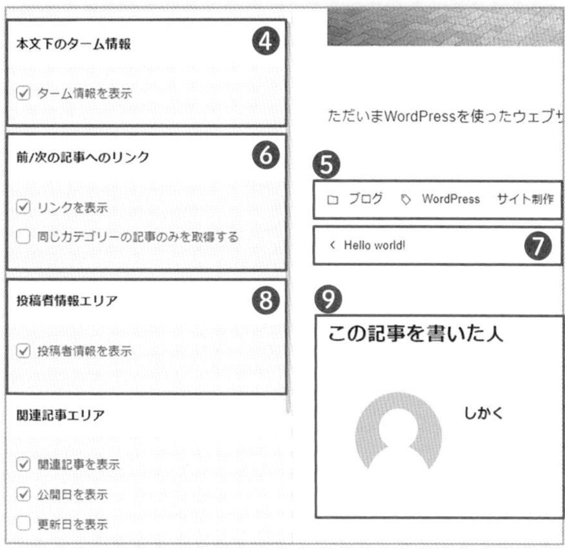

いくつかの表示をOFFにしたら
ずいぶんすっきりしましたね
とってもいい感じになってきた！

4 「投稿ページ」の設定で表示項目を整理

❶関連記事エリア

投稿記事の下部エリアに**❷関連記事へのリンク**を表示します。表示項目や表示形式を選択できます。回遊率アップには必要な表示です。

❸コメントエリア

訪問者とのコミュニケーションの仕掛けのひとつです（本書では使用しません）。

「回遊率」をアップしよう

たとえば遊園地に行ったら、ジェットコースターにだけ乗るのではなく1日を通してさまざまなアトラクションやショーなどを楽しみますよね。

このように、一定の時間その範囲に滞在してさまざまな場所をめぐる行動を**「回遊」**と表現します。サイトを運営するうえでも、**「回遊率」を上げることは重要**です。回遊率をアップするポイントを2つ紹介します。

1. ナビゲーションをわかりやすく

コンテンツを整理してユーザーが目的とするページへ簡単にアクセスできるようにします。

2. 関連コンテンツへの動線を提供する

カテゴリーやタグで記事の分類を明確にしたり、関連する記事へのリンクを表示することで、ユーザーの関心を惹きつけます。

5 表示を確認する

ここまでのステップで設定した投稿記事の表示を確認します（左がパソコン、右がスマホの表示です）。

05

WordPressでサイト制作（外枠編）

トップページと投稿アーカイブの設定

なんだか
サイトっぽく
なってきましたね！

でしょ？
次にトップページ用の
「固定ページ」を作っておきたい
と思います

トップページは固定ページで作り込む

通常、WordPressの**トップページ**（ホームページ）は、最新記事の一覧を表示する仕様になっています。ブログサイトならこれでもよいのですが、店舗サイトや企業サイトの場合は、お客様の心をつかんだり、ほかのページに誘導したりするなど、魅力を伝える工夫を凝らす必要があります。

そのため、トップページは単なる記事一覧だけではなく、**特別なコンテンツ**を作り込んでいきたいものです。

WordPressでは、特定の固定ページをトップページに表示して、それまで表示されていた最新記事一覧を別の固定ページに表示することができます。

○○のウェブサイト

投稿記事	投稿記事	投稿記事
投稿記事	投稿記事	投稿記事
投稿記事	投稿記事	投稿記事

初期設定では最新記事の一覧（ブログサイトなど）

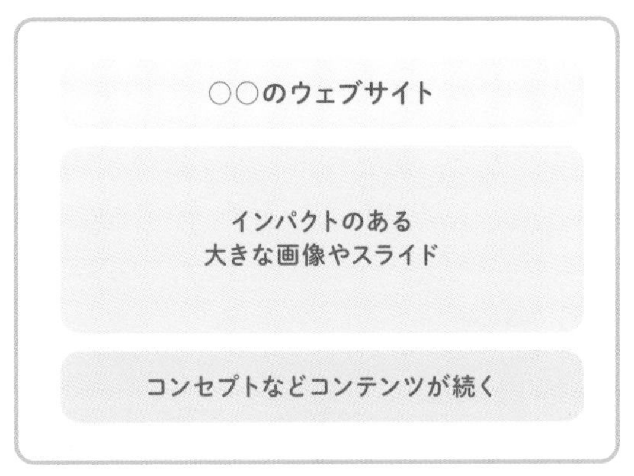

固定ページを使って自由に配置（店舗、企業サイト）

ここではトップページ用の
空の固定ページを作っておいて
後のレッスンで作り込んで
いくことにしましょう

トップページと記事一覧用の固定ページの追加

1 必要な固定ページを追加する

管理画面→［固定ページ］→［固定ページ一覧］で、❶**2つの固定ページ**を追加します。

- **ページタイトル**：トップページ
- **本文**：トップページ用の固定ページです
- **パーマリンク**：top-page
- **アイキャッチ画像の設定**：とりあえず不要

- **ページタイトル**：しかログ
- **本文**：さまざまな情報を発信していきます！
- **パーマリンク**：sikalog
- **アイキャッチ画像の設定**：する

最新記事一覧用の固定ページで指定したアイキャッチ画像が表示されるかどうかは使用しているテーマに依存します。Arkheを使用している場合は、アイキャッチ画像を指定してください。

2 ホームページ設定画面を開く

管理画面→［外観］→［カスタマイズ］でテーマカスタマイザーを開き、続いて「ホームページ設定」画面を開きます。
トップページのプレビュー画面では、最新の記事一覧が表示されています。
❷「**ホームページの表示**」から❸「**固定ページ**」オプションを選択します。

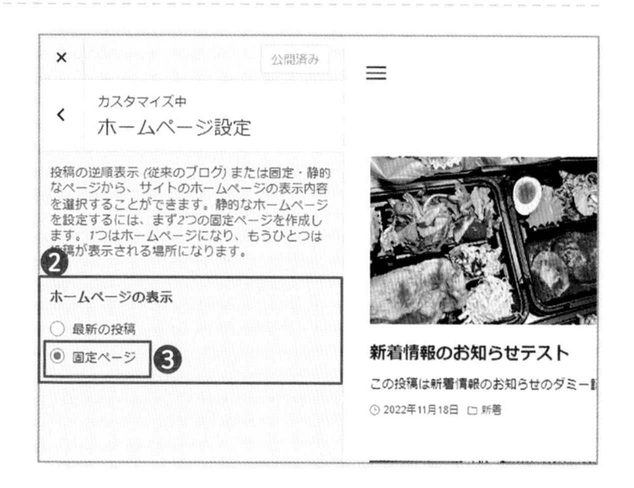

3 トップページ用の固定ページを指定する

「ホームページの表示」で「固定ページ」を設定すると、❶**「ホームページ」用のオプション**と、❷**「投稿ページ」用のオプション**が表示されます。

それぞれに先ほど追加した固定ページを指定してみてください。「ホームページ」に先ほど作成した固定ページを指定すると、プレビューにトップページ用の固定ページが表示されているのが確認できます。

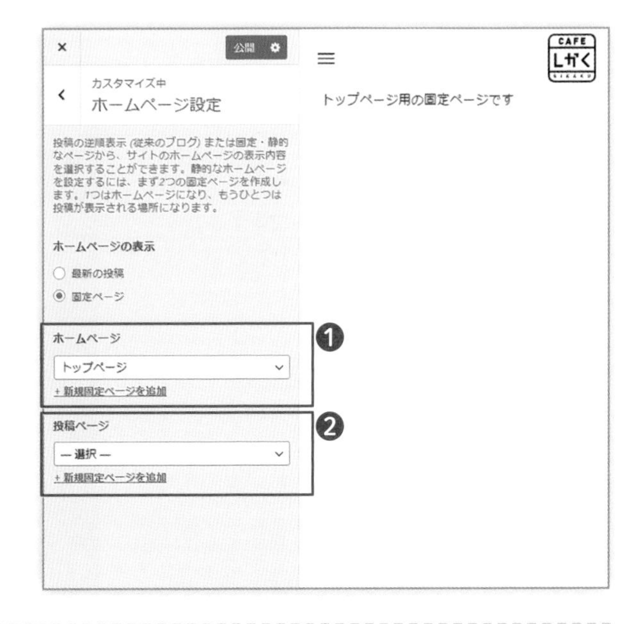

4 最新記事一覧用の固定ページを指定する

❸**「投稿ページ」**も同様に、プルダウンオプションから先ほど作成した最新記事一覧用の固定ページ（本書では「しかログ」）を指定します。

プレビュー画面では、追加した「しかログ」ページの表示に切り替わり、イメージを確認できます。

確認してOKなら、❹**［公開］**ボタンをクリックして変更内容を公開しましょう。

トップページと記事一覧用の固定ページの追加（続き）

5 「投稿ページ」を メニューに追加する

「投稿ページ」用に設定した固定ページもメニューに追加します。
テーマカスタマイザーの「メニュー」で、既に作成した❶「**グローバルメニュー**」をクリックして編集します。続いて表示された画面で、❷［**×項目を追加**］ボタンをクリックして、追加できる項目を表示します。
固定ページ一覧の❸「**しかログ**」の右端にラベルで「投稿ページ」用に設定された項目である表示が確認できます。この項目を❹**グローバルメニューに追加**して表示順番を編集します。
❺［**公開**］ボタンをクリックして変更内容を公開します。

And More

トップページを指定する別の方法

この手順に対応していないテーマの場合は、管理画面→［設定］→❻［**表示設定**］で同じことができます。
❼「**ホームページの表示**」で、「固定ページ」を選択。「ホームページ」と「投稿ページ」のプルダウンから追加した固定ページを選択します。

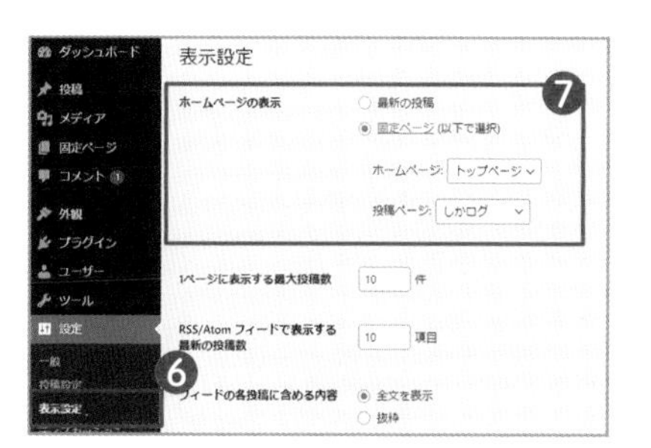

ここまででサイトはこうなりました！

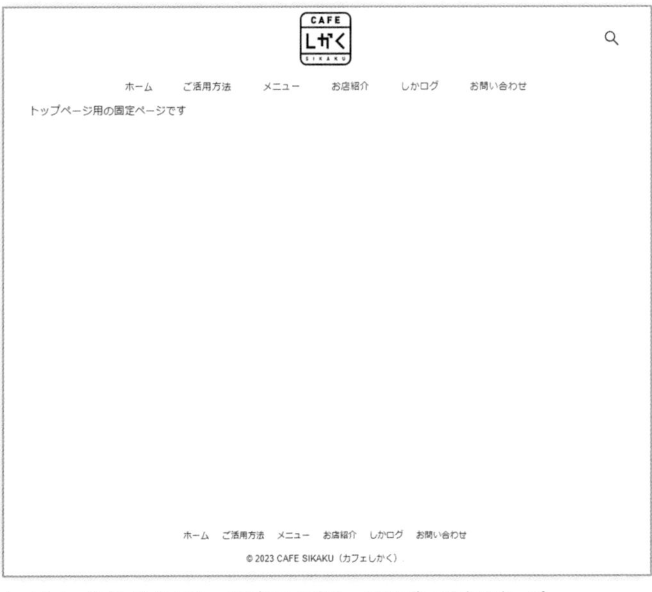

トップページ（左がパソコン、右がスマホ表示、以下同）：現在は空っぽ

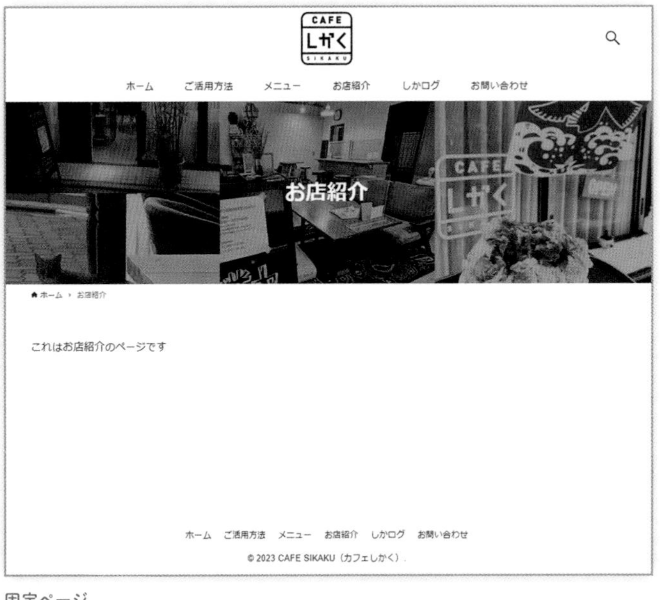

固定ページ

ほとんどマウスで管理画面をカチカチするだけの
作業なので思ったより簡単にできました！

ここまででサイトはこうなりました！（続き）

投稿アーカイブページ（一覧ページ）

新着情報のお知らせ

2023-07-17 新着

これは投稿テストです
この投稿は新着情報のお知らせのダミー記事で

投稿ページ

ここまで外枠を整えてきました
次はコンテンツを作り込んでいきましょう

アーカイブページのレイアウトをアレンジするには

本書で使用しているテーマ「Arkhe」の場合、アーカイブページのレイアウトをテーマカスタマイザーでアレンジできます。管理画面→［外観］→［カスタマイズ］でテーマカスタマイザーを開き、さらにアーカイブメニューを開きます。❶**「リストのレイアウト」**で選択できるオプションは次の3つです。

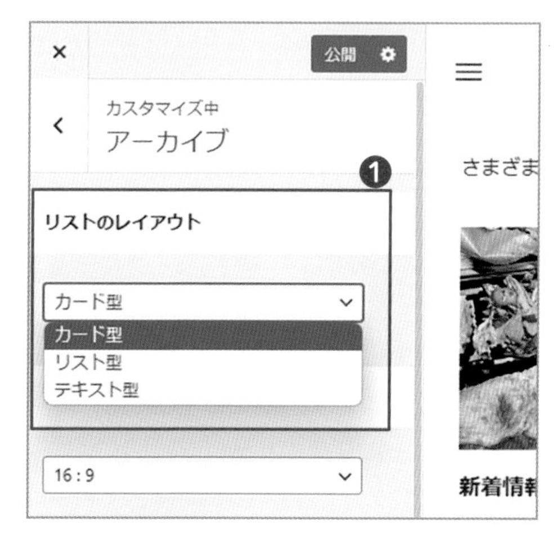

カード型

初期設定のレイアウトで、規則正しく一覧を表示します（P.137上図を参照）。

❷リスト型

行ごとに表示するレイアウトです。

❸テキスト型

サムネイル画像はなくシンプルな一覧です。

このほか「サムネイル画像の比率」（画像の縦横比）や「抜粋の文字数」などの設定も行えます。

リスト型の表示例

❸

2023年7月17日 新着
新着情報のお知らせ

2023年7月17日 イベント
イベント開催のお知らせ

2023年7月16日 ブログ
サイト制作中

2023年7月16日 ブログ
Hello world!

テキスト型の表示例

企業の新着一覧なら
よりシンプルな
「テキスト型」が
よさそうですね

Your First Website
with WordPress
Beginner's Guide

LEVEL 4

ブロックエディターで
コンテンツ作成

ブロックエディターの使い方（基本編）

ブロックって
子供が遊ぶあのブロック
ですか？

そうです！
いろいろなブロックを組み合わせて
お家や車とかを上手に組み立てる
そんなイメージです

ブロックを組み立てる感覚で記事を編集しよう

ウェブページは画像と説明文のような組み合わせの単純なレイアウトでも、本来はHTMLとCSSなどの複雑なコードを書く必要があります。
複雑なレイアウトも「画像」「見出し」「本文テキスト」「ボタン」など、細かなパーツ（部品）に分解できます。WordPressにはこれらのパーツやパーツの組み合わせの**「ブロック」**がたくさん用意されています。コードを書くことなく、画面上でブロックを組み立てるように直感的に編集できるのが**「ブロックエディター」**です。
このブロックエディターがWordPressの標準の編集機能として最初に導入されたのは「固定ページ」と「投稿」でしたが、今ではヘッダーやフッターでも標準化されつつあります。ただし、ブロックエディターがどの程度実装されているかは選択したテーマに依存します。

```
<div class="block-media-text">
  <figure class="media"><img width="640"
height="480" src="image.jpg"></figure>
  <div class="text">
    <h3>見出しテキスト</h3>
    <p>本文テキストサンプル</p>
    <div class="button"><a class="button__link"
href="detail">詳しく見る</a></div>
  </div>
</div>

<style>
 .block-media-text {
   max-width: 100%;....
```

× コードを書くのは専門的な知識がないと難しい

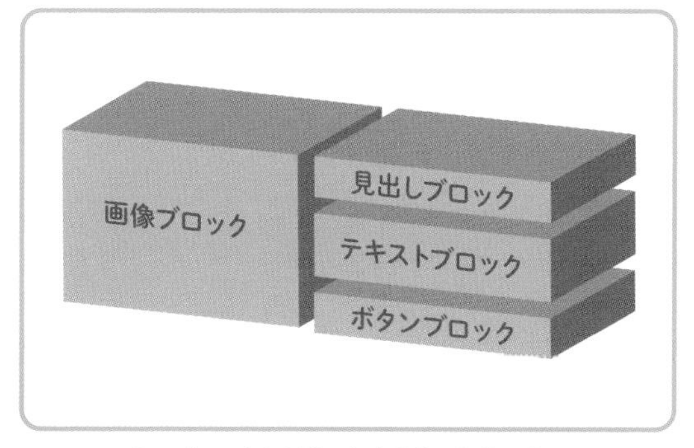

○ ブロックなら誰でも直感的に編集できる

手を動かしてみるのが一番です
「お店紹介」ページを例にブロックエディターを触ってみましょう！

ブロックエディターの基本パーツ使い方まとめ

左画像：パソコン表示
右画像：スマホ表示
ですよ

❶見出しグループ

「見出し」ブロックと「段落」ブロックをグループ化して、同じ体裁のほかの見出しにコピペしました。

❷段落

Enter キーを押すと別々のブロックに、Shift + Enter キーで同じブロック内で改行することができました。

❸画像と文章の横並び

「メディアとテキスト」ブロックを活用しました。

❹ギャラリー

「ギャラリー」ブロックで複数の画像を並べお店の雰囲気を伝えました。

❺テーブル（表組み）

「テーブル」ブロックでお店の基本情報を記す表を作成しました。

❻アクセスマップ

「カスタムHTML」ブロックで他サイト（Googleマップ）から取得したコードを埋め込みました。

❼ボタン

「ボタン」ブロックでリンクのボタンを設置しました。

本文を編集する：「段落」ブロック

1 固定ページ「お店紹介」を開く

管理画面→［固定ページ］→［固定ページ一覧］をクリックします。ここでは❶**「お店紹介」**の編集画面を開きます。
ページ内の構成は次のとおりです。

見出し：POLICY/しかくの思い
見出し：GALLERY/ギャラリー
見出し：ABOUT/しかくについて
- 基本情報
- Googleマップ

2 文字を入力してみる

お店紹介の最初は「POLYCY（ポリシー）」です。自由に思いを綴ってみます。
ここでは右図のようになりました。3つの段落ブロック❷❸❹で構成されています。
❷**1つめのブロック**にカーソルを置くと、❺**選択されたブロックのための操作メニュー**がブロックのすぐ上に表示されます。
画面右には選択されたブロックのための❻**設定パネル**が表示されています。
操作メニューで文字の「配置」を「テキスト中央寄せ」にしたり、操作パネルで文字の「サイズ」を変更したりすることもできます。

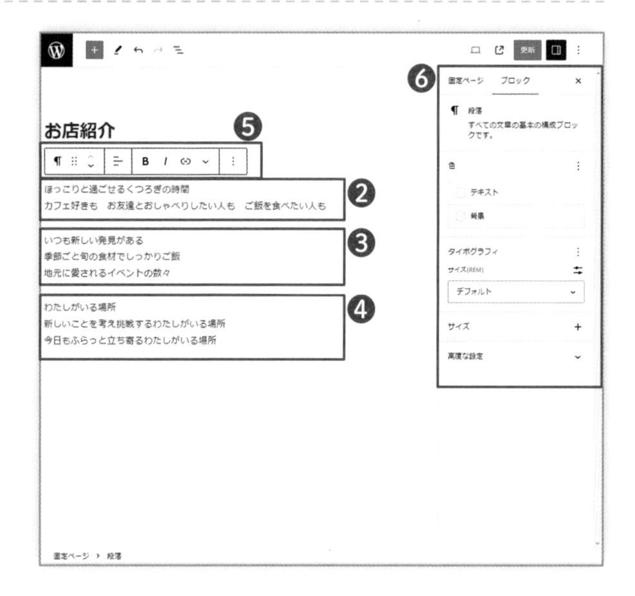

同じ段落内（同じブロック内）で改行するには
Shift + Enter キーを押します。

3 文字列の配置とサイズを変更する

文字列の配置とサイズを変更してみましょう。

配置を変更する

ブロックのすぐ上に表示される操作メニューの❶**「テキストの配置」**をクリックして、表示される配置オプションから❷**「テキスト中央寄せ」**を選択します。

文字サイズを変更する

画面右の操作パネル、❸**「タイポグラフィ」**設定で、「サイズ」オプションから「大」を選択します。
同様の方法でほかの段落も変更できます。

使用するブロック

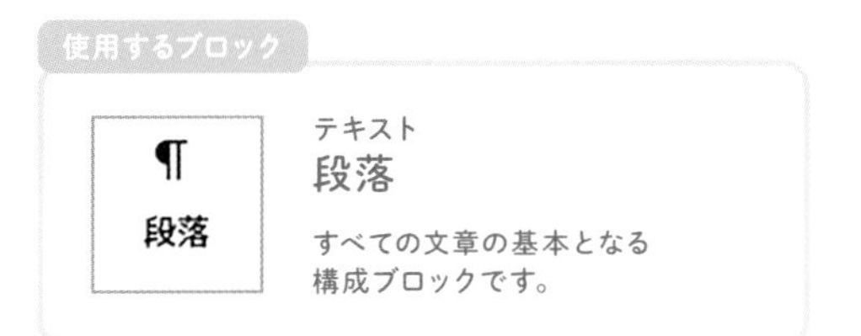

原則として、
設定の調整はブロック単位で
行います

見出しを編集する：「見出し」ブロック

1 ページタイトルの下にブロックを追加する

❶ページタイトルの末尾にカーソルを置いて Enter キーを押して改行すると、**❷空のブロック**が追加されます。

「ブロックを選択するには『/』を入力」と表示されているとおり、キーボードの / を押してあらかじめブロックの種類を選択することもできます（ただし日本語入力モードがOFFになっている場合に有効です）。

ここでは初期設定の段落ブロックのまま「POLICY」と入力して、文字列の配置を「テキスト中央寄せ」にしておきます。

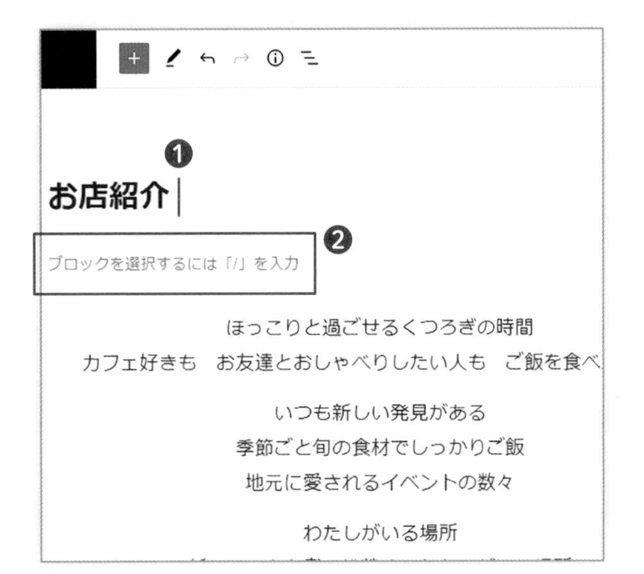

2 「段落」ブロックを「見出し」ブロックに変換する

❸操作メニューの左端のアイコンは、選択しているブロックの種類を表しています。右図では**「段落」**ブロックであることがわかります。

このブロックのアイコンをクリックすると変換可能なほかのブロックリストがプルダウンで表示されます。

ここではリストから**❹「見出し」**オプションを選択して、「段落」ブロックを「見出し」ブロックに変換してみましょう。

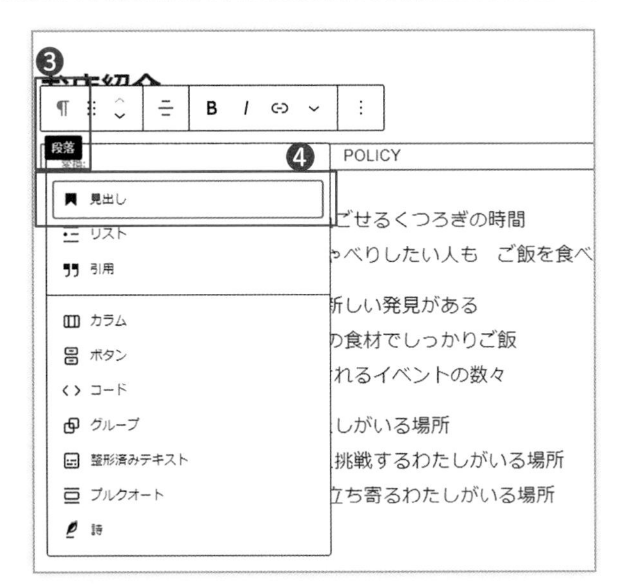

使用するブロック

見出し

テキスト
見出し
セクションごとに見出しをつけてコンテンツ構造を明確にします。

こまめに保存することを忘れずに
操作の一区切りごとに保存する
習慣を身に付けてくださいね！

見出しを編集する：「見出し」ブロック（続き）

3 体裁を調整する

操作メニューの左端のアイコンを見ると、❶「見出し」ブロックに変換されたことが確認できます。
さらに、「サイズ」を❸**「巨大」**に、「外観」を❹**「細字：イタリック」**にしましょう（「イタリック」は斜体のことです）。

設定パネル

「見出し」ブロックに変換すると
「H2」の見出しレベル❷が
選択されます
ページタイトルがH1なので
ページ内見出しはH2がよいでしょう！

小見出しも追加する

見出し「POLICY」の下に❺**「- しかくの思い -」**という小見出しも入力しておきます。

ブロックの種類：
「段落」

操作メニュー→文字の配置：
「テキスト中央寄せ」

設定パネル→タイポグラフィ→サイズ：
「小」

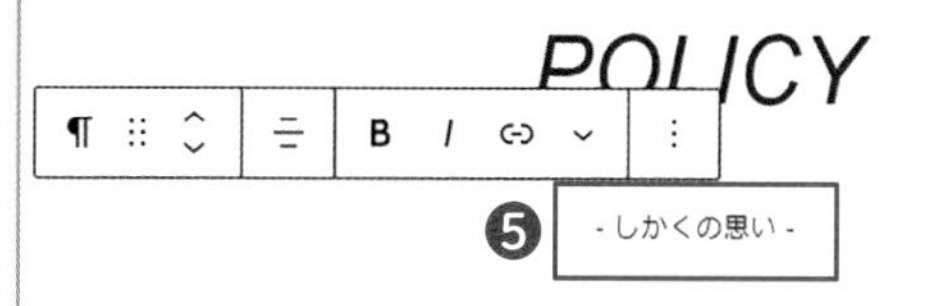

操作メニューと設定パネルで
いろいろ設定できるんですね！

それぞれのメニューの右端にある3点アイコン（⋮）
→設定オプションがさらに表示されるので
いろいろ試してみてください

1 同じ設定の見出しをグループ化して使いまわす

「POLICY／しかくの思い」と同じ設定の見出しのセットがあと2つ必要ですが複製すると便利です。以下は作業の流れです。

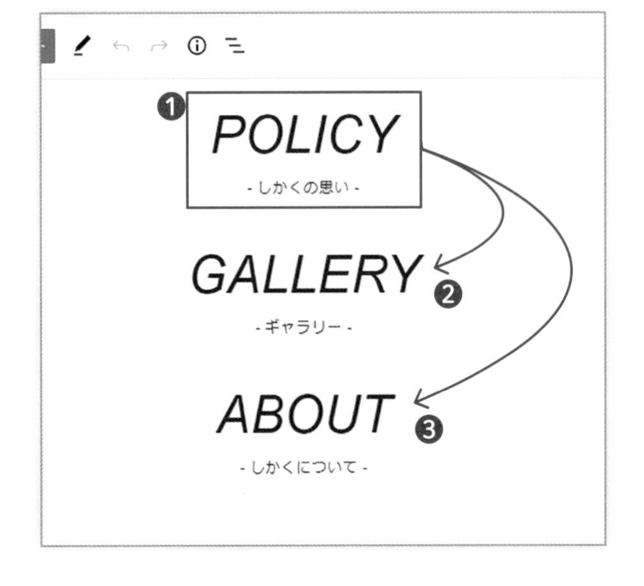

【手順 1】複数のブロックをグループ化

見出しブロックの「POLICY」と段落ブロックの「- しかくの思い -」は、2つのブロックで1つのセットです。これらを**❶グループ化**します。

使用するブロック

グループ

デザイン
グループ
複数のブロックをグループ化します。

【手順 2】ブロックパターンを作成する

❶をひな形にして「**ブロックパターン**」を作成します。

同じデザインの見出しだから
デザインした見出しを登録して
使いまわすということね

【手順 3】ブロックパターンを利用する

作成したブロックパターンを利用して、**同じスタイルの見出しを複**製します❷❸。

ブロックパターン

ブロックパターンとは「事前に定義されたブロック」のことです。投稿や固定ページにおいてパターン化したブロックを利用できます。複数の箇所で利用でき、ブロックパターンの作成時に「同期パターン」にするかどうか選択可能です。
同期パターンは、編集すると使用中のすべての同期パターンが更新されます。
パターン化したブロックのデザインは共通で、文字内容を変更したい場合は「同期」をOFFにします。

2 【手順1】複数のブロックをグループ化

グループ化したい複数のブロックをマウスドラッグして選択すると、❶**その選択に適した操作メニュー**が表示されます。左端の❷**ブロックアイコン**で複数のブロックが選択されていることがわかります。

❸**「グループ化」**アイコンをクリックして2つのブロックをグループ化すると、❹**グループブロック用の操作メニュー**と設定パネルに切り替わります。

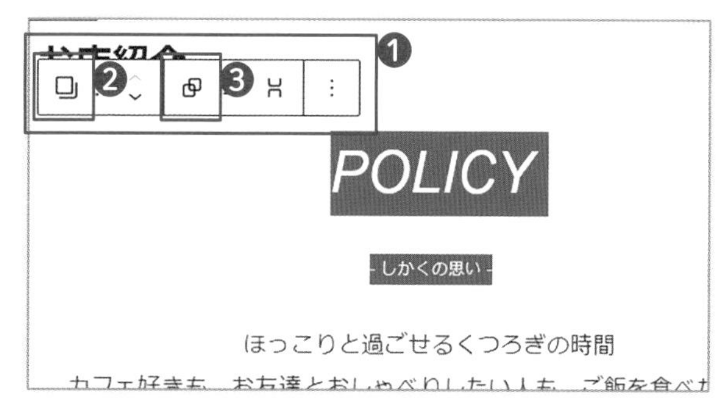

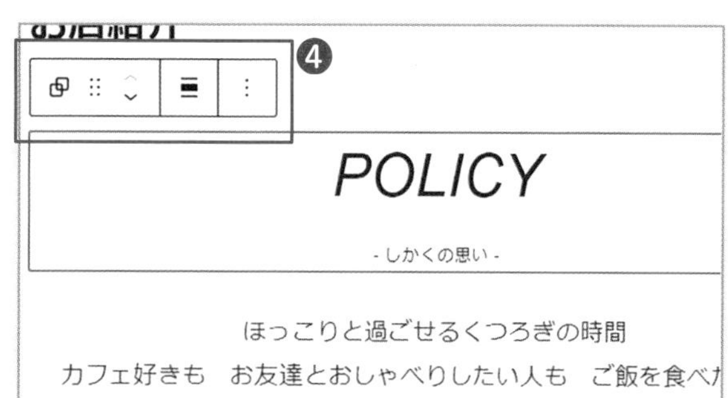

And More

「ブロックエディターにようこそ」

WordPressをインストールして初めて固定ページや投稿ページを開いたときに、❺**ウェルカムガイド**が表示され、ブロックエディターの特徴が簡潔に説明されます。このガイドをもう一度開くには、右上の❻**縦3点アイコン**→サブメニュー→「ウェルカムガイド」をクリックします。

ブロックエディターのウェルカムガイド

3 【手順2】ブロックパターンを作成する

続いてブロックパターンを作成します。

【パターン作成パネルを表示する】
グループブロックを選択して表示される操作メニューで、❶［**オプション**］→サブメニュー→❷「**パターン/再利用ブロックの作成**」を選択します。

【パターンブロックを作成する】
表示された「**パターンを作成**」パネルで次のように設定します。

❸「名前」：**マイ見出し**
❹「同期」：**OFF**

❺［**生成**］をクリックしてブロックパターンを生成します。

ブロックパターン生成時に「同期」をONにした場合は、そのパターンを更新すると、同じパターンを使用しているすべての箇所で設定も文字列もまったく同じ状態に更新されます。

もともとの「見出し」ブロックと
混乱するのを避けるため
独自に作成するものは
「マイ○○」などと命名すると
区別しやすくなります

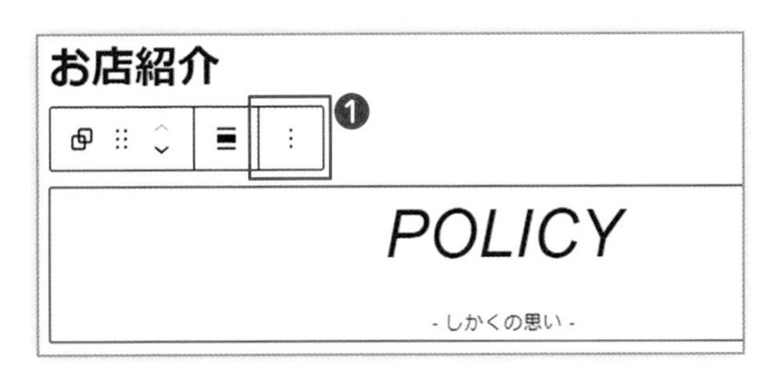

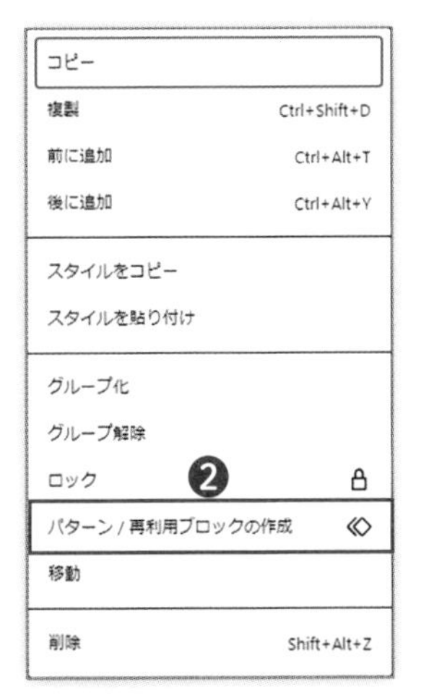

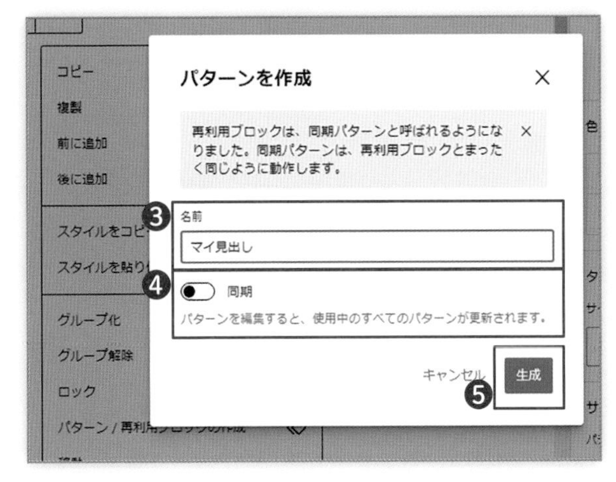

4 【手順3】ブロックパターンを利用する

作成したブロックパターンを追加・編集します。

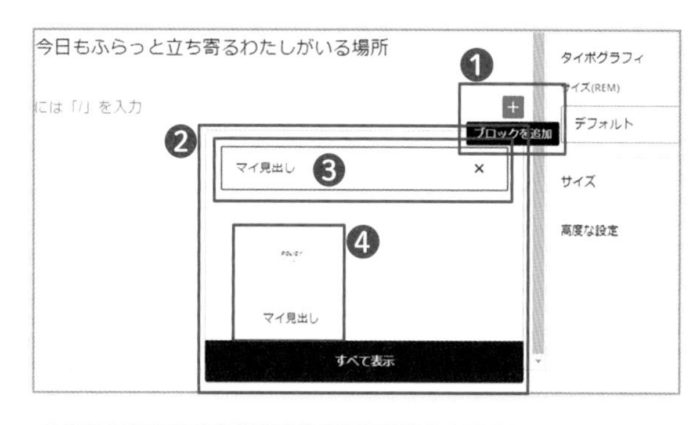

【ブロックパターンを追加する】

最後のコンテンツの下にマウスホバー→❶［**ブロックを追加**］→❷「**簡易版ブロック挿入ツール**」を表示します。❸**検索フィールド**に作成したブロックパターンの名前（ここでは「マイ見出し」）を入力→❹**作成したブロックパターンが表示**されます。❹をクリックすると❺**同じスタイル／文字列のグループブロック**が追加されました。

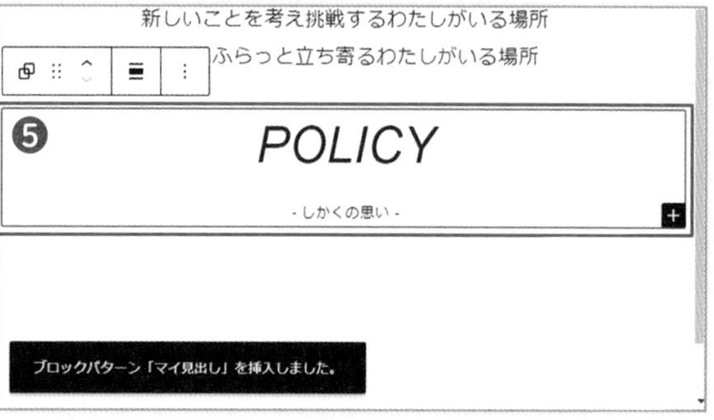

【追加したブロックパターンを編集する】

追加されたブロックの文字列を編集すると、スタイルはそのままで文字列だけ変更できます。

ここでは❻**同じデザイン／異なる文字内容の見出しを2つ**作成しました。

ここでは同じデザインの見出しを
さらに2つ作成しました
別のページでも使うので
ブロックパターンはとても便利です

画像と本文を編集する：「メディアとテキスト」ブロック

1 ブロックとブロックの間に新規ブロックを挿入する

画像とテキストが横並びになった「メディアとテキスト」ブロックを追加することにします。新規ブロックを間に挿入するには、挿入したい場所でマウスホバーすると青い線が表示されます。

❶「**ブロックを追加**」アイコンをクリックすると❷「**簡易版ブロック挿入ツール**」が表示されます。

さらに下に黒く表示される❸［**すべて表示**］をクリックすると、挿入可能なすべてのブロックがリストされた「**ブロック挿入ツール**」が画面左に表示されます。

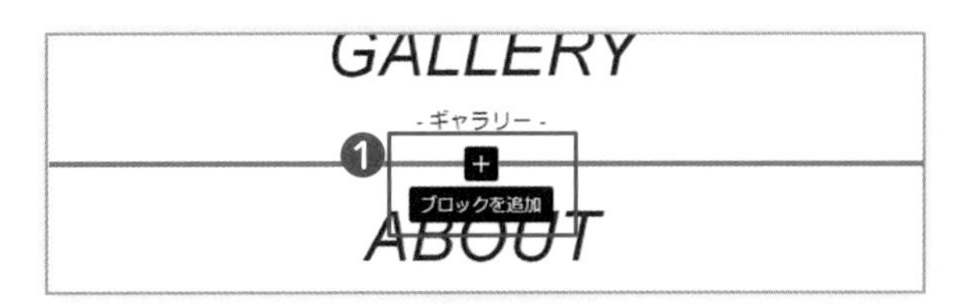

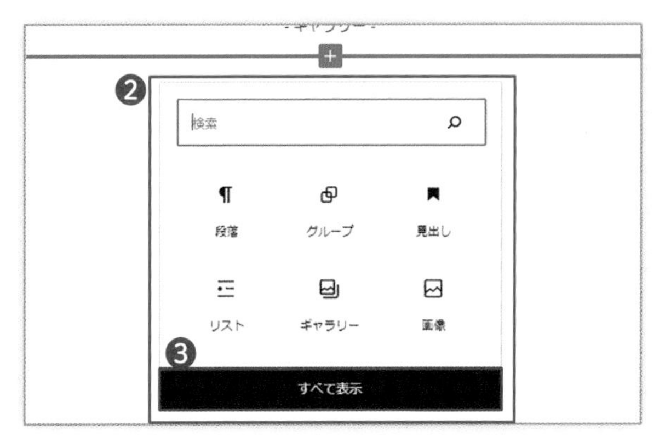

2 ブロック挿入ツールで追加するブロックを指定する

❹「**ブロック挿入ツール**」が表示されると右側の設定パネルは非表示になります。

各アイコンをマウスホバーすると❺**表示される説明**でそれぞれの特徴を確認することできます。

❻「**メディアとテキスト**」アイコンをクリックして同ブロックを挿入します。

ブロック挿入ツールの表示／非表示を切り替えるには、左上の［ブロック挿入ツールを切り替え］ボタン❼をクリックします。

3 「メディアとテキスト」ブロック

❶「**メディアとテキスト**」ブロックが挿入され、表示された❷**操作メニュー**ではいろいろな配置も選択できます。

使用するブロック

メディアとテキスト

メディア
メディアとテキスト
画像と文章を横並びに配置します。

画面右の設定パネルを再表示させるには、右上の❸［設定］ボタンをクリックします。

4 画像を挿入する

ブロックに画像を挿入するには次の3つの方法があります。

1. メディアエリアに画像ファイルをドラッグ＆ドロップする
2. ［アップロード］ボタンをクリックして画像ファイルを選択する
3. ［メディアライブラリ］ボタンをクリックして画像ファイルを選択する

ここでは1の方法で、ファイルを❹メディアエリアにドラッグ＆ドロップして画像を挿入しました。

5 テキストを入力して体裁を整える

右側のコンテンツ部分は❶❷**2つの段落ブロック**を挿入してみました。それぞれ文字サイズを変更しています。このままだと❸**テキスト上下の画像との高さの違い**が気になります。
操作メニューの左端のブロックアイコンの❹**さらに左に表示されたアイコン**をクリックすると、**親ブロック**を選択できます（この場合は「メディアとテキスト」ブロック）。

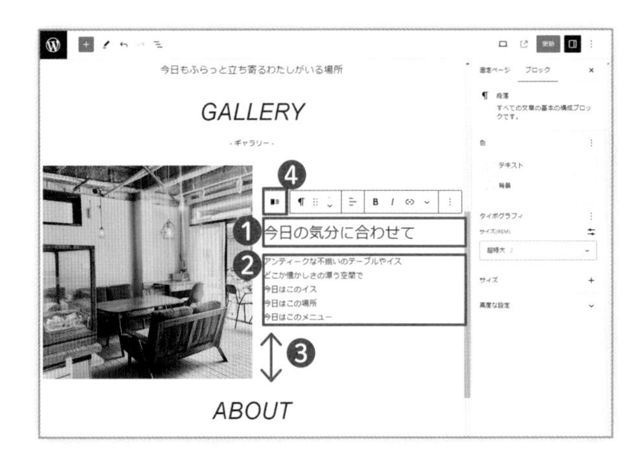

WordPressの親ブロックとは、子ブロックを内包する「コンテナブロック」のことです。コンテナブロックは特定の種類のブロックで、ほかの複数のブロックを含むことができます。たとえば「カラム」ブロックや「グループ」ブロックなどがそうです。これらのコンテナブロックを使ってほかのブロック（「段落」「画像」「見出し」「リスト」など）をグループ化したり、整列させたりすることで、ページを高度にレイアウトしたり、情報を階層的に表示することができます。

---

6 ブロック設定を調整する

画面右「メディアとテキスト」ブロックの操作パネルで以下の設定を調整しました。

❺カラム全体を塗りつぶすように画像を切り抜く
この設定をONにすることで、テキストの高さに合わせて画像の高さが調整（トリミング＝切り取られる）されます❻。

❼焦点ピッカー
画像を切り抜く時に中心となる位置を設定・調整できます。

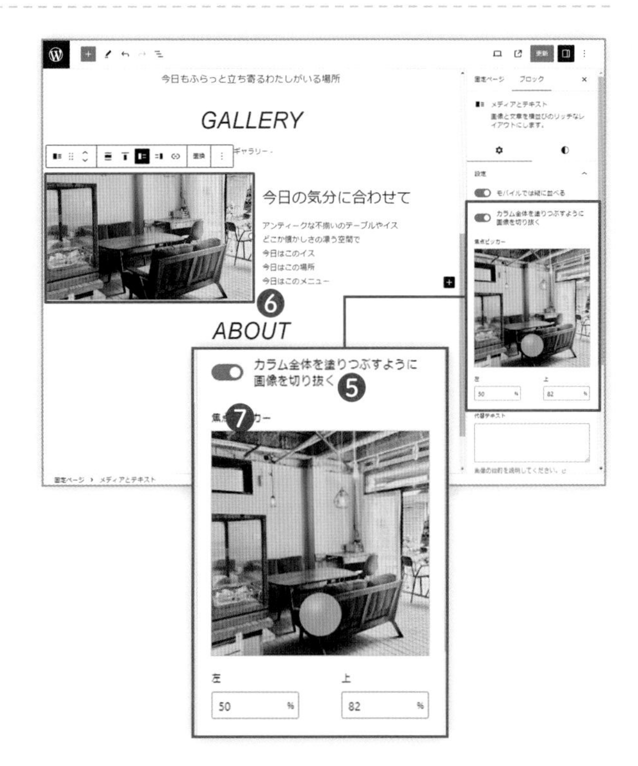

わあ！
画像が入るだけで
一気に華やぎますね！

複数の画像を並べて表示する：「ギャラリー」ブロック

1 「ギャラリー」ブロックを挿入する

複数の画像を並べる**「ギャラリー」**ブロックを挿入してみましょう。

挿入したい箇所でマウスホバーして❶**「ブロックを追加」**アイコンをクリックすると、簡易版ブロック挿入ツールが表示されます。

上部の❷検索フィールドにブロック名を入力して使いたいブロックを絞り込むことができます。ここでは絞り込んだ❸「ギャラリー」ブロックのアイコンをクリックして「ギャラリー」ブロックを挿入します。

2 複数の画像をまとめてアップロードする

❹ギャラリーエリアに複数の**画像ファイル**をまとめて**ドラッグ&ドロップ**します。アップロードされた画像がすぐに反映されます❺。

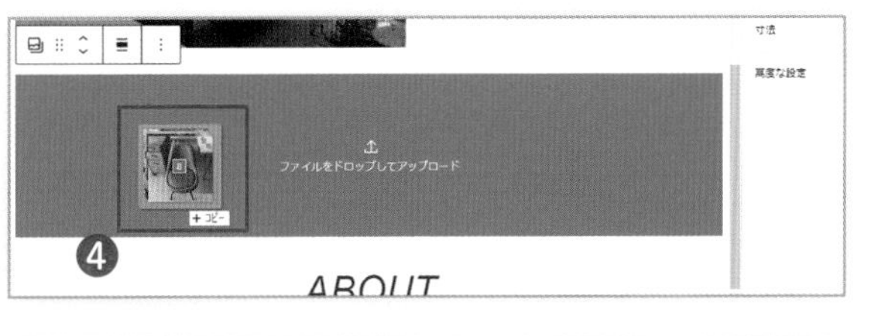

使用するブロック

ギャラリー

メディア
ギャラリー
複数の画像を体裁よく並べて表示します。

3 ギャラリーエリアの表示を整える

「ギャラリー」ブロックを選択して表示される設定パネルで次のように設定します。

❶カラム

横並びに何枚の画像を並べるか設定します。ここでは4枚にしました。

❷画像の切り抜き

画像のサイズが不揃いでも均等に切り抜いて整列させて表示できます。ONにしておきます。

❸リンク先

サムネイル画像をクリックした時のリンク先は**「メディアファイル」**にしておくと、大きく表示できるようになります。

❶❷❸の設定をした結果が❹の表示です。

画像って追加したり
定期的に入れ替えたり
できるんですか？

いい質問ですね〜
ギャラリーブロックを選択して操作メニューに表示される「追加」
もしくは画像を選択すると表示される「置換」メニューで
画像の追加・入れ替えができるんです

表を編集する：「テーブル」ブロック

1 「テーブル」ブロックで基本情報を入力する

見出し「ABOUT」の下に、店舗の基本情報を表にまとめて表示することにします。
ウェブデザインの世界では表（表組み）のことを**「テーブル」**と呼びます。
これまでと同じ要領で**「テーブル」**ブロックを挿入し、❶**「カラム数」**（列数）と❷**「行数」**を入力して❸**［表を作成］**をクリックして新しい表を作成します。

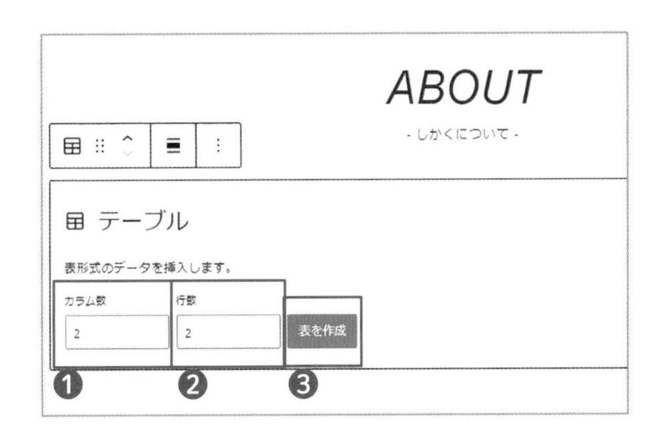

2 カラム数や行数を調整する

表を作成しているとカラム数や行数を増やしたり減らしたりする必要が生じることもよくあるものです。
そのような場合は、操作メニュー→❹**「表を編集」**→サブメニューから行や列の挿入、削除を行います。
ここでは、❺**「行を下に挿入」**をクリックして行を数行追加します。

ABOUT
名称 CAFE SIKAKU（カフェし
所在地 〒125-0053 東京都葛飾区
行を上に挿入
行を下に挿入
行を削除
列を左に挿入
列を右に挿入
列を削除

使用するブロック

テーブル

テキスト
テーブル
表形式のコンテンツを作成します。

3 表をストライプにする

表のスタイルをいろいろ設定することも可能です。ここでは1行おきに背景色が付く「ストライプ」にしてみましょう。
まず、テーブルブロックが選択されていることを確認してから、設定パネルの❶［**スタイル**］タブをクリックします。
表示された「**スタイル**」設定エリアの❷［**ストライプ**］を選択すると、❸1行おきに背景色が付きました。

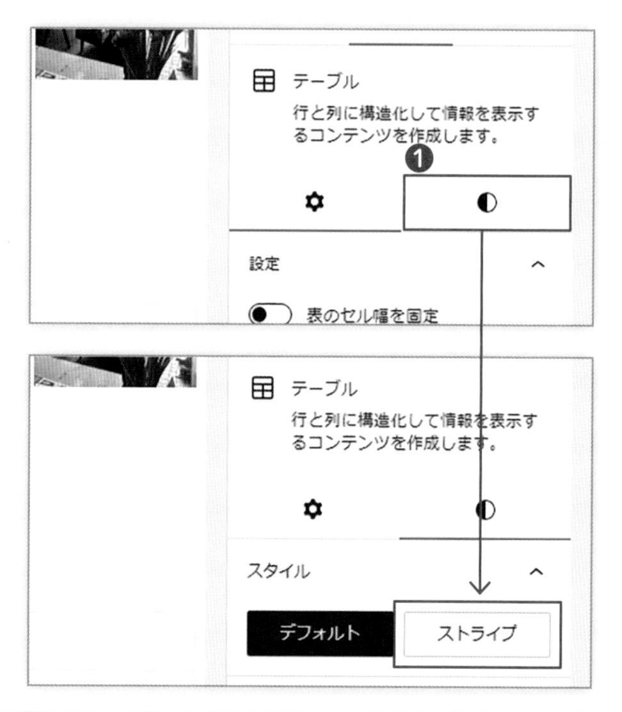

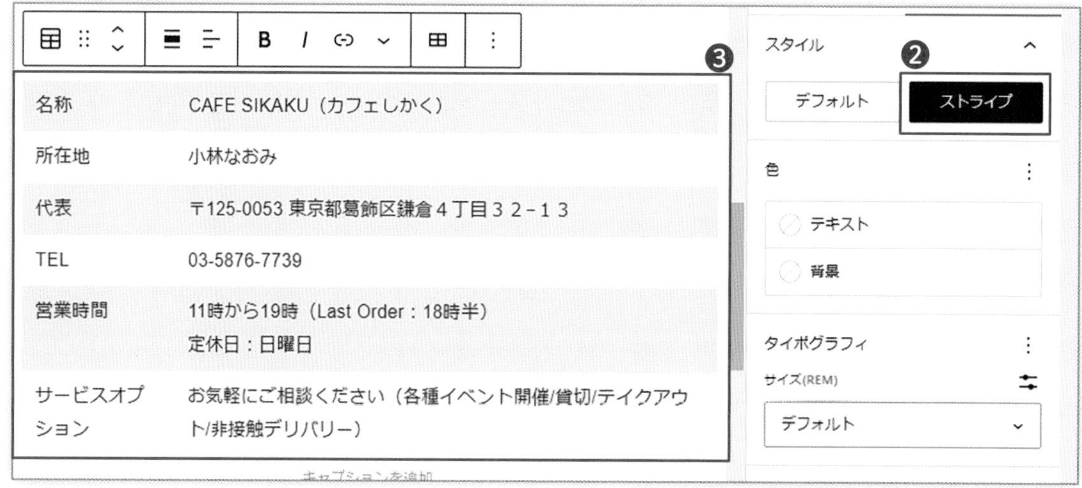

ストライプにしたら
とても見やすくて
いい感じになりましたね

ブロックごとにその特徴にあわせて
さまざまな設定ができるんです
いろいろ触ってみて
何ができるか確認してみましょう

地図を表示する ：「カスタムHTML」ブロック

1 「カスタムHTML」ブロックでGoogleマップを表示する

「お店紹介」ページの最後はアクセスマップです。手順は次のとおりです。

1. 外部サイト「**Googleマップ**」で地図を埋め込むためのHTMLコードを取得する
2. WordPressの「**カスタムHTML**」ブロックで取得したHTMLコードを埋め込む

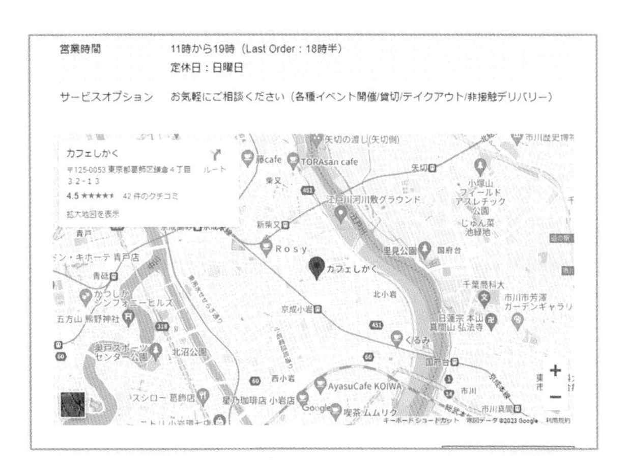

2 Googleマップで所在地を表示する

Googleマップ（https://www.google.com/maps/）にアクセスし、住所を入力して所在地を表示します。**❶正しい場所にピンがある**ことを確認してから、❷［**共有**］ボタンをクリックします。

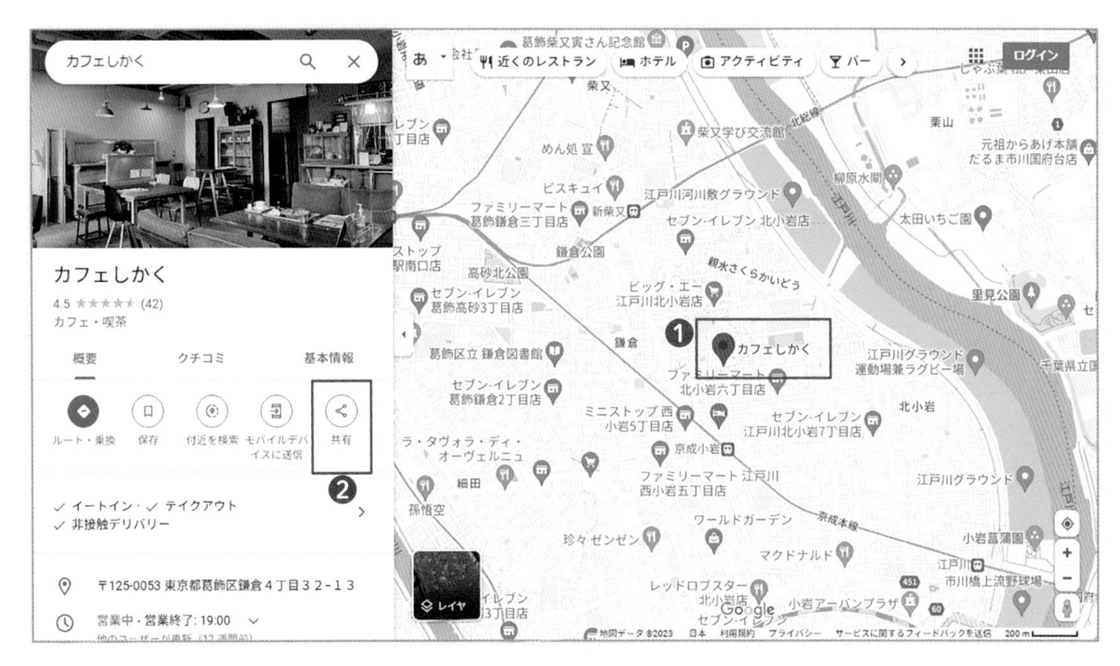

地図を表示する：「カスタムHTML」ブロック（続き）

3 地図の表示サイズを調整してHTMLをコピーする

共有画面が表示されると初期画面は「リンクを送信する」のタブページになっているので、❶「**地図を埋め込む**」タブページに切り替えます。右下の❷「+ −」ボタンを利用して適切な縮尺になるように調整したら、❸ **[HTMLをコピー]** をクリックして埋め込みHTMLコードを取得します。

最寄り駅など目印になる場所が含まれるように縮尺を調整するのがポイントです。

4 コピーしたHTMLコードを貼り付ける

これまでと同じ要領で「カスタムHTML」ブロックを挿入します❹。
表示モードが「**HTML**」になっているのを確認して、ブロック内の❺「**HTMLを入力 ...**」のエリアに❸でコピーしたHTMLコードをペースト（貼り付け）します。

コードをコピペするだけなら簡単そうね

5 表示幅を調整する

貼り付けたコード内で「width="600"」の文字列を見つけてください❶。この「width」は表示される**「地図の横幅」**を示しています。この場合、「地図の横幅が600ピクセルで表示される」ことを意味しています。
地図をページ幅いっぱいに表示するには、ページ幅と同じ数値を半角で入力します。本書では「width="1200"」と入力します。

6 プレビューで確認する

操作メニューの❷［プレビュー］をクリックすると、ページに地図が表示される体裁を確認することができます。
地図の上あたりに、アクセス方法の説明を「段落」ブロックで入れておくのも親切でしょう。

使用するブロック

HTML
カスタム
HTML

ウィジェット
カスタムHTML
HTMLコードを追加します。
プレビューしながら編集可能です。

ここで解説しているGoogleマップのほかに、「アフィリエイト（報酬型広告）」の埋め込みコードを貼り付けてサイトの収益化にも役立てられます。サイトの表示に問題が起きたり、セキュリティ上のリスクの元になるので、コードの誤りには注意してください。

リンクボタンを配置する ：「ボタン」ブロック

1 「大きな地図で表示する」のボタンを設置する

訪問者がわかりやすくなるよう大きな地図も表示されるようにします。表示元のGoogleマップのサイトへのリンクボタンを設置しましょう。
設定後は❶のように表示されます。

2 「ボタン」ブロックを挿入する

❷「**ブロックを追加**」をクリック→簡易版ブロック挿入ツール→検索フィールドに❸「**ボタン**」と入力します。
表示された❹のアイコンをクリックして「**ボタン**」**ブロック**を挿入します。

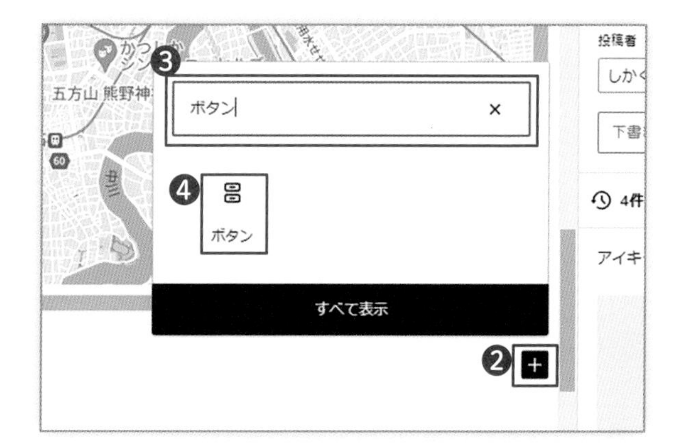

使用するブロック

ボタン	デザイン **ボタン** ボタンスタイルのリンクを設置します。

リンクボタンは、「CTA（Call-To-Action）」といって、サイト訪問者に特定のアクションを促すためにとても有効です。
設置するボタンの目的を明確に表記しましょう。
「大きな地図で表示する」や「無料トライアルを始める」など、ボタンの目的に応じた具体的な表現にするのがポイントです。

3 配置と体裁を調整する

本書では以下のように調整しました。

❶ボタン名
「大きな地図で表示する」にしました。

❷表示位置
操作メニューの**「項目の揃え位置を変更」**アイコンをクリックして**「右揃え」**に。

スタイル
右の設定パネルで❸［スタイル］タブ→❹**「スタイル」**を**「輪郭」**、背景色を「なし」に。

❺枠線
操作パネルの**「枠線」→「角丸」**のフィールドに「0」と入力。ボタン枠の角を直角に。

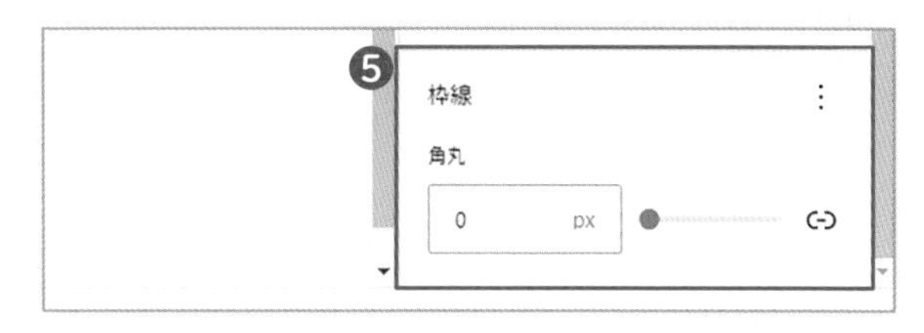

4 Googleマップへのリンクを設定する

操作メニューの❻［**リンク**］をクリックします。❼**リンク先（GoogleマップのURL）を入力（コピペ）**し、Enter キーを押して確定します。

リンク先を新しいタブで開くには、URLを入力して確定すると右横に表示される「鉛筆」アイコンをクリックします。見出し「高度」をクリックすると表示される「新しいタブで開く」をチェックして有効にします。

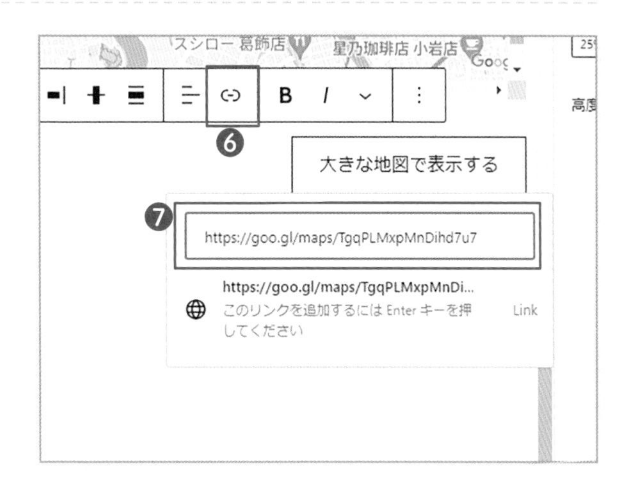

ブロックエディターの使い方（応用編）

ブロックを組み合わせて
いろいろなレイアウトが
できるんですね！

そうなんです！
ブロックエディターに慣れたので
トップページも同じように
作り込んでいきましょうか

トップページに求められる3つの役割

「ホーム」とも呼ばれる**トップページ**は、ほとんどの場合、最初に目にすることが多いいわば**サイトの顔**のようなものです。
人と人との出会いにおいても第一印象が大切であるのと同様に、「どんなお店なんだろう？」「自分が知りたい行きたいお店なんだろうか？」と、トップページも第一印象がとても重要です。
世界には多種多様なウェブサイトが無数にありますが、どのWebサイトでもトップページに共通して求められる役割は次の3つです！

✓どんなお店なのか一目で伝える

訪問者が求めているサイトなのかどうかが一目で伝わることがポイントです。
お店や会社をもっとも象徴する大きな画像（メインビジュアル）がまず目に飛び込んでくるように配置するのが効果的です。お店や会社の外観、イチオシのお料理やサービスなどが望ましいでしょう。

✓知りたい情報へ直感的にアクセスできる

トップページは別のページへの入り口になります。
サイト訪問者が知りたい情報へと直感的にたどり着けるのもポイントです。

✓伝えたい情報をいち早く伝える

新しいサービス、イベントの新着情報、営業日といったお店や会社の基本的な情報など、伝えたい情報をいち早く伝えることもトップページの役割です。

トップページは
サイトの顔、お店の顔なので
とっても大切なんです

サイトのトップページ全体像

左画像：パソコン表示、右画像：スマホ表示です
単調なレイアウトにならないように
ちょっとした変化をつけるとよいでしょう

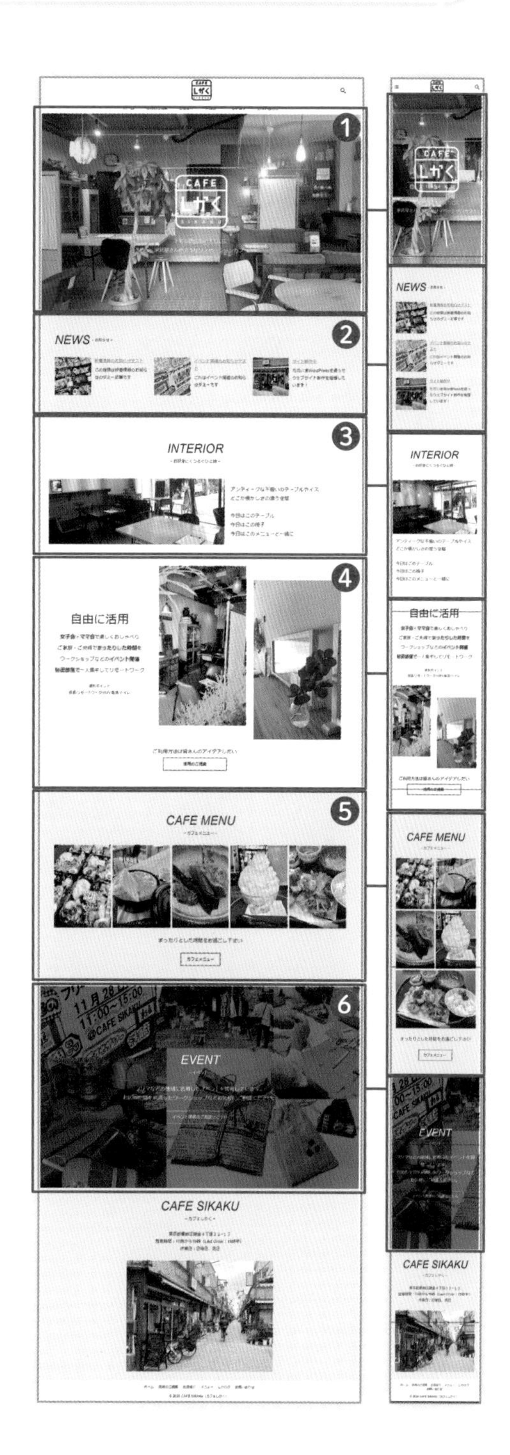

❶メインビジュアル

「カバー」ブロックを使用し、ファーストビューいっぱいに表示させるように設定するのがポイントです。

❷最新の投稿

「最新の投稿」ブロックを使用。サムネイルや投稿日の表示などのたくさんの設定を用途に応じて設置していきます。

❸画像とテキスト

「メディアとテキスト」ブロックで実装します。詳しくはP.150を参照してください。

❹「カラム」ブロックの活用

親と子のカラムブロックを組み合わせて思いどおりのレイアウト。パソコン表示、スマホ表示のことを念頭に置きながら作り込んでいきます。

❺ギャラリー表示

「ギャラリー」ブロックで実装します。詳しくはP.153を参照してください。

❻画像透過セクション

「カバー」ブロックを使います。メインビジュアルで使用した方法の応用で実装できます。

メインビジュアルを配置する ：「カバー」ブロック

1 トップページ用の固定ページを開く

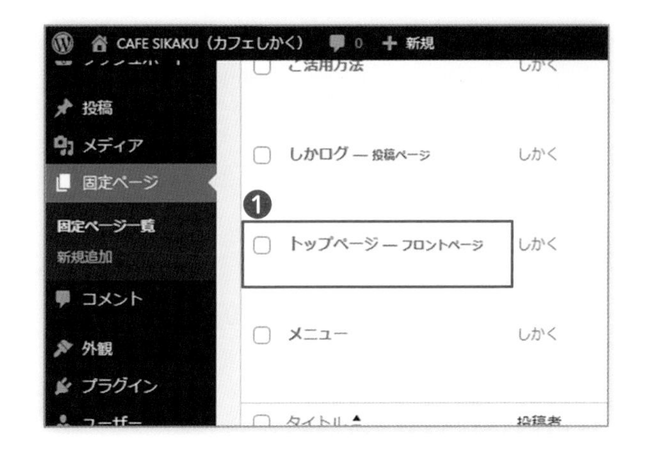

管理画面→〔固定ページ〕→〔固定ページ一覧〕をクリックします。トップページ用の固定ページを作成して指定する方法はP.132を参照してください。

正しく設定すると、❶固定ページ名に**「フロントページ」**と記されます。

この❶「トップページ－フロントページ」の編集画面を開きます。

2 横幅いっぱいの画像は「カバー」ブロックを使う

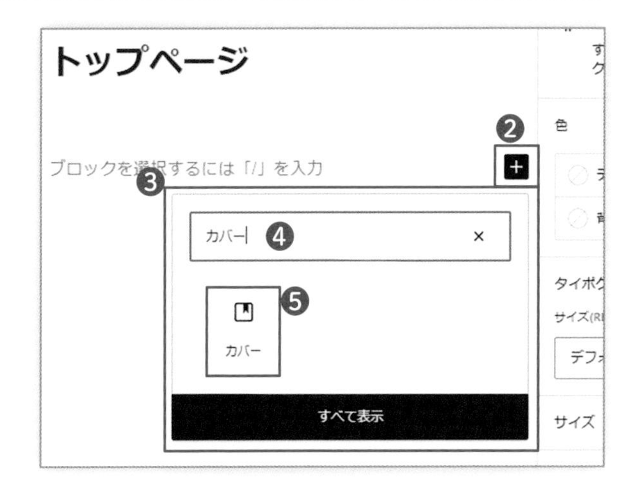

トップページの最上部に横幅いっぱいの画像を表示することにします。

編集画面でタイトルのすぐ下にマウスホバーすると右端に表示される❷**「ブロックを追加」**アイコンをクリックします。表示された❸**簡易版ブロック挿入ツール**の❹**検索フィールド**に「カバー」と入力し、表示された❺**「カバー」**ブロックのアイコンをクリックして「カバー」ブロックを挿入します。このブロックを使用すると横幅いっぱいに画像を表示できます。

使用するブロック

カバー

メディア
カバー
画像や動画を横幅いっぱいに配置します。

カバーブロックは
横幅いっぱいに画像を配置するので
インパクトを与えることができます

カバーは、画像や動画を背景にして、さらにテキストなどのコンテンツを重ねることができるようになっており、トップページのメインビジュアルとして活用することに適しています。

3 カバー画像をアップロードする

❶❷❸「カバー」ブロックのメディアエリアに画像ファイルをドラッグ＆ドロップします。

カバー画像を指定する方法はいくつかあります。アイキャッチ画像を指定しているなら、❹「アイキャッチ画像を使用」オプションも活用できます。

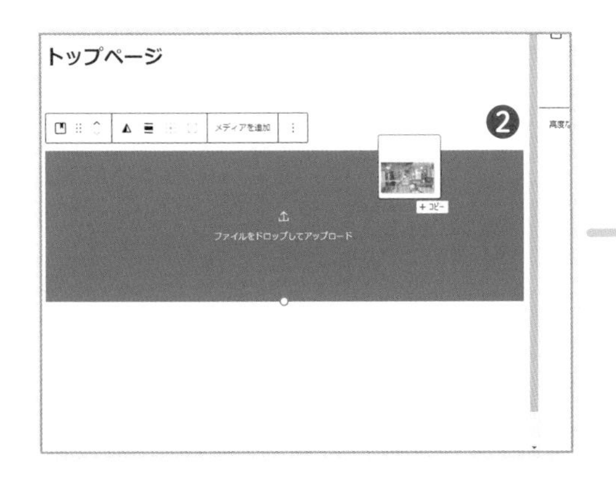

ファーストビューの視覚効果

「ファーストビュー」とは、サイトを訪れて最初に目に入る領域、スクロールせずに表示される領域を指します。
目に最初に飛び込んでくる情報は、サイト訪問者の印象を大きく左右します。最初に見てほしい情報がファーストビューに収まるように考えましょう。

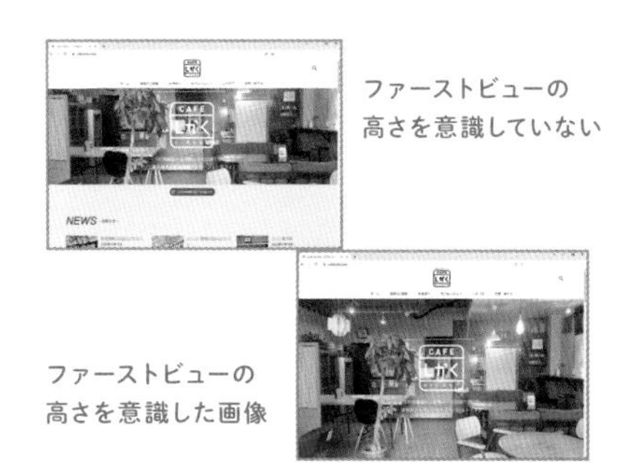

ファーストビューの高さを意識していない

ファーストビューの高さを意識した画像

4 カバー画像の幅を調整する

初期設定では横幅いっぱいにはなりません。コンテンツ幅が最大値です（本書では1200px）。最大値を超えて横幅いっぱいに画像を表示させるには、❶**「配置」**アイコンをクリックして❷**「全幅」**を選択します。

右図のようなカバーブロックの操作メニューが表示されていない場合は、追加した画像のどこかをクリックして「カバー」ブロックを選択してください。

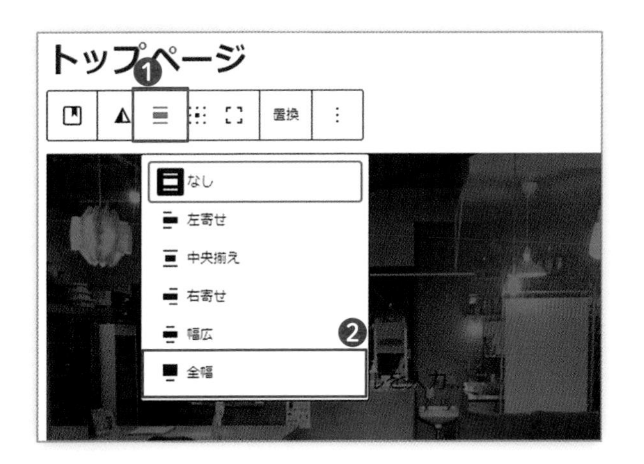

5 焦点位置を調整する

設定パネル→「メディア設定」→❸**「焦点ピッカー」**設定で画像の焦点位置を調整します。画面の幅が狭くなるスマホでもほどよく画像が表示されるように調整しましょう。

6 透過度を調整する

❹**［スタイル］**タブ→❺**「オーバーレイの不透明度」**を調整します。ここでは、不透明度を「0」にして画像を明るく表示するようにしました。

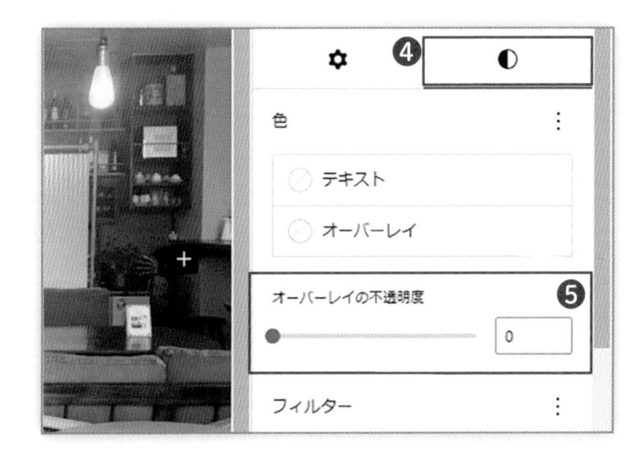

7 カバー画像の高さを調整する

メインビジュアルを魅力的に表示させる1つの方法は、ファーストビュー（P.165参照）の高さいっぱいに画像を表示することです。
操作パネルの下方に❶**「カバー画像の最小の高さ」**を設定できるフィールドがあります。
入力値の単位を選択できるので、❷**「VH」**にします。「VH」は表示領域の高さを基準にした単位です。
本書では、ヘッダー部分の高さを差し引いて「84VH」（表示領域の高さの84％）に設定しました。

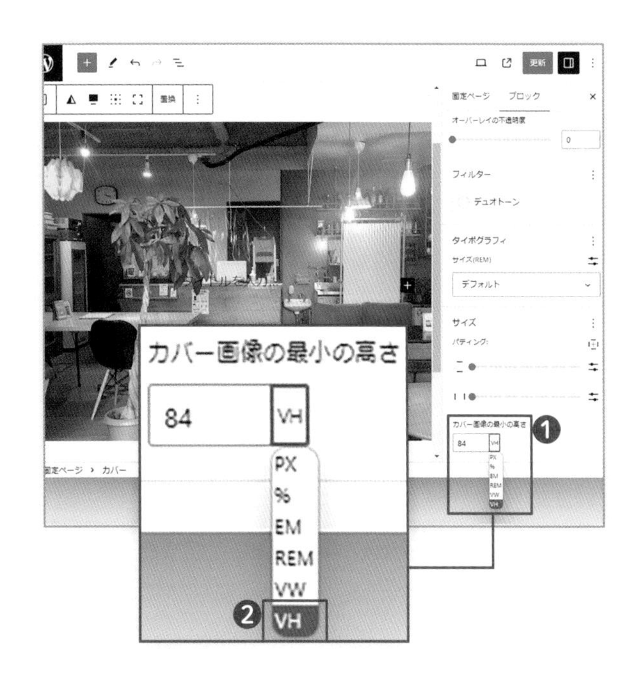

単位	意味
px	pixel（ピクセル）の略で、絶対的な値
%	親要素に対するパーセンテージ
EM	親要素のフォントサイズに対する倍率
REM	大元の基準となるフォントサイズに対する倍率
VW	表示領域の横幅に対するパーセンテージ
VH	表示領域の高さに対するパーセンテージ

中身ももちろん大事だけど
見た目にも気を配る必要が
あるのね！

「カバー」ブロックのメディアは画像だけでなく
動画ファイルも指定できます
その場合はファイルサイズを10MB以内に
抑えるように注意してください

8 カバーの中央にキャッチコピーを入れる

画像中央あたりをよく見ると❶**「タイトルを入力…」**と文字列を入力できるエリアがあります。❷ここではこのエリアにキャッチコピーを入力します。通常の「段落」ブロックとして文字列が追加されます。

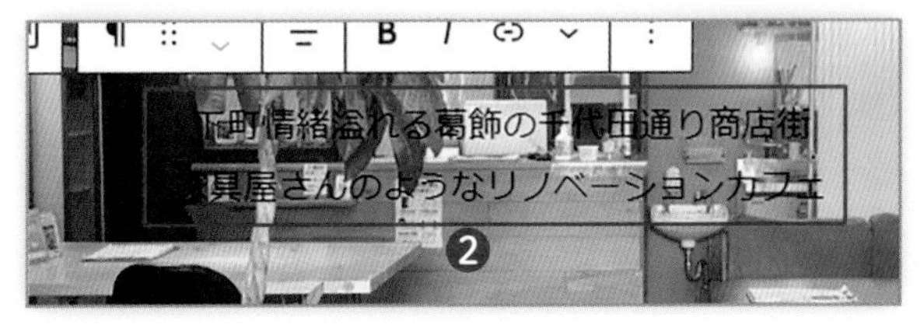

9 テキストの色を変える

ここでは文字列の色を白に変更します。テキストの色を変更するには、設定パネル→「色」設定エリア→❸**「テキスト」**を選択します。
表示された❹**カラー選択ツール**から白色を選択します。❺表示を確認すると、背景画像との色のコントラストから読みにくいと、❻**注意を促すメッセージ**が表示されました。

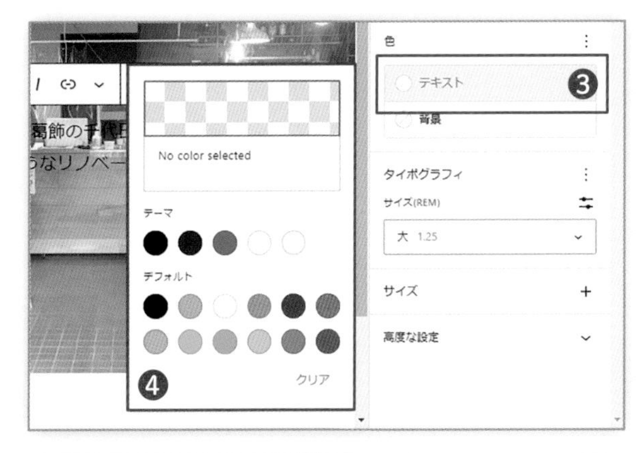

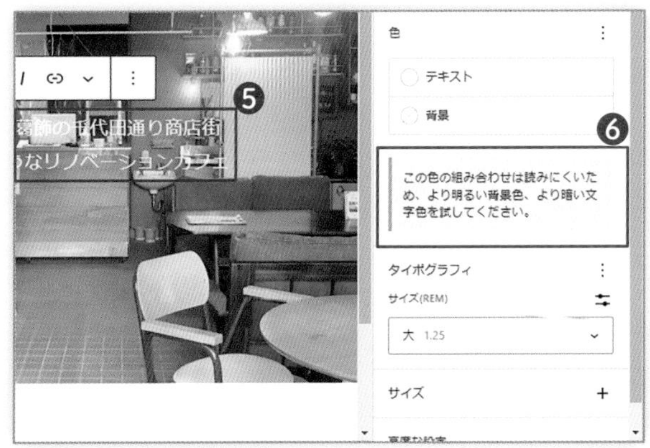

10 キャッチコピーの上にロゴ画像を挿入する

キャッチコピーの上にロゴ画像を挿入します。

【ブロックの前にブロックを追加する】

キャッチコピーを入力した段落ブロックの操作メニュー→❶［**オプション**］→サブメニュー→❷「**前に追加**」をクリックします。

【画像ブロックを追加する】

追加されたブロックの❸「**ブロックを追加**」→簡易版ブロック挿入ツール→❹「**画像**」ブロックのアイコンをクリックして同ブロックを挿入します。

【表示を確認する】

❺挿入した画像を確認すると、ちょっと大きすぎるようです。

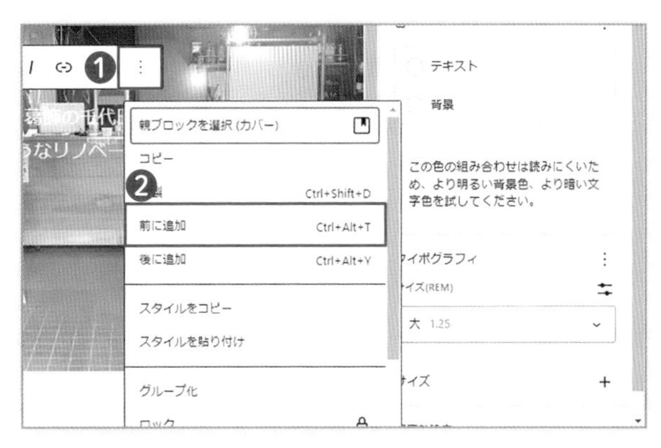

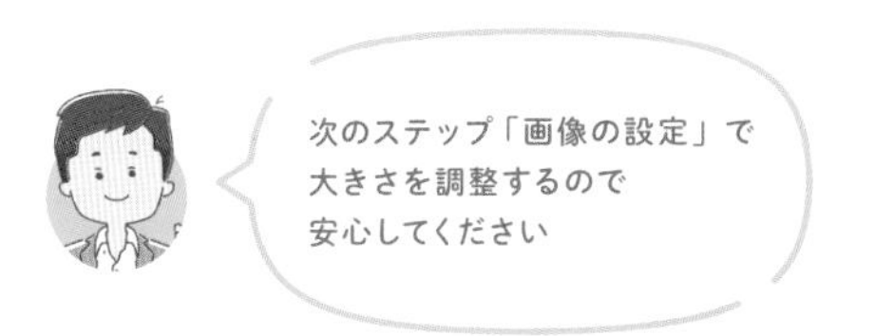

11 ロゴ画像の設定を調整する

追加したロゴ画像の設定パネルで、❶「ALTテキスト（代替テキスト）」を入力します。
❷挿入したロゴ画像がちょうどよい大きさになるように❸「幅」と「高さ」の値を調整します。

12 表示を確認する

横幅いっぱいの画像を背景にして、❹**ロゴとキャッチコピーを配置**できました。

And More

背景の透過度を調整して可読性をアップ

テキストの背景色を指定し、その透過度を調整して可読性を上げることも可能です。
設定パネル→「色」設定エリア→「背景」→「カラー選択」ツール→上部の「カスタム」→カラーパレットで、ベース色を選択後、❺のスライダーで背景の透過度を調整できます。

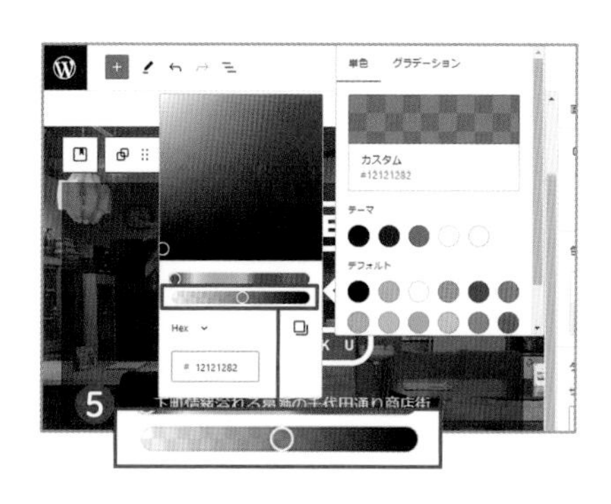

「最新の投稿」を配置する：「最新の投稿」ブロック

1 最新の投稿一覧の表示

メインビジュアルの下に最新の投稿一覧を3件表示する領域❶を設けることにします。

【手順の概要】

1. **見出し**：登録したブロックパターンを追加して編集する
2. **最新の投稿一覧**：「最新の投稿」ブロックを挿入する
3. **横幅いっぱいの背景色**：グループ化して「全幅」を選択するのがポイント

2 ブロックパターンで見出しを追加

固定ページ「お店紹介」で見出しのブロックパターンを作成しました（P.146参照）。ここでもそのパターンを利用して見出しを追加します。

簡易版ブロック挿入ツールで作成したブロックパターン❷**「マイ見出し」**を検索して追加。
文字列の上段を「NEWS」、下段を「お知らせ」としました。
さらに次のようにアレンジします。

❸「グループ」から**「横並び」**に変更
❹**レイアウト**：配置を**「左揃え」**に

見出しが❺のように表示されます。

3 「最新の投稿」ブロックを挿入する

❶**「ブロックを追加」**アイコン→簡易版ブロック挿入ツール→検索フィールドに「最新の投稿」と入力→❷**「最新の投稿」**ブロックアイコン→「最新の投稿」ブロックを挿入します。❸**最新の投稿**の一覧が表示されました。

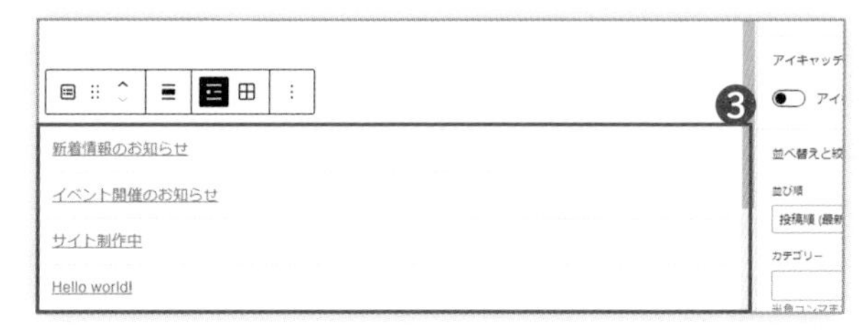

使用するブロック

ウィジェット
最新の投稿
「投稿」で作成された最新の記事の一覧を表示します。

4 「最新の投稿」の設定を調整する

■**横並びにする**：操作メニュー→❹**グリッド表示**を選択します。

■**投稿本文の抜粋表示**：設定パネル→❺投稿コンテンツ→投稿コンテンツ：ON／表示：**抜粋**／**抜粋内の最大文字数**を調整します。

■**投稿日の表示**：設定パネル→❻投稿メタ→投稿日を表示：ONにします。

■**サムネイル画像の表示**：設定パネル→❼アイキャッチ画像→アイキャッチ画像を表示：ON、**画像の幅・高さ、画像の位置**を設定します。アイキャッチ画像のリンクを追加：ONにしておくのもよいでしょう。

■**表示数の設定**：設定パネル→並べ替えと絞り込みで、❽**項目数**および**カラム**を調整します。

これで「最新の投稿」を設置できました。

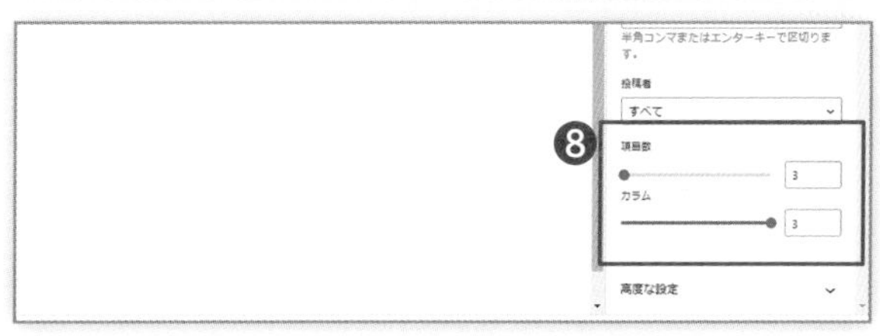

横幅いっぱいに配置する：グループ化

1 グループ化して背景色をつける

NEWSエリアに横幅いっぱいの背景色を施します。

【手順の概要】

1. **ブロックをグループ化する**：❶**見出し**と❷**最新の投稿**はそれぞれ異なるブロックです。これらを包む❸**親ブロック**を作成します。
2. **背景色を指定する**：親ブロックに背景色を指定します。
3. **横幅いっぱいに配置する**：親ブロックの**「配置」**を**「全幅」**にします。

2 複数のブロックを選択してグループ化する

下記のように「NEWS -お知らせ-」の見出しと「最新の投稿」ブロックの部分をセットにしてグループ化します。

1. **ブロック構成のリスト表示**：❹**「ドキュメント概観」**アイコンをクリックすると、ブロック構成をリスト表示で確認できます。
2. **複数ブロックを選択**：❺編集エリアでマウスドラッグして選択するか、リスト表示で Shift キーを押しながら❻複数のブロックを選択します。
3. **グループ化**：操作パネルの❼**「グループ化」**アイコンをクリックします。

3 背景色を指定する

ひとまとめにした「グループ」ブロックを選択すると、設定パネルで❶**「色／背景」**の設定ができるようになります。
❷**「背景」**をクリックすると❸**カラー選択ツール**が表示されます。「テーマ」もしくは「デフォルト」の色アイコンをクリックして選択することもできます。
本書ではより淡い色にします。❹**「カスタム」**の領域をクリックすると表示される❺**カラーパレット**で、より具体的な色指定ができます。

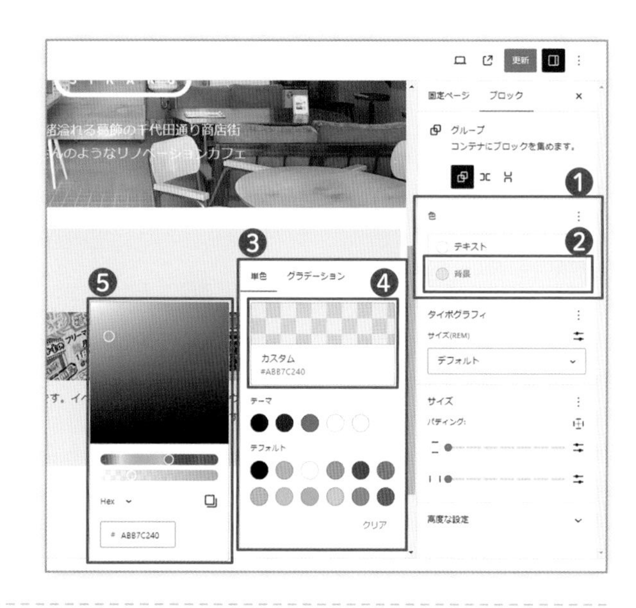

4 横幅いっぱいに配置する

「グループ」ブロック→操作メニュー→❻**「配置」**アイコンをクリックして表示されるオプションから❼**「全幅」**を選択します。
これでコンテンツ幅の最大値を超えて表示領域の横幅いっぱいにコンテンツを配置できました。

背景色は
読みやすさを考慮して
淡い色合いにするのが
ポイントです

1 レイアウトに変化をつける

内観の写真をいくつか掲載して店内の様子を紹介することにします。レイアウトに変化をつけると、よりリッチな雰囲気の演出が可能です。構成の概要は以下のとおりです。

❶**見出し**：ブロックパターンを追加して編集しました。
❷**画像とテキスト―その1**：「メディアとテキスト」ブロックを使用しました。方法はP.150で説明していますので参照してください。
❸**画像とテキスト―その2**：「カラム」ブロックと「画像」ブロックを使用します。詳細は続くステップで説明します。
❹**ボタン**：「ご活用方法」ページへの動線となるリンクボタンです。ボタンの設置方法はP.160を参照してください。

2 「カラム」ブロックの応用

「カラム」ブロックを使って右図のようなレイアウトにするには2つのポイントがあります。

ポイント1：❶「カラム」ブロックの中にもうひとつ「カラム」ブロックを挿入しています。

ポイント2：❷縦長の画像の上部に余白を設けてデザインに変化をつけています。

設定方法を紹介しましょう。

3 「カラム」ブロックを挿入する

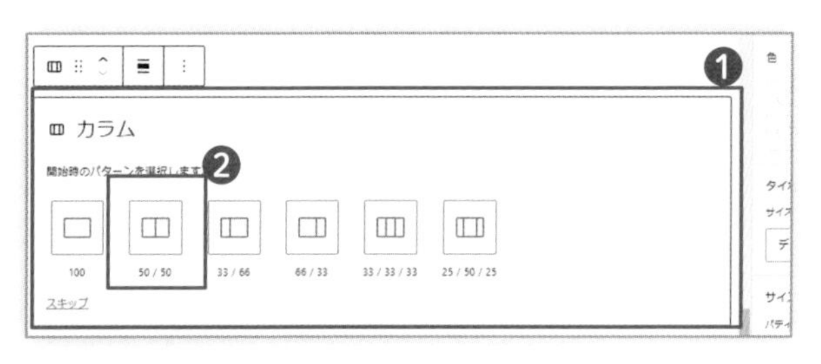

「カラム」ブロックを挿入したら最初に❶**レイアウトパターン**を選択します。後からカラムを挿入したり追加したりすることもできます。
パターンの中から❷「50/50」を選択します。
2つのカラムを持つ❸**「カラム」**ブロック（「親カラムブロック」と呼ぶことにします）が追加されました。
カラム中央の❹**「ブロックを追加」**アイコンをクリックしてコンテンツを作成していきます。

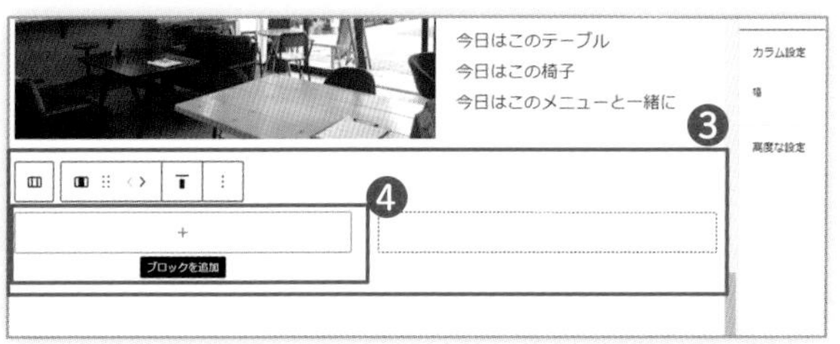

テキストにマーカーをつける

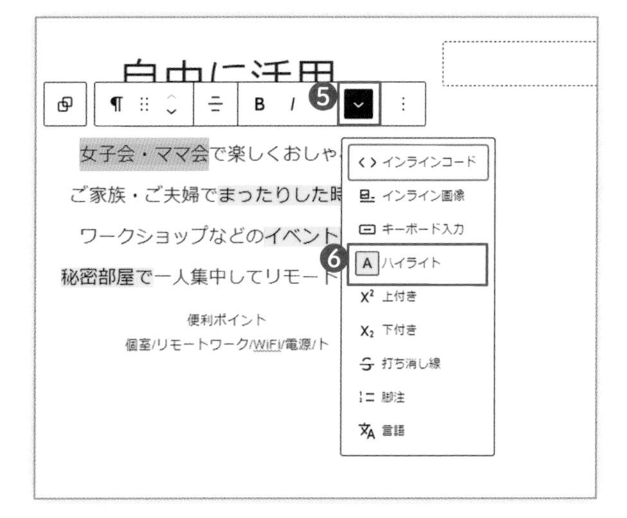

「カラム」ブロックの話からは少しそれますが、文章の中で特定の語句を目立たせるためにマーカーをつけることにします。
マーカーをつけたい文字列を選択して、操作メニューの❺**［さらに表示］**をクリックして表示されるサブメニューから❻**「ハイライト」**をクリックします。

使用するブロック

カラム

デザイン
カラム
複数のコンテンツをカラム（列）ごとに並べて配置します。

そんなところにも
設定が隠れていたのね
ほかにも「打ち消し線」とか
「キーボード入力」とか
選ぶとどうなるのかな？

5 右カラムにさらに「カラム」ブロックを挿入する

右カラムの中に、さらに❶「**カラム**」ブロックを追加し、表示されるパターンから「**50/50**」を選択します。
すると、2つのカラムを持つ「カラム」ブロックがさらに挿入されます（「子カラムブロック」と呼ぶことにします）。

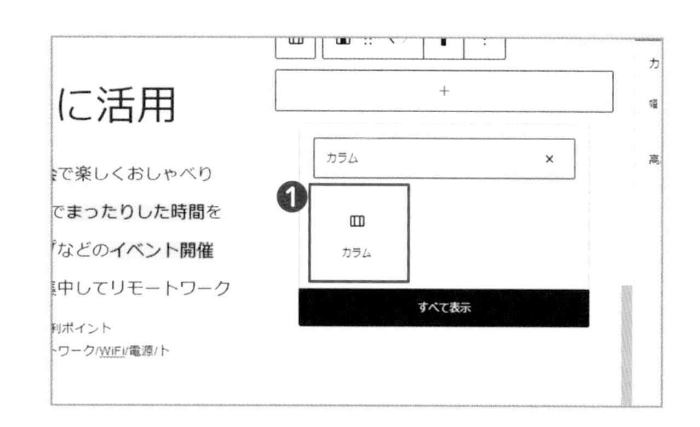

6 それぞれのカラムに画像を挿入

子カラムブロックのそれぞれのカラムに❷❸縦長の画像を「画像」ブロックで挿入しました。

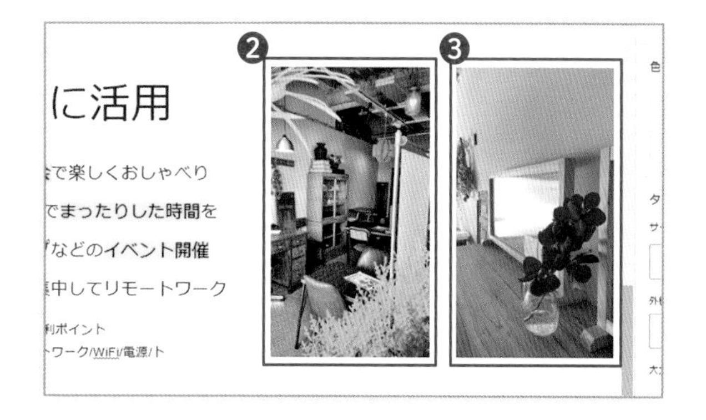

7 目的のカラムを選択する

右の画像上部に余白を設けてレイアウトに少し変化をつけてみましょう。
目的のカラムを選択するには、まず❸**右側の画像**をクリックします。設定メニューを見ると選択されているのは❺**画像ブロック**であることがわかります。親ブロックのカラムブロックを選ぶには、❻［**カラムを選択**］をクリックします。設定メニューの選択ブロックアイコンが❼のようになればカラムが選択されています。

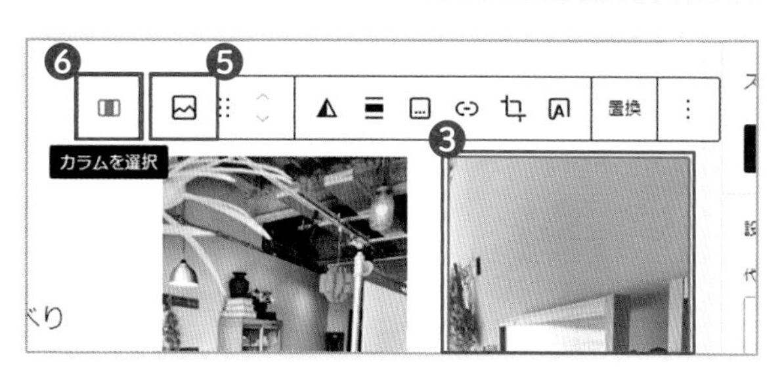

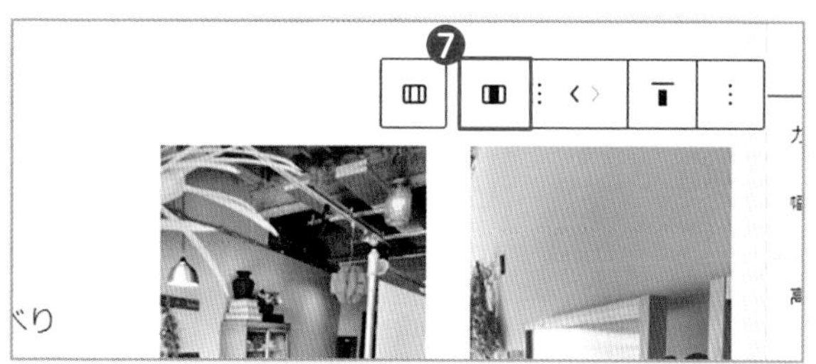

8 右画像の上部に余白を設ける

右側のカラムの内側上部、つまり❶**画像の上部に余白**を設けてみましょう。

■サイズ／パディング：余白の設定

右側の子カラム（画像ではなく）を選択していることを確認し、設定パネル→❷**スタイル**タブ→❸**「サイズ／パディング」**に注目します。現在は**上下の余白**と**左右の余白**を調整できるようになっています。

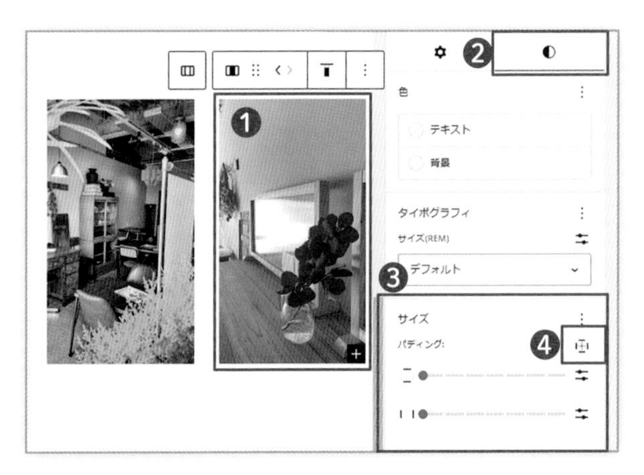

■パディングオプション：余白の位置の指定

❹**「パディングオプション」**→サブメニューで**上下左右を選択**できます。

❺**「上」**を選択すると、「パディング：上」を調整できるインジケーターが表示されます。

ここでは❻「パディング：上」を「6」に設定しました。❼右カラムの内側上部（画像の上）に余白が生じました。

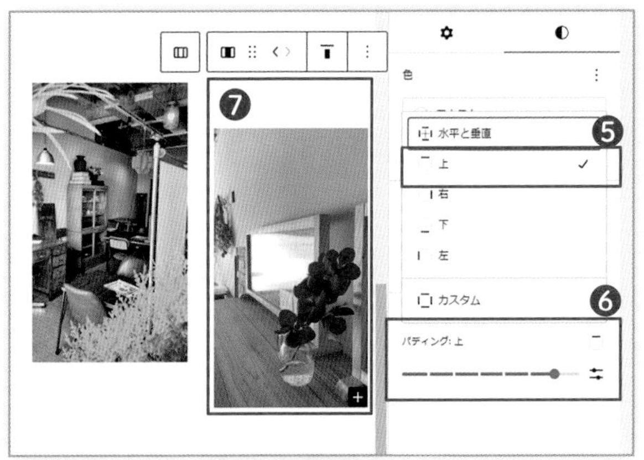

余白を表すパディングとマージン

「パディング（padding）」は要素の内側の余白、**「マージン（margin）」**は要素の外側の余白のことです。
ここでは、カラムの内側上部（padding-top）に余白を設けました。

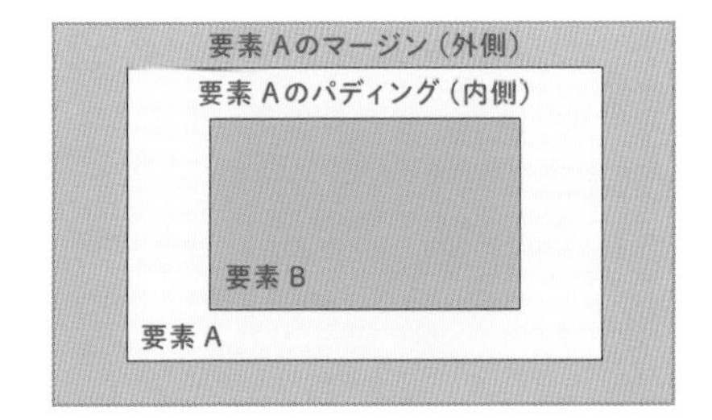

9 スマホ表示のレイアウトを制御する

「カラム」ブロック選択時に表示される操作パネルで、❶**「モバイルでは縦に並べる」**設定をONにするとパソコン表示では横並びのカラムが、スマホで表示した場合に縦に並ぶようになります。
ここでは❷**外側の親カラムブロック**ではONに、❸**右内側の子カラムブロック**ではOFFにしました。

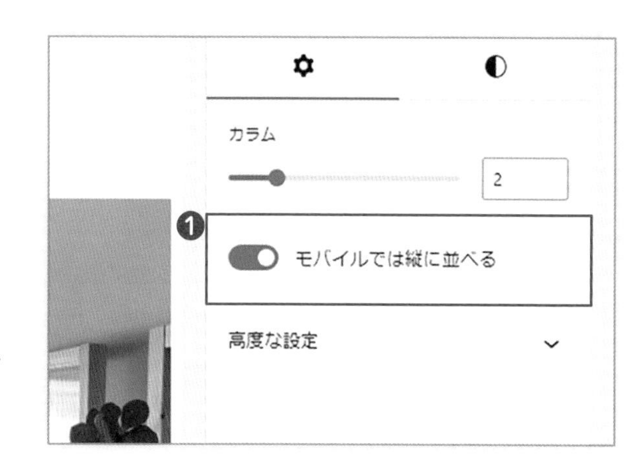

ブロックの選択はP.173の「ブロック構成のリスト表示」を使うと便利です。

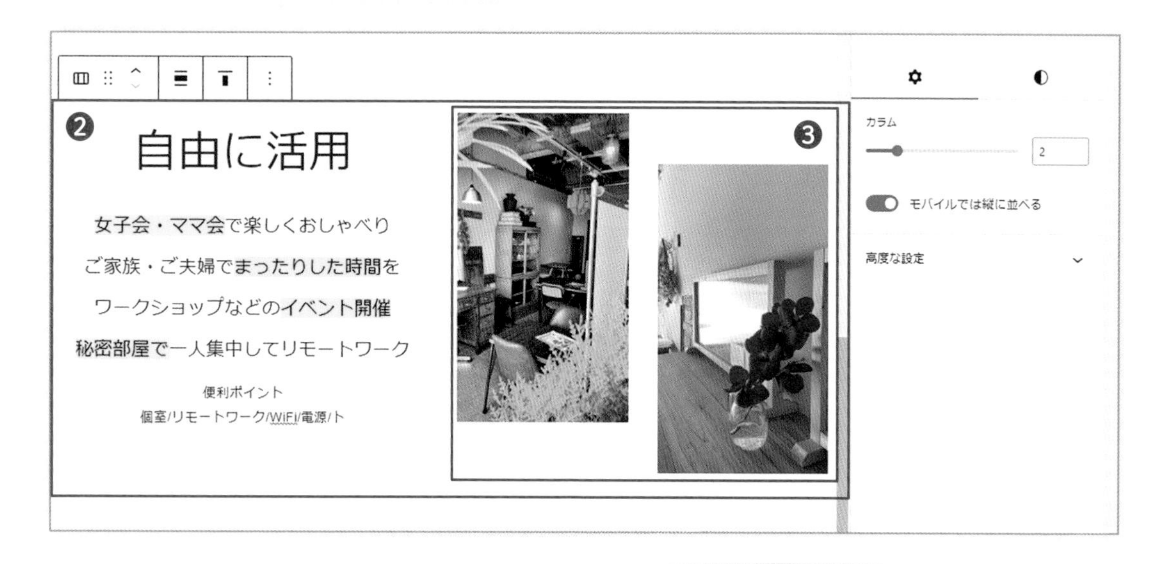

いろいろな種類のブロックを
どう組み合わせるかが
ポイントなんですね

ブロックの活用はアイデア次第です
トップページの残りの部分も
これまでの応用でなんとかなるはずです
トライしてみてください

10 パソコン表示とスマホ表示を確認する

ステップ9の親カラムブロックをONに、子カラムブロックをOFFに設定すると、スマホ表示時は❷のように2つの画像が横並びのままのレイアウトになります。

❶パソコン表示：3つ（テキスト、画像、画像）のカラムが横並びになっています。

❷スマホ表示：親カラムブロックは縦並びに、子カラムブロック部分は横並びのままになっています。

パソコン表示

スマホ表示

「カラム」ブロックのよくある使い方

「カラム」とは「列」のことです。通常はコンテンツを規則正しく順番に並べるために「カラム」ブロックを使用します。たとえば❸のように、飲食店のメニューの分類を並べたり、オプションごとの価格表を掲載するような場合によく活用されます。

ブロックの順番を入れ替える

追加したブロックの順番を入れ替える方法はいくつかあります。

【操作メニュー：上に移動／下に移動】
移動したいブロックを選択すると操作メニューが表示されます。❶**「上に移動」**もしくは**「下に移動」**をクリックするもっとも簡単な方法です。

【操作メニュー：オプション/移動】
操作メニューの❷**「オプション」**→サブメニュー→❸**「移動」**で、❹**対象となるブロック**が青枠で表示されます。キーボードのカーソルキー（↑↓キー）で簡単に移動できるようになります。

【リストビューでドラッグ】
❺**「ドキュメント外観」**ボタンをクリックしてリストビューパネルを開きます。
該当するブロックを❻**ドラッグ＆ドロップ**して移動する方法です。

バージョンアップのたびに
ブロック操作の改善が
図られているようです

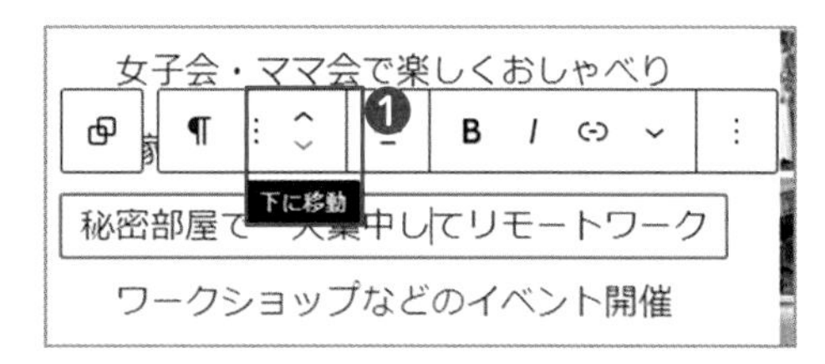

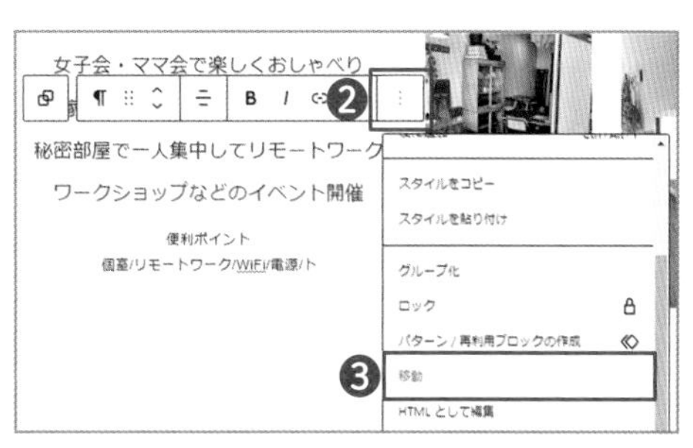

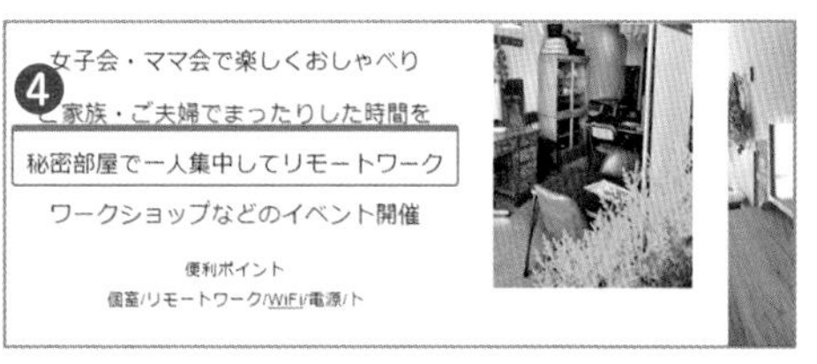

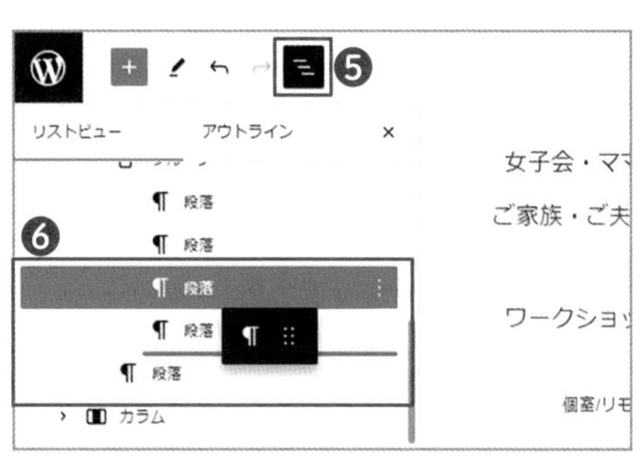

ウィジェットも ブロックエディターで

営業時間などのお店の
基本的な情報を
どのページでも参照
できると便利ですね

いいですね！
サイトの各所に埋め込まれている
ウィジェットエリアを活用して
実現できますよ

「ウィジェット」は便利な部品、「ウィジェットエリア」は設置場所

「検索フィールド」や「カレンダー」「カテゴリー一覧」などの簡単に組み込める部品を総称して**「ウィジェット（widget）」**と呼びます。

サイドバー、ヘッダー、フッターなど、ウィジェットを組み込める領域のことを**「ウィジェットエリア」**と呼びます。ウィジェットエリアが埋め込まれている場所は選択したテーマによって異なります。本書で使用しているテーマArkheでは、サイドバーに加えて、フッターに2カ所、さらにスマホ表示時に使用するドロワーメニューの下部にウィジェットエリアが埋め込まれています。

ほとんどのテーマで、ウィジェットエリアもブロック編集することができます。ウィジェットとして用意されたパーツを設置できるのはもちろんのこと、ブロックを自由に活用してさらに多様な表現ができるようになっています。

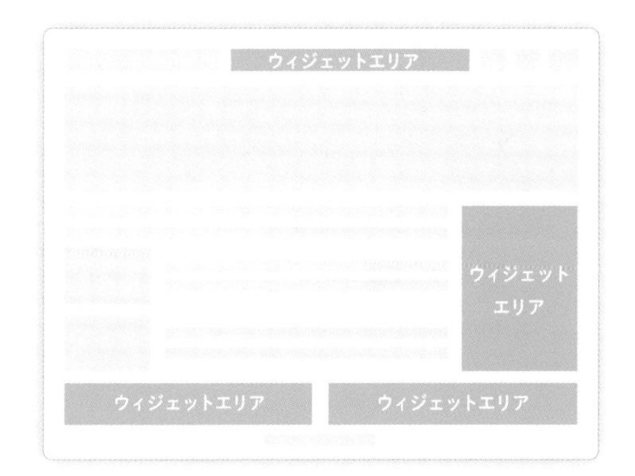

スマホのホーム画面に
「お天気」や「カレンダー」などを
設置するのと同じですね？

そうです！
用意された部品に加えてもっと
自由な表現が可能ということですね

公式サイトの参照ページ：
ウィジェット：https://ja.wordpress.org/support/article/wordpress-widgets/
外観ウィジェット画面：https://ja.wordpress.org/support/article/appearance-widgets-screen/

ウィジェットエリア

1 Arkheの外観ウィジェット画面

管理画面→［外観］→［ウィジェット］をクリックしてください。
1番目の画像はArkheのブロックエディター対応の**「外観ウィジェット画面」**です。❶4つのウィジェットエリアを確認できます。
❷操作パネルの表示／非表示の切り替えは❸**「設定」**をクリックします。

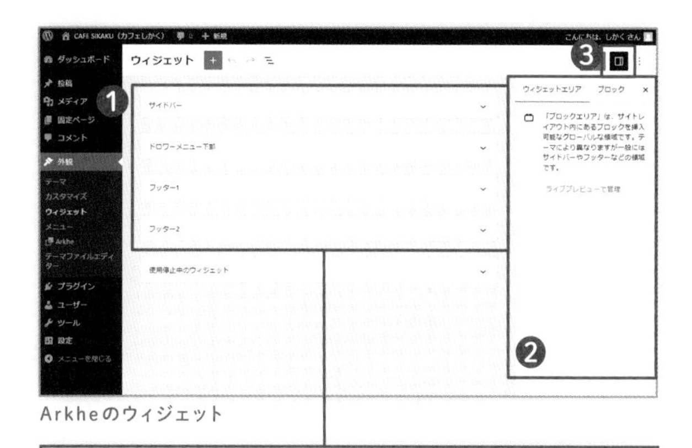

Arkheのウィジェット

ドロワーメニュー下部

フッター1

フッター2

使用停止中のウィジェット

テーマカスタマイザーでもウィジェットを編集できるようになっており、プレビュー画面で表示を確認しながらの実装作業で便利です。
しかし、管理画面→［外観］→［ウィジェット］で開く外観ウィジェット画面のほうが操作性に優れているため本書ではこちらを使用します。

本書ではArkheでの
ウィジェット操作を解説します

テーマによって異なるウィジェットエリア

Arkheのウィジェットエリアは4カ所でした。
右図は本書でも紹介したLightningの外観ウィジェット画面です。ブロック編集に対応しており、全部で14カ所のウィジェットエリアがあります。
Cocoonはブロック編集に対応していない替わりに利用できるウィジェットがかなり豊富です。

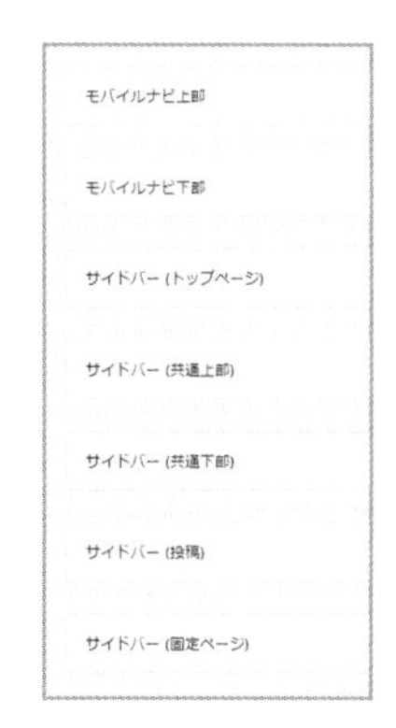

サイドバー（メディア）
トップページコンテンツエリア上部
フッター上部
フッターウィジェットエリア1
フッターウィジェットエリア2
フッターウィジェットエリア3
使用停止中のウィジェット

サイドバーのウィジェットエリア

1 「サイドバー」ウィジェットエリアを確認する

作成中のサイトでは投稿ページにサイドバーを表示しています（サイドバーの表示設定についてはP.126参照）。投稿ページを開いてみると❶**サイドバー**にすでに組み込まれているウィジェットが確認できます。

「外観ウィジェット画面」で❷**「サイドバー」の見出し**をクリックすると、コンテンツの［開く／閉じる］を切り替えることができます。

❸**「最近の投稿」**や❹**「最近のコメント」**など初期設定でいくつかのウィジェット（ブロック）がすでに組み込まれています。

❺**［リスト表示］**ボタンをクリックして❻**リスト表示パネル**を表示すると、ウィジェットエリアごとのブロック構造を確認することができます。

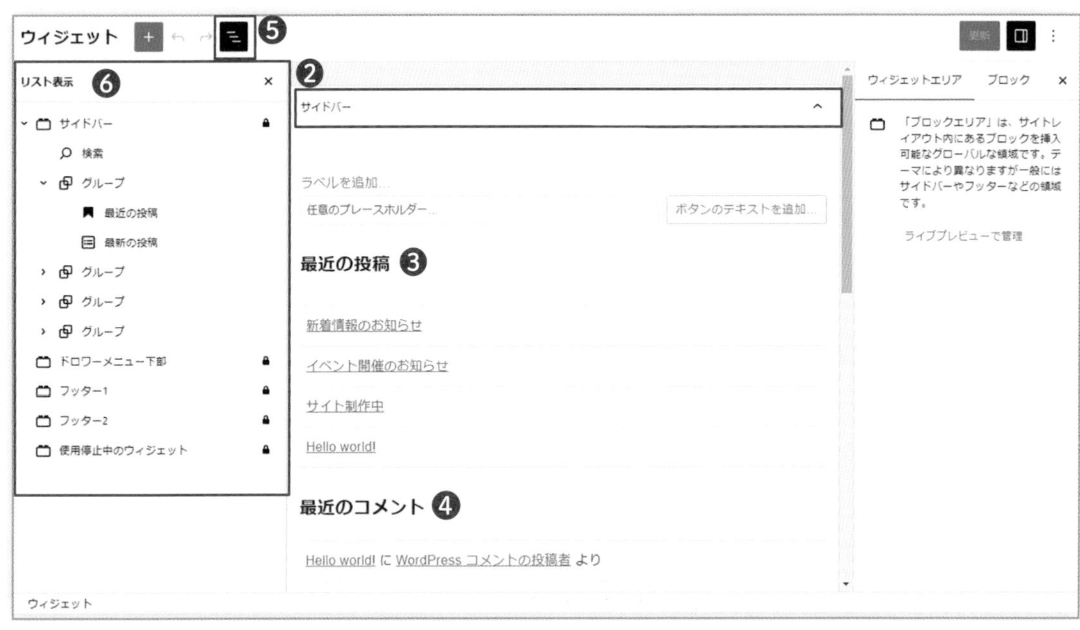

2 「サイドバー」のウィジェットを整理する

ここでは、「最近の投稿」と「カテゴリー」のウィジェットを残し、「検索」「最近のコメント」「アーカイブ」のウィジェットは削除することにします。
一例として「最近のコメント」を削除するには、該当するブロック（この場合は❶**グループ**）を選択して、操作メニューの❷［**オプション**］ボタン→サブメニュー→❸「**削除**」をクリックします。同じ要領でほかの不要なウィジェットも削除します。

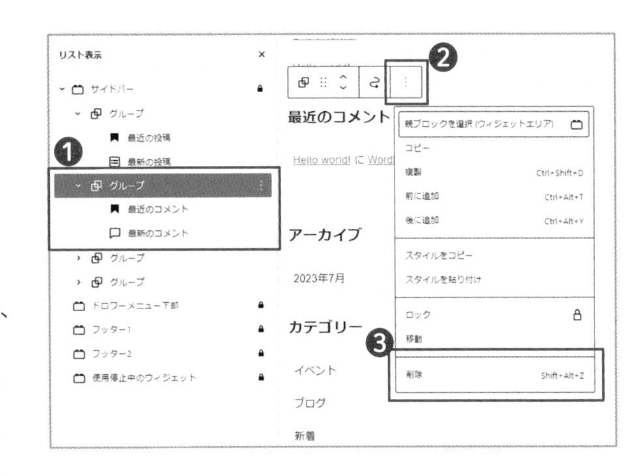

ブロックエディターの編集とまったく同じなんですね

そうなんです
「サイトのどの部分でも
ブロックエディターを使えるようにする」
という方向で開発が進められているんです

And More

「ウィジェット」の追加もブロックと同じ

ウィジェットエリアがブロックエディターに対応している場合、「ウィジェット」はほかのブロックとの違いはありません。
すでにトップページの編集時に「最新の投稿」や「カスタムHTML」のブロックを活用しましたが、これらは「ウィジェット」に分類されたブロックでした。
ウィジェットもひとつのブロックとして追加することができます。

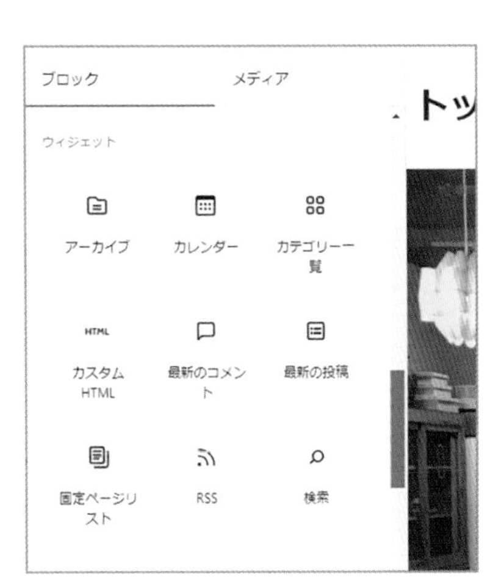

サイドバーを編集する

1 プロフィールやバナーの設置

ほかのページへの興味を起こさせるうえでサイドバーを活用することができます。「最近の投稿」や、投稿記事の記事の分類である「カテゴリー」のほかに、たとえば下記のような要素も効果的です。

❶プロフィール枠
サイトオーナーのプロフィールを掲載して親近感や信頼感をアップすることができます。

❷バナーの設置
お得なプランやほかの情報に誘導する広告系バナーを設置するのもよい方法です。

ここでは「プロフィール枠」を作成してみることにしましょう。

2 外枠を表現する

問題となるのは枠線をどう実現するかということです。
グループブロックを2つ重ねて、**❷外側のグループブロックにグレーの背景色**を着け、それよりも枠線の幅のぶんだけ小さい**❸内側のグループブロックを配置**するのがポイントです。
では、順を追ってその方法を見ていきましょう。

サイドバーを編集する（続き）

3 先頭にブロックを追加する

サイドバーの先頭に新規ブロックを追加する方法はいくつかありますが、リスト表示パネルで、サイドバーウィジェットエリアの先頭の❶**グループブロック**（「最近の投稿」）を選択。操作メニューの❷［**オプション**］→サブメニュー→❸**「前に追加」**で、選択したブロックの前に新規ブロックを追加することができます。

4 「グループ」ブロックを追加する（外側）

［ブロックを追加］→ブロック挿入ツール→❹**「グループ」**ブロックを選択して追加します。追加するグループブロックのタイプを、「グループ」「横並び」「縦並び」の中から選びます。ここでは❺**「グループ」**を選択します。

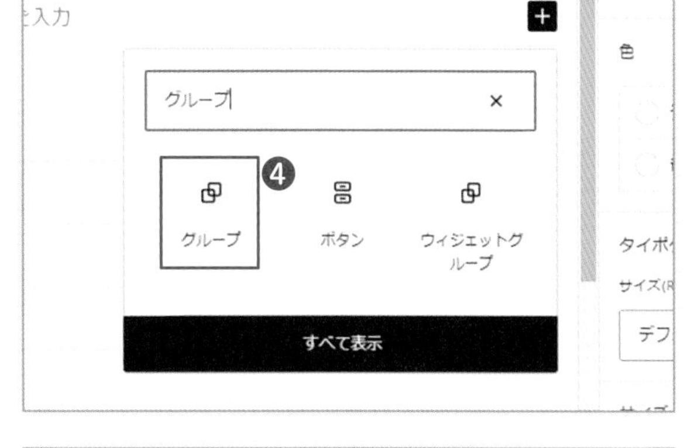

空っぽのグループブロックを追加するんですね？

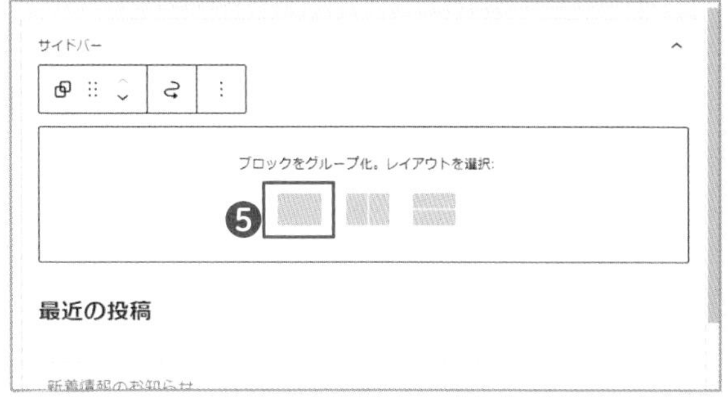

5 背景色をつけて内側に余白を設定する

作成した「外側のグループブロック」で枠を表現します。設定パネル→❶［**スタイル**］タブ→❷「**背景**」→❸**カラー選択ツール**や❹**カラーパレット**で適切な背景色を設定します。さらに設定パネル→❺「**サイズ/パディング**」で上下と左右の値をそれぞれ「1」に設定しました。
内側に余白（パディング）を設定するのがポイントです（パディングはP.178参照）。

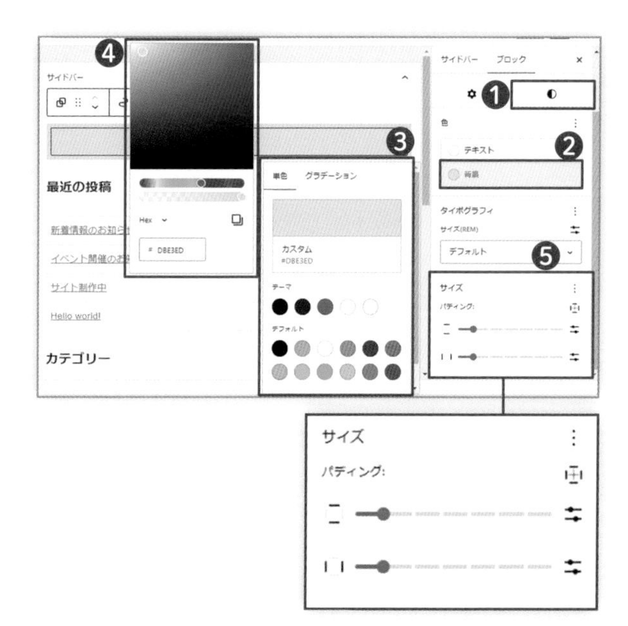

6 「グループ」ブロックをさらに追加する（内側）

作成した「外側のグループブロック」の❻［**ブロックを追加**］ボタン→ブロック挿入ツール→❼「**グループ**」ブロックを追加します。
今回もグループのタイプは「**グループ**」です。

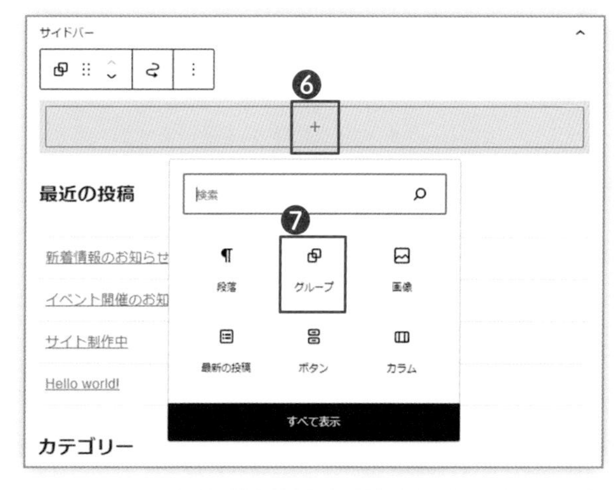

❽「リスト表示」パネルも
❾操作メニューのアイコンも
グループの中にもうひとつ
グループがあるのがわかるけど……
なんか不思議ー

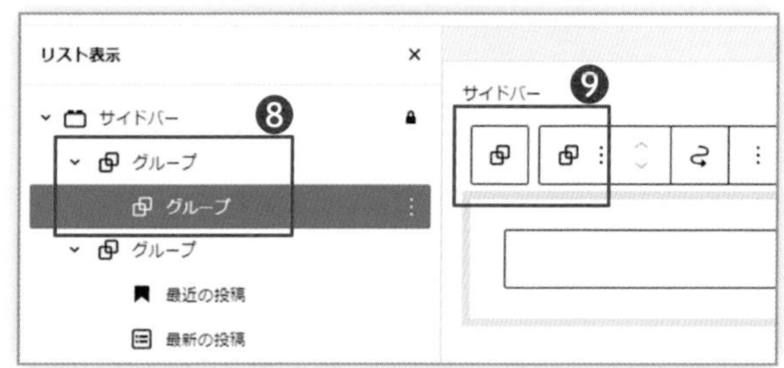

サイドバーを編集する（続き）

7 内側のグループブロックの背景を白にする

作成した❶**「内側のグループブロック」の背景色**を、ステップ5と同様の方法で今度は白色に設定します。

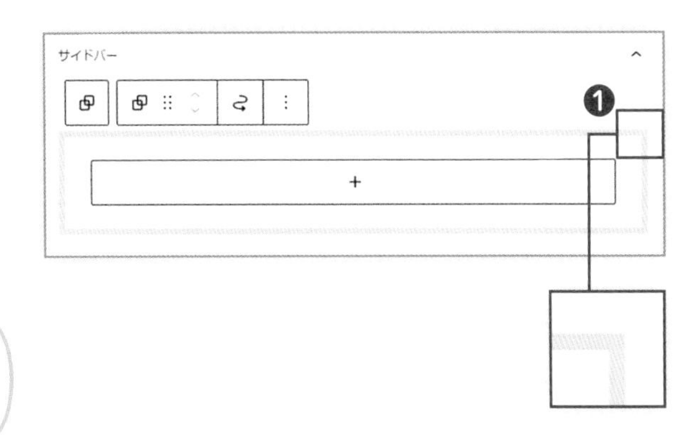

これでグレーの外枠が作成できました
外側のグループブロックに
背景色をつけてその内側に
余白を設けたのがポイントでした

8 アバター画像を追加

右図のように内側のグループブロックに❷**「画像」**ブロックで**アバター画像**を挿入し、設定パネルで「画像の寸法」を調整しました。
画像の下にキャプション（図や写真などの説明文）を入れるには、操作メニューの❸**［キャプションを追加］**ボタンをクリックします。
本書では「しかく」と入力しました。

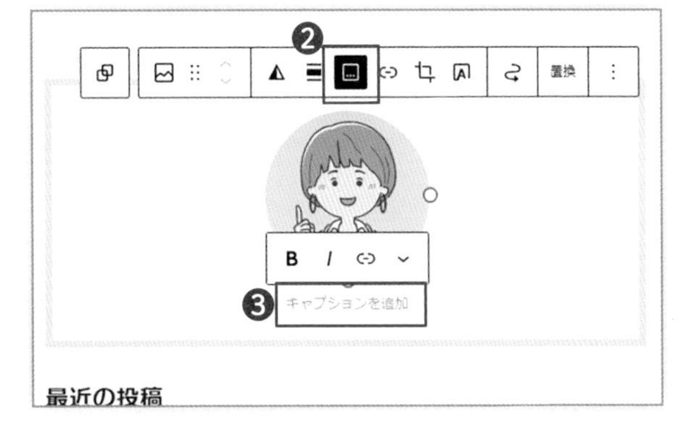

アバターとは、特定の人物をオンライン上で仮想的に表すキャラクターのことです。

9 プロフィール文を追加する

挿入したアバター画像の下に、「段落」ブロックで❹**プロフィール文も追加**しました。

フッターを編集する

1 どこのエリアに反映されるかわからない場合は?

フッターの編集を行います。「フッター1」と「フッター2」の2つのウィジットエリアがあり、どこに反映されるかわからない場合、それぞれのエリアに「段落」ブロックで文字列を入れてみると確認することができます。
右画像では**❶「フッター1」**と**❷「フッター2」**のウィジェットエリアの場所が確認できます。

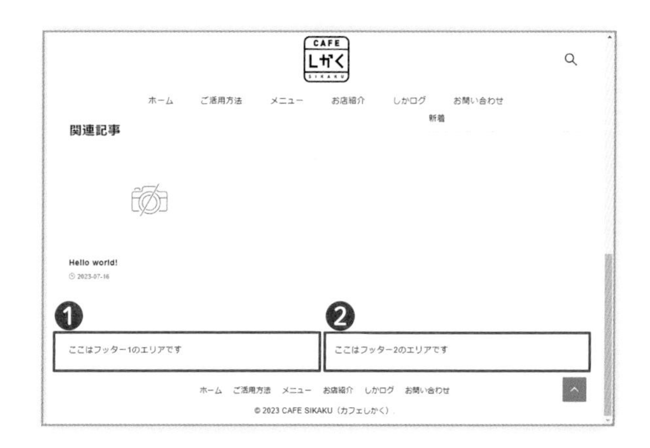

ウィジェットの基本的な操作について
理解できたと思います
ここではフッターの
ウィジェットエリアを使って
お店の基本情報を掲載してみましょう

2 フッターに基本情報を掲載する

フッターは、すべてのページに共通する基本的な情報を掲載するのに適しています。
❸店舗の所在地や営業時間など基本的な情報を載せることにします。

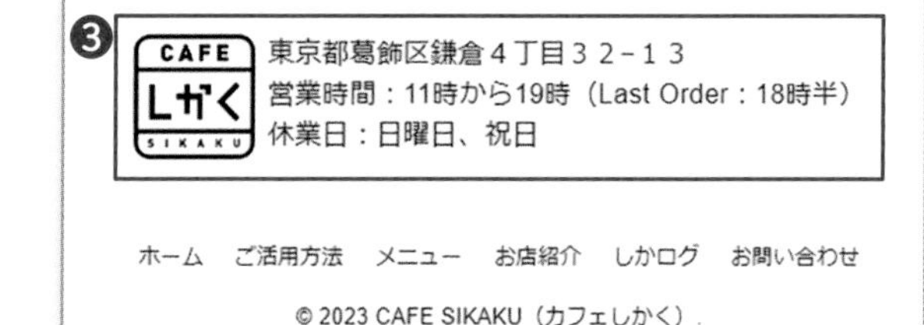

コンテンツが充実してきましたね
だんだんいい感じになってきて
ワクワクします！

ブロックエディターを使いこなせれば
大抵のレイアウトは実現できるはずです
どんどん作り込んでみてください

3 【参考】「フッター1」ウィジェットエリア枠の構成を確認する

下の図が示すとおり、❶「**横並び**」ブロックを使い、配置を❷「**中央揃え**」に設定するのがポイントです。

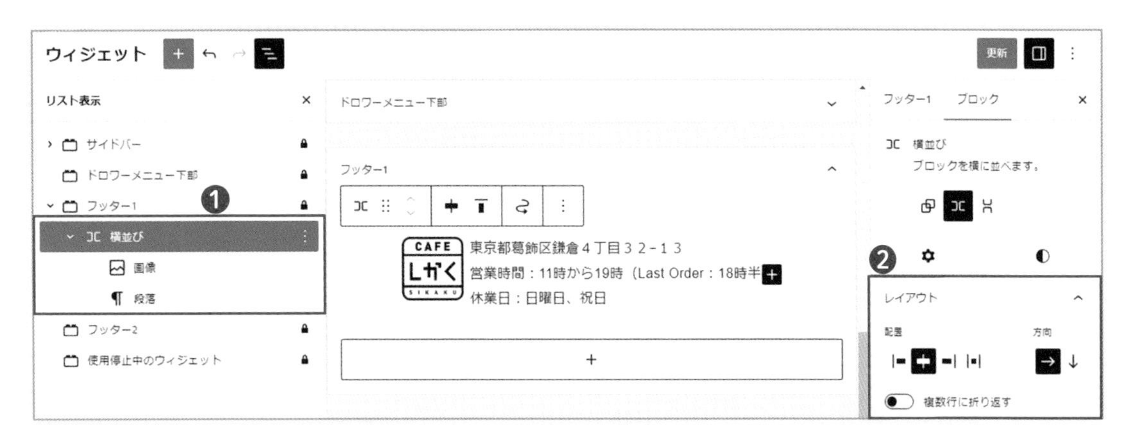

サイト全体のブロック編集を可能にするフルサイト編集

WordPressのテーマ「TwentyTwenty-Three」は、「**フルサイト編集**」（**FSE = Full Site Editing**）と呼ばれる次世代の編集方法に対応しています。

Arkheのような従来のテーマでは、「ウィジェットエリア」でブロックエディターに対応しているとはいえ、自由なレイアウトには限界があります。

しかしFSEでは、フッターやヘッダーのレイアウトなど、ブロックエディターを使ってサイトのすべてを組み立てられるようになります。

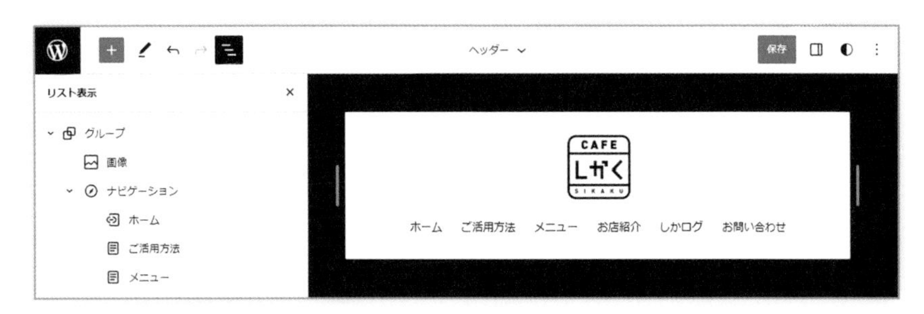

ブロックパターンの管理方法

デザインした見出しなどのように同じパターンを複数の箇所で使用するなら「**ブロックパターン**」として登録しておくととても便利でした(P.146参照)。

【ブロックパターンを読み込む方法】

前述している❶「簡易版ブロック挿入ツール」で検索する以外に「**ブロック挿入ツール**」パネルを利用する方法があります。❷「**ブロック挿入ツールを切り替え**」→パネルを開き、❸「**パターン**」タブ→❹「**マイパターン**」をクリックすると、❺**独自に作成したブロックパターンを一覧**できます。

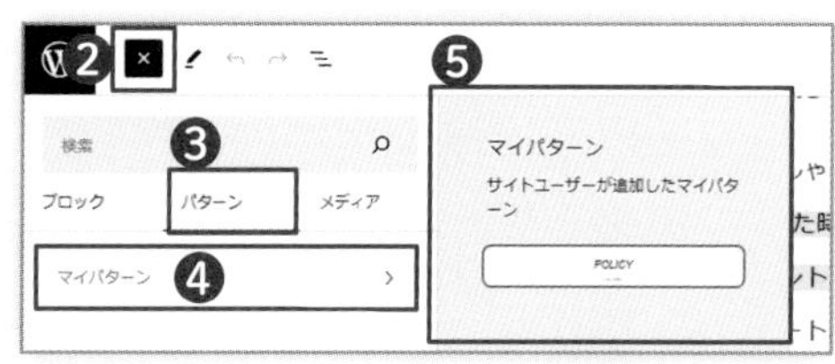

【ブロックパターンを編集するには】

右上の縦3点アイコンの❻「**オプション**」→サブメニュー→❼「**パターンの管理**」で❽**パターンの一覧**が表示されます。

固定ページや投稿と同様の方法で編集し更新することができます。

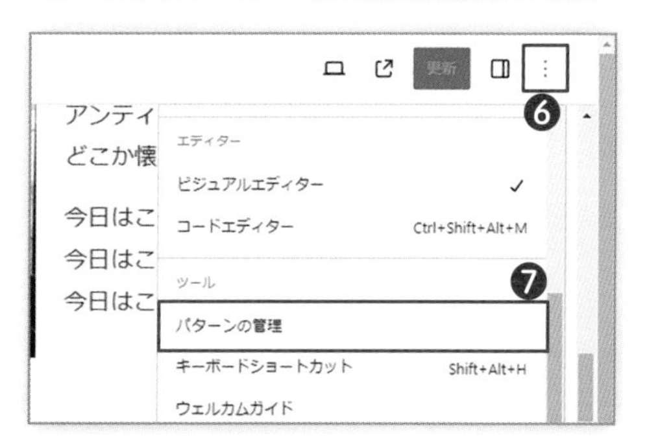

Your First Website
with WordPress
Beginner's Guide

LEVEL 5

プラグインで WordPressサイトを 強力に拡張

後日
CAFE SIKAKUにて
CAFE
しかく
こんにちは

あ！
サイトの作成
いい感じみたい
ですね

はい！
ブロックエディターって
なんだか本当に
積み木みたいで
おもしろいですね！

それはよかったです！
気づいた時に
スマホの表示もチェック
しておくといいですね

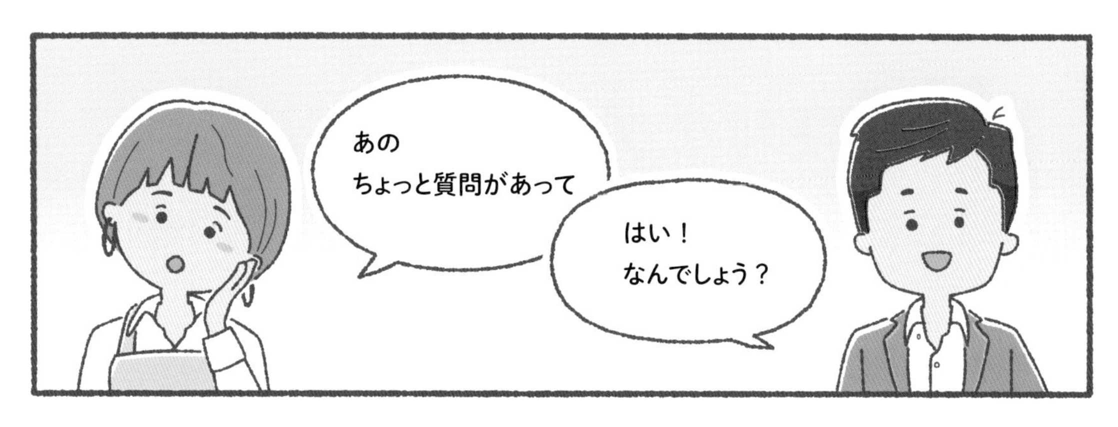
あの
ちょっと質問があって
はい！
なんでしょう？

電話番号は
掲載して
みたんですけど
せっかくお電話いただいても
出られない時もあるので……
なにか簡単に
お問い合わせ
してもらう方法は
ありますか?
そういうことであれば
「お問い合わせフォーム」
をサイトに設置するのが
いいですね

なるほど！
ハッ！
それじゃやっぱり
プログラミングが
必要に……

「プラグイン」という機能を
使えば簡単ですよ
では紹介していきますね！

便利なプラグインで機能拡張

プラグインってたしか「WordPressの仕組み」に出てきましたよね？

よく覚えていましたね 機能拡張を担当しているのがプラグインですね

ほしいなと思う機能はプラグインでほぼ満たされる

「コア」と呼ばれる本体と、主に外観を担当する「テーマ」、そして機能拡張を担当する「プラグイン」。WordPressはこの3つで一体化したシステムであることを説明しました（P.73参照）。
世界中で多くのサイトがWordPressで構築されており、使い方も多様です。そのためWordPress本体そのものはシンプルなつくりになっていて、用途や必要に応じて**サイトの機能拡張を担当するのがプラグイン**です。
本書を執筆した2023年8月現在、WordPressの公式サイトに登録されているプラグインは約6万件で、世界中の開発者によって日々開発・メンテナンスされています。「こんなことできたら便利なのに」と思った機能はだいたい見つけられるでしょう。

公式WordPressプラグインディレクトリに無料プラグインの登録数が記載されています

「59,679件の無料プラグイン」って……すごーい！

ここでは「お問い合わせ」を例にプラグインの導入について見ていきましょう！

プラグインをインストールして有効化する

1 お問い合わせフォームに便利な「Contact Form 7」

お問い合わせフォーム設置のための最も代表的なプラグインは「**Contact Form 7**」です。Contact Form 7を例に、プラグインをインストールして有効化する方法を説明します。

【Contact Form 7 公式サイト】
https://contactform7.com/ja/

Contact Form 7
★★★★☆ (2,043)
お問い合わせフォームプラグイン。シンプル、でも柔軟。

Takayuki Miyoshi
有効インストール数: 5百万以上　6.3で検証済み

WordPressのお問い合わせフォーム定番プラグイン「Contact Form 7」

2 追加するプラグインを検索する

管理画面→［プラグイン］→❶［**新規追加**］を開きます。
表示された「プラグインを追加」ページの右上の❷**検索フィールド**に「Contact Form 7」と入力します❸。
一覧表示されたなかから❹「Contact Form 7」を見つけることができます。

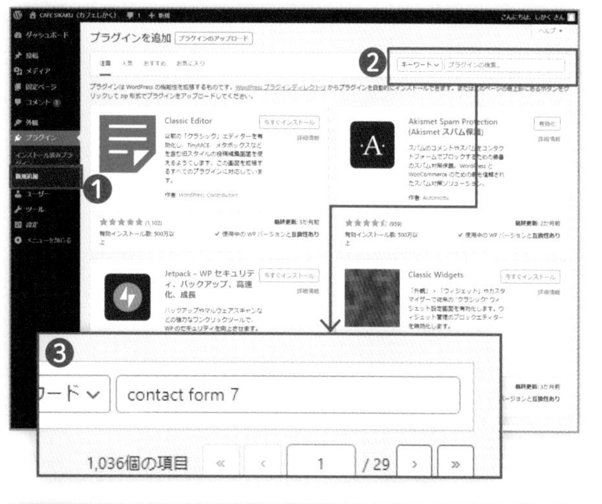

検索フィールドにキーワードを入力するとそれに関連するプラグインが一斉に表示されます

3 プラグインをインストールする

❶「**今すぐインストール**」をクリックするとインストールが開始します。
インストールが完了するとこのボタンの表示が❷「**有効化**」に切り替わるので、さらにこれをクリックします。
有効化が完了すると、「インストール済みプラグイン」のページに自動的に遷移します。導入（インストール・有効化）されたプラグイン「Contact Form 7」が確認できます❸。
さらにメニューに「お問い合わせ」項目❹がプラグインによって追加されています。

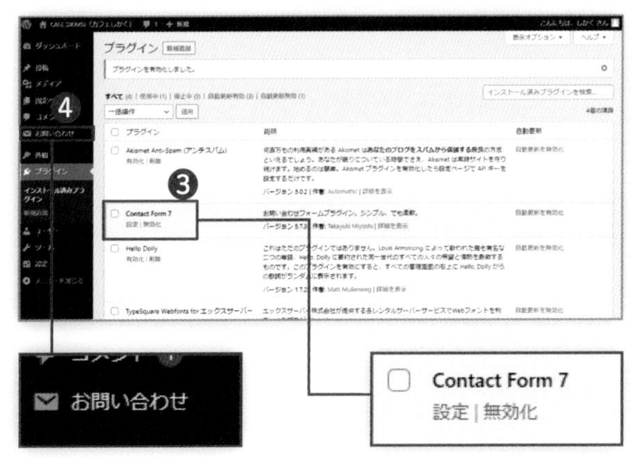

「検索して、インストールして、有効化する」
この手順は公式ディレクトリに登録されたプラグインでは共通の導入方法なんですね！

And More

お問い合わせフォームの定番プラグイン「Contact Form 7」

「Contact Form 7」は世界中でインストールされているお問い合わせフォームの人気プラグインです。開発したのは日本人のTAKAYUKI MIYOSHIさんで、日本語にきちんと対応しており安心です。詳しい使い方は公式サイト「Contact Form 7/使い方」を参照してください。
https://contactform7.com/ja/docs/

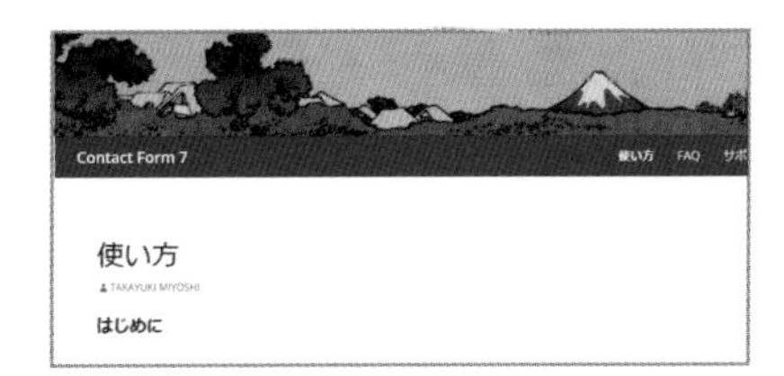

お問い合わせフォーム設置の全体像

1 お問い合わせページの全体像を確認する

LEVEL3-02で作成しておいた空の固定ページ「お問い合わせ」（P.101参照）を使って、右図のようにお問い合わせフォームを設置していきます。

❶ページの説明文

お問い合わせのための注意事項などを記します。本書では「段落」ブロックを使用しています。

❷お問い合わせフォーム

プラグイン「Contact Form 7」で生成したコードを、「ショートコード」ブロックを使ってコピペで埋め込みます。

❸個人情報の取り扱いについて

入手した個人情報の取り扱いについて説明する文章です。本書では「見出し」ブロックと「段落」ブロックを使用しました。

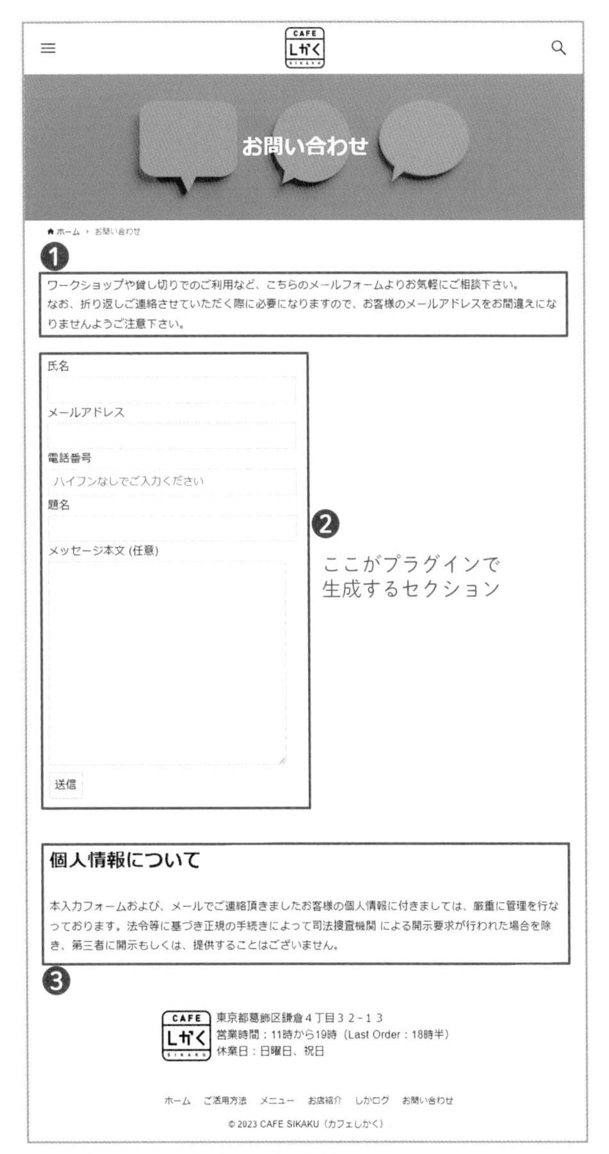

お問い合わせページ（固定ページで作成）

個人情報って
「プライバシーポリシー」
とかってよくあるあれですね
法律のことも勉強しなきゃ
ですね！

本書は初心者用のため
シンプルな内容にしました
お客様への誠意につながる項目なので
きちんとしておきたいところです

お問い合わせフォーム設置の全体像（続き）

2 Contact Form 7による大まかな設置手順

P.198でインストールしたプラグイン「Contact Form7」を使った、お問い合わせフォームを設置する手順をざっと確認してみましょう。

❶フォームの作成

「お名前」や「お問い合わせ内容」などの必要な入力フィールドを設置します。

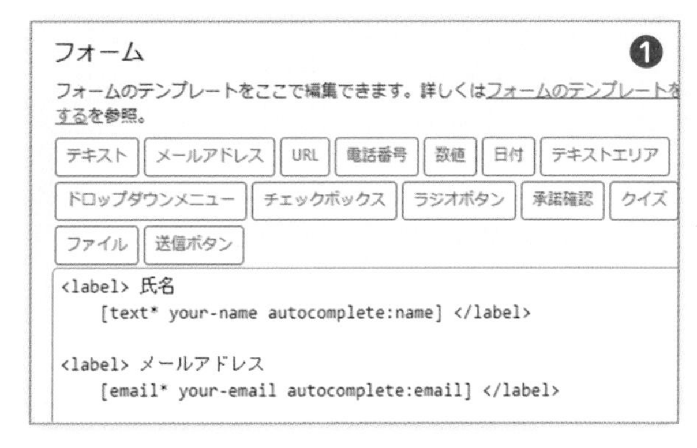

❷メールの設定（運営者あて）

お問い合わせフォームから送信するメールのテンプレート（ひな形）を作成します。

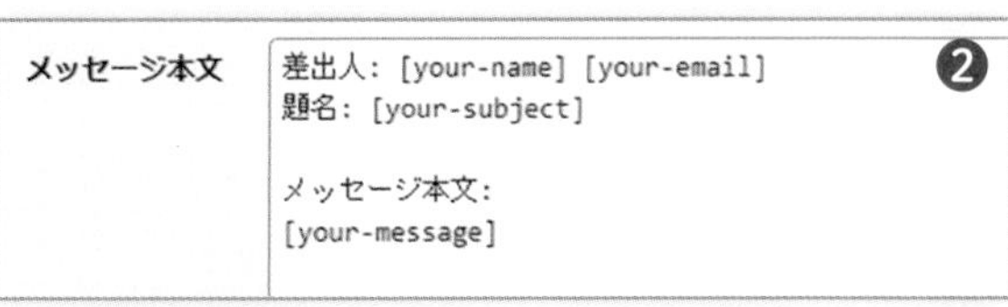

❸メールの設定（送信者あて）

送信した内容の確認メールを送信者に送ることもできます。

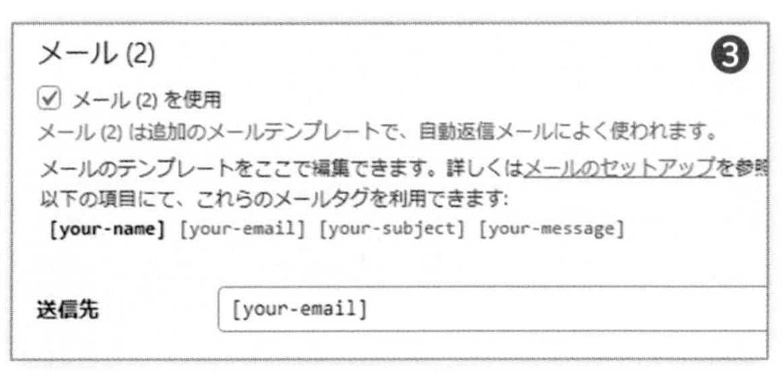

❹固定ページに埋め込む

上記❶❷❸によって生成されたコードを、**「ショートコード」**ブロックを使用して固定ページに設置します。

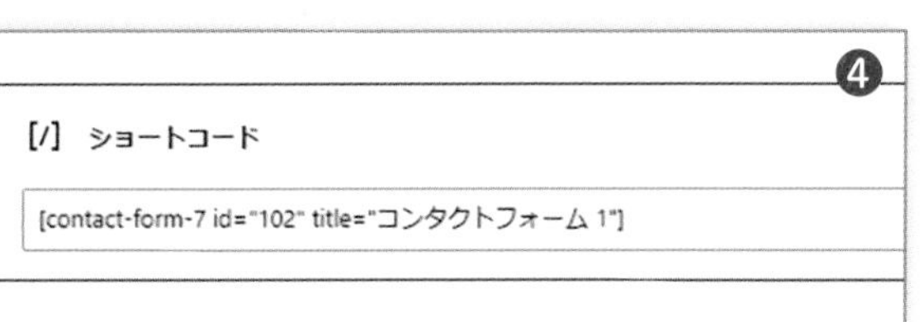

設置が完了したらページの体裁を確認して、必ず送受信のテストを行います。

全体像をイメージできたら
ひとつひとつ一緒にやってみましょう

Contact Form 7：お問い合わせフォームを作成する

1 「コンタクトフォーム」ページを開く

管理画面→［お問い合わせ］→❶［**コンタクトフォーム**］を開きます。

❷「**コンタクトフォーム1**」が、インストール導入時に作成されています。この「コンタクトフォーム1」を活用することにしましょう。

❷のタイトル文字列「コンタクトフォーム1」をクリックして編集ページを開いてください。

2 「フォーム」タブの編集エリアを確認する

表示された❸「**フォーム**」タブの❹**編集エリア**に基本的ないくつかのコードがすでに記述されています。

- **氏名**
- **メールアドレス**
- **題名**
- **メッセージ本文**
- **送信**

上記の項目に記述された各種フィールド生成のためのコードのことを「Contact Form 7」では「**タグ**」と呼んでいます。

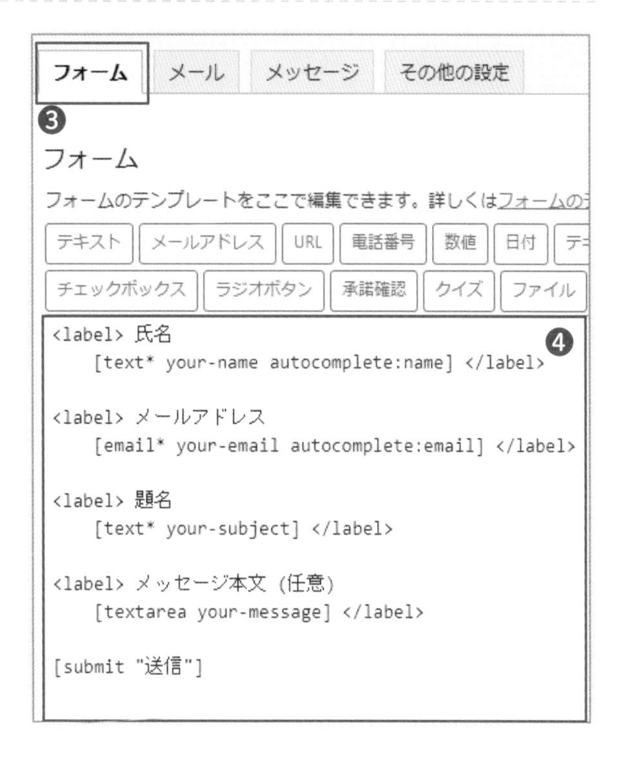

「投稿」でも「タグ」って
出てきたけど
「商品タグ」のように
なにかを識別するための印か
キーワードのようなものね

3 タグ構造の簡単な説明

「氏名」を例にごく簡単に説明しましょう。

❶ **text**：フィールドの種類（type）
❷ *（アスタリスク）：氏名や電話番号などの入力を必須にする指定。「*」を付けると必須項目になります
❸ **your-name**：フィールドの名前（name）
❹ **autocomplete:name**：入力候補を自動的に補完（option）。この場合、「name」フィールドにユーザーが入力した履歴から候補が生成されます

typeとnameは必須です。このコードを公開サイトで確認すると❺のように表示されます。

4 電話番号の入力フィールドを追加する

❻**タグジェネレーターツール**を利用してさまざまなタイプ（type）のフィールドを簡単に追加できます。
「メールアドレス」をコピペするなどして、❼**電話番号**の項目を増やします。
タグを挿入する位置に❽カーソルを置き、タグジェネレーターツールの❾**「電話番号」**をクリックします。
「フォームタグ生成」ダイアログボックスが表示されます。

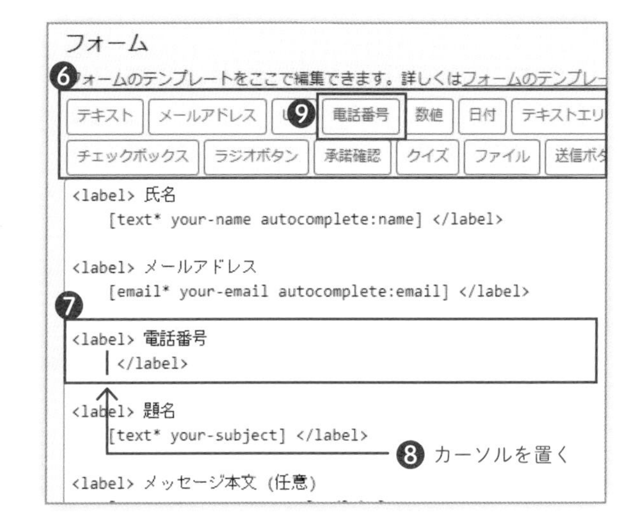

5 タグを生成して挿入する

以下を❶に設定していくと、どのようなタグが挿入されるかを❷**下部のフィールド**で確認することができます。

項目タイプ：「必須項目」にするかどうか
名前：フィールドの名前
デフォルト値：あらかじめフィールドに入力しておく初期値。「このテキストを項目のプレースホルダーとして使用する」にチェックしておくと、フィールドの説明文になります
ID属性／クラス属性：フィールドのidやclassを設定することもできます

確認して問題がなければ、❸**「タグを挿入」**をクリックします。

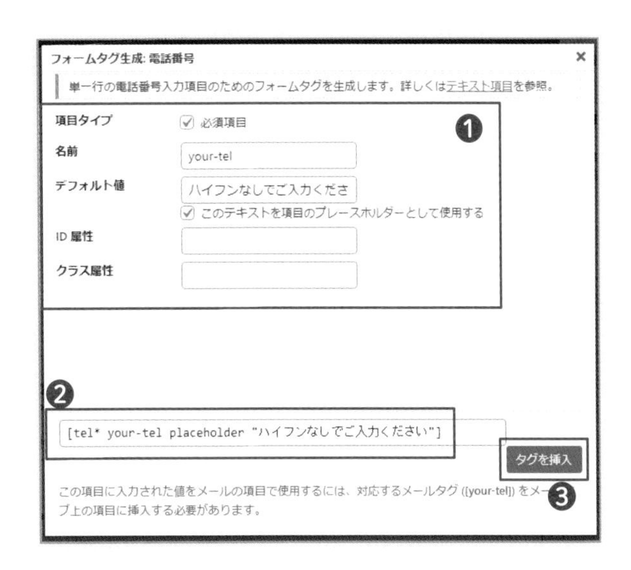

6 生成したタグを確認する

❹**電話番号**の項目が挿入されました。
保存して公開中のサイトを確認すると❺**電話番号のフィールド**が追加されています。

「コード」とか「タグ」って
難しそうって思ったけれど
簡単にフィールドを作れそう！

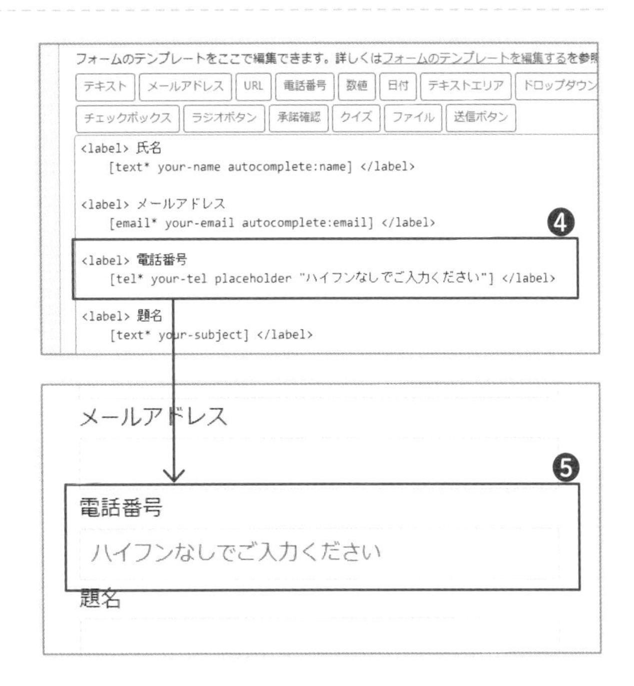

1 「メール」タブを開く

❶「メール」タブをクリックするとフォームから送信されるメールの内容などを編集できます。
❷**送信先**：フォームの内容を送信する宛先のメールアドレスです。WordPress導入時の管理者メールアドレスに送る場合は、[_site_admin_email] のままにします。
❸**送信元**：送信されるメールの送り主です。送信されたメールが「迷惑メール」に分類されるのを避けるため、「@」以降のドメインはサイトと同じである必要があります。本書では「no-reply@cafesikaku.com」にします。「no-reply」は、返信不可を示す一般的なメールアカウントです。
❹**題名**：送信されるメールの「件名」です。
❺**追加ヘッダー／Reply-To**：ここでは受信メールからの返信先メールアドレスが指定されています。
❻**メッセージ本文**：送信されるメールの本文です。フォームでタグ生成時に指定したフィールドの名前（name）を角カッコ（[ ]）で囲むと、その入力内容がメール本文に挿入されます。

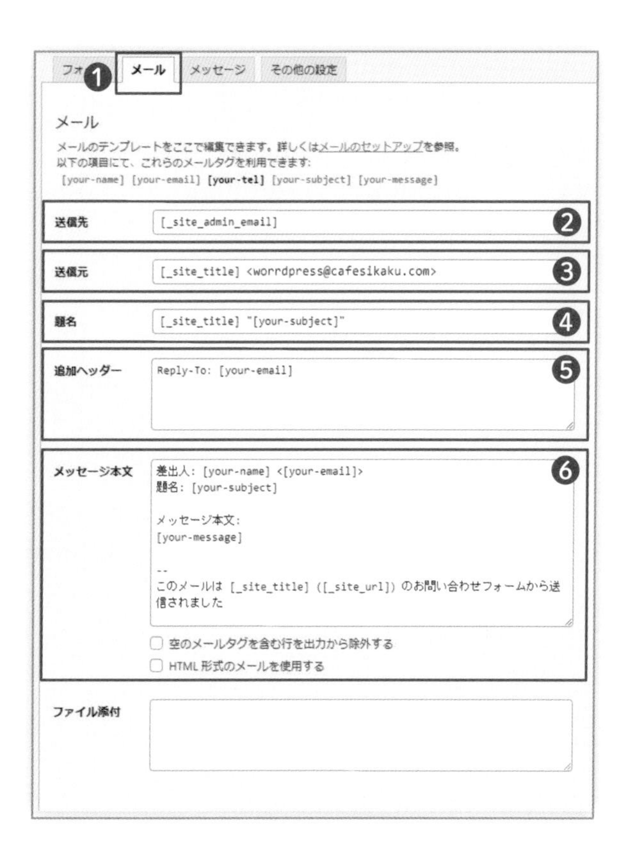

2 「メッセージ本文」にタグを追加する

メールフォーム「電話番号」の項目を追加したので、「メッセージ本文」にもタグを追加する必要があります。
本書では、メッセージ本文で確認できるように❼**「メールアドレス」**と**「電話番号」**のタグを追加しました。

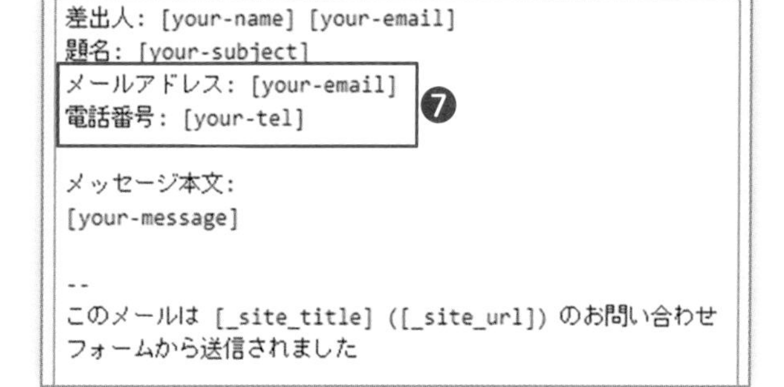

「メール(2)」を使用する

さらに下にスクロールして❶「**メール（2）を使用**」をチェックします。
同時に送信される別のメールを設定することができ、送信者への自動返信メールなどに活用できます。

送信元：1通目のメールの設定と同様、本書では「no-reply@cafesikaku.com」にします。

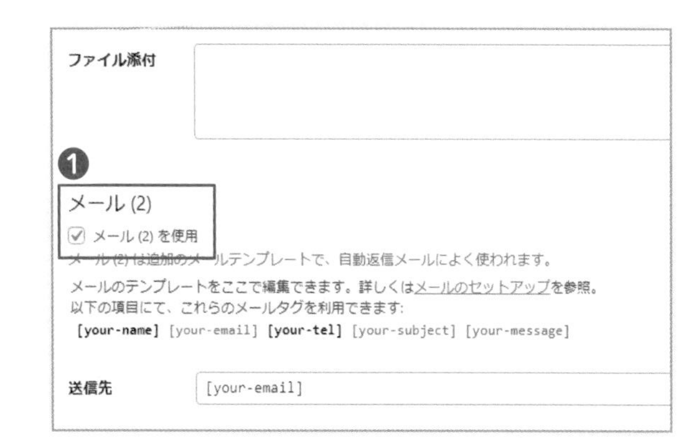

「メール(2)」の「メッセージ本文」を編集する

お客様への自動返信用に編集してみます。
ポイントは下記のとおりです。

❷メッセージの冒頭に「○○ 様」と表示されるようにする
❸お問い合わせに対する感謝の文言
❹入力内容の確認
❺自動送信および返信不可であることを明記
❻送信元をきちんと表記

内容に問題がなければ［保存］で編集内容を保存します。

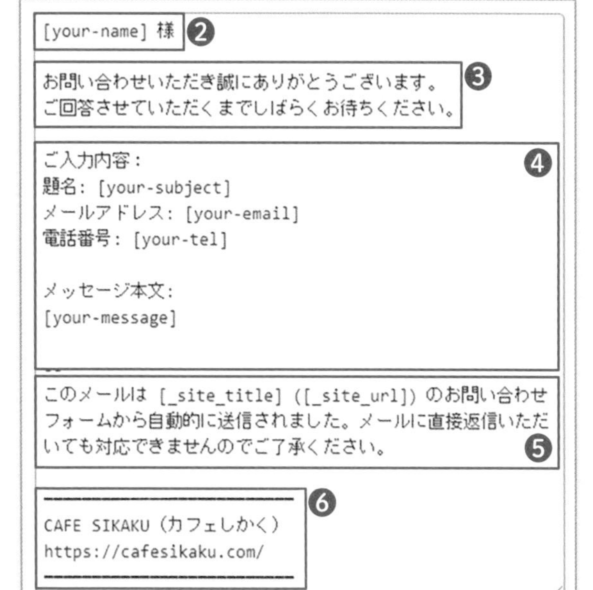

編集中もこまめに保存する
習慣を身に着けましょう！

Contact Form 7：フォームをページに埋め込む

1 コンタクトフォームのショートコードをコピーする

次に作成したコンタクトフォームを固定ページの問い合わせページに埋め込みます。❶編集ページもしくは❷**コンタクトフォーム一覧ページ**に作成したコンタクトフォーム用の「**ショートコード**」があります。このコードを選択してコピー（Ctrl+Cキー）します。

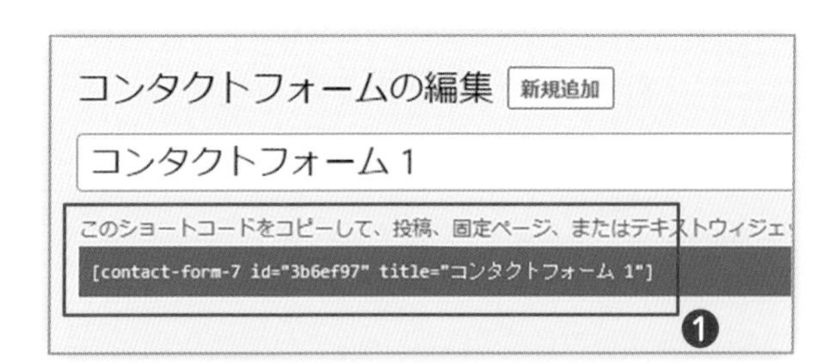

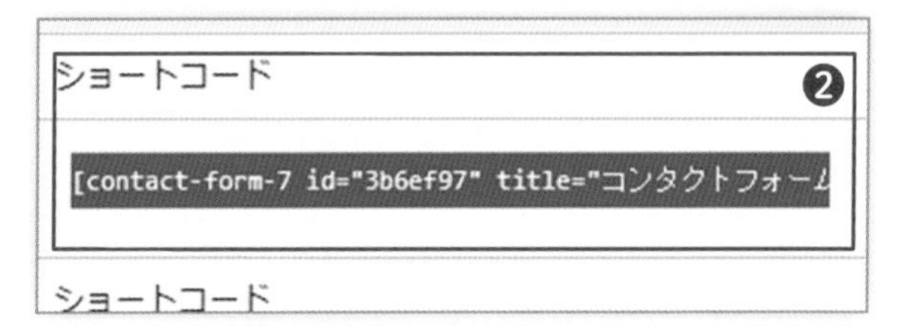

「ショートコード」とは、複雑なプログラムを記事の中に埋め込むための短いコードのことです。難しいプログラムを書くことなく、さまざまな機能をサイトに埋め込むことができます。

2 「ショートコード」ブロックを追加する

作成したコンタクトフォームを埋め込みたい固定ページ（本書では「お問い合わせ」）を開きます。

本書では、管理画面→［固定ページ］→［お問い合わせ］を開き、フォームを埋め込む位置に❸「ショートコード」ブロックを追加します。

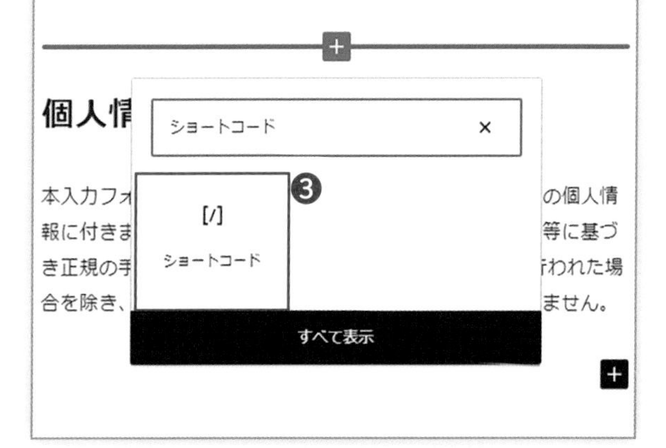

ここでは固定ページに
フォームを埋め込みましたが
ショートコードを埋め込める場所なら
たとえばフッターにも投稿にも
どこでも設置できるんです
用途に応じて
いろいろ活用できそうですね

Contact Form 7：フォームをページに埋め込む（続き）

3 コンタクトフォームを埋め込む

「ショートコード」ブロックの入力フィールドに、先ほどコピーしておいたコードを❹貼り付け（Ctrl＋Vキー）ます。
保存するのを忘れないようにしましょう。

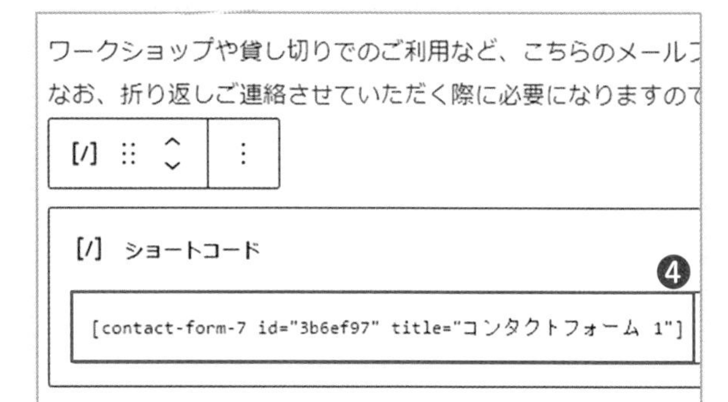

4 出来上がりを確認する

「個人情報の取り扱い」もきちんと記述し、お問い合わせフォーム❶が正しく設置されたことを公開中のサイトで確認します。

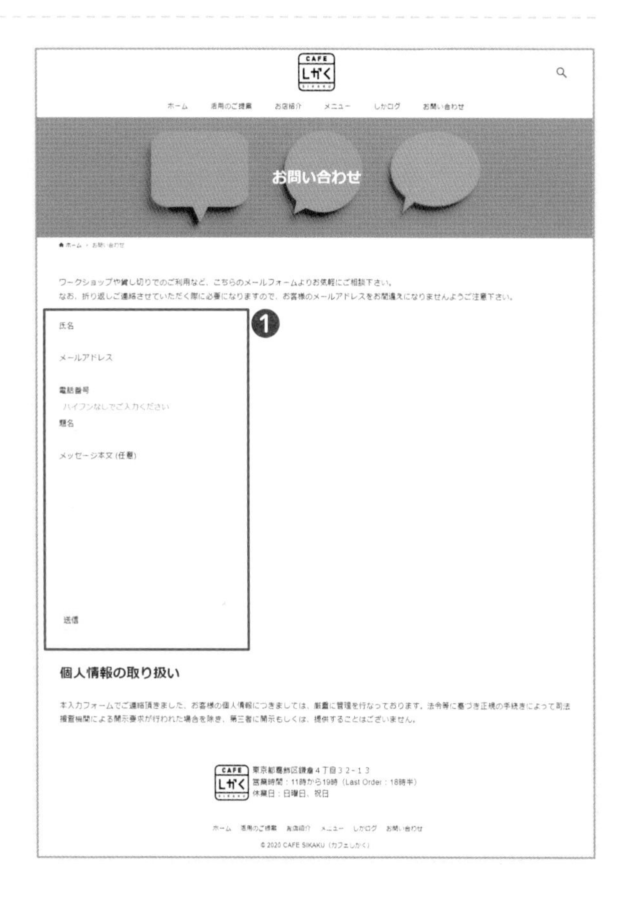

パソコンとスマホの両方で
確認ですね
でも……
ちょっと左に寄ってません？

フォームの体裁については
ここで説明するよりも
あとのレッスンで解説しますね

送受信テストを必ず実施

フォームの設置が完了したら以下の確認テストを必ず実施しましょう。

問題なく送信できるか

各フィールドに入力して❶［送信］をクリックします。❷「…送信されました」のメッセージが表示されたらOKです。

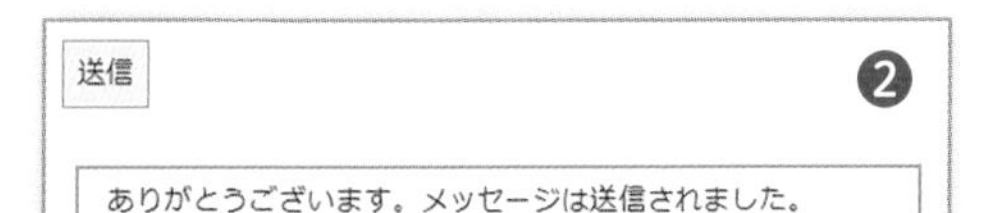

❸問題なく受信できたか（管理者あて）

- メールの差出人の表記は？
- テンプレートのタグはすべての入力した情報に置き換わっているか
- メールの内容は適切か

❹問題なく受信できたか（送信者あての確認メール）

- メールの差出人の表記は？
- テンプレートのタグはすべての入力した情報に置き換わっているか
- メールの内容は適切か

カレンダーから
日付を選択できるようにして
予約しやすいフォームに
することもできそうですね

氏名
テスト太郎
メールアドレス
電話番号
999-9999-9999
題名
テスト送信
メッセージ本文 (任意)
このメールはテスト送信です。
正しく送受信できたでしょうか。
送信 ❶

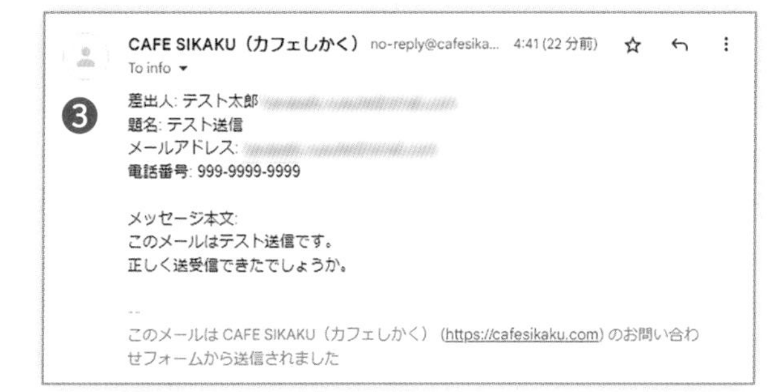

1 「インテグレーション」メニュー

Contact Form 7は、いくつかの外部サービスと連携できるようになっています。
管理画面→［お問い合わせ］→❶［**インテグレーション**］をクリックして「外部APIとのインテグレーション」ページを開きます。

2 スパム対策

「**スパム**」とは「**迷惑な行為**」を意味しており、「スパム」「**スパムメール**」「**迷惑メール**」などと呼ばれます。
サイトにお問い合わせフォームを設置すると、やがて無差別かつ大量にばらまかれる「スパム」のターゲットになることがあります。
スパム対策として効果的な外部サービスが以下の2つです。
❷「**Akismet**」（**アキスメット**）
❸「**reCAPTCHA**」（**リキャプチャ**）
これらはContact Form 7と連携できるようになっています。
導入方法については下記の公式サイトを参照してください。

https://contactform7.com/ja/spam-filtering-with-akismet/

https://contactform7.com/ja/recaptcha/

❷
Akismet スパム対策

CAPTCHA の役割とはスパムボットと人間を区別することです。ですから、CAPTCHA は人間のスパマーの前では何の役にも立ちません。そのような CAPTCHA とは対照的に、Akismet はフォーム送信をグローバルなスパムのデータベースに照合して検証を試みます。このように、Akismet はスパム対策の包括的なソリューションとして機能するのです。私たちがスパム防止戦略の要として Akismet を重視するのはこれが理由です。

Akismet によるスパムフィルタリング

❸
reCAPTCHA スパム対策

reCAPTCHA はスパムやその他の自動化された嫌がらせからあなたを守ります。Contact Form 7 の reCAPTCHA インテグレーションモジュールを使えば、スパムボットによる不正なフォーム送信を遮断できます。

reCAPTCHA (v3)

インテグレーションのセットアップ

「世界に公開するサイトを持つ」ということは
言い換えればさまざまな攻撃にさらされる
ことにもなります
でもきちんと対策しておけば大丈夫です！

絶対に入れておきたい必須プラグイン5選

すごく高度なことも
プラグインで
実現できちゃうんですね

そうなんです
ではまず
どう分類できるか
見てみましょう

サイトをランクアップするさまざまなプラグイン

前セクションで紹介した「Contact Form 7」は、お問い合わせ内容をフォームに入力してメールで送受信する機能を提供していました。このほか記事を書く時に役に立つプラグインや、表示をよりスタイリッシュにするプラグインなど、機能別に秀逸なさまざまなプラグインを見つけることができます。

機能系プラグイン
お問い合わせフォームや
イベントカレンダーを掲載したい

最適化プラグイン
大きな画像を自動的に圧縮したり、
SEO対策を行いたい

表示系プラグイン
メディア（画像や動画など）をポップアップ
させたりスライドさせたりしたい

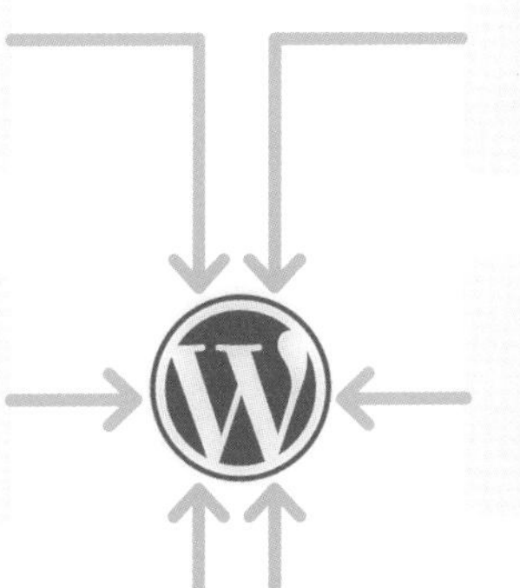

SNS系プラグイン
InstagramやFacebookなどの
フィードを掲載したい

編集系プラグイン
既存の投稿を複製して効率をアップしたり
第三者がレビューできるようにしたい

セキュリティ系プラグイン
悪意のある攻撃から
サイトをしっかりと守りたい

本書では
「必須」「おすすめ」「便利」
に分類してご紹介します
まずは「必須５選」です

必須プラグイン5選―その1

必須 1 最適化プラグイン

WP Multibyte Patch

日本語などのマルチバイト言語（全角文字）で使用する際の文字化けやそのほかの不具合を解消するためのプラグインです。
最新バージョンのWordPressでは、マルチバイト言語のサポートが強化されているので、日本語環境での不具合は生じにくくなっていますが、このプラグインで補強しておくと安心です。
使い方は、「WP Multibyte Patch」をインストールして有効化するだけです。その後の設定はありません。

WP Multibyte Patch

WordPressは英語圏（シングルバイト言語圏）で開発されたシステムです

プラグインの自動更新を有効にしておこう

プラグインは開発者によって定期的にメンテナンスされ、最新のセキュリティ対応やバグ修正が行われています。「自動更新」を有効化しておくと便利です。方法は簡単で、管理画面→［プラグイン］→［インストール済みプラグイン］を開くと、インストール済みのプラグインのリストが表示されるので、各プラグインの右にある❶**「自動更新を有効化」**をクリックするだけです。
プラグインは常に最新の状態にして安全性を保つようにしてください。

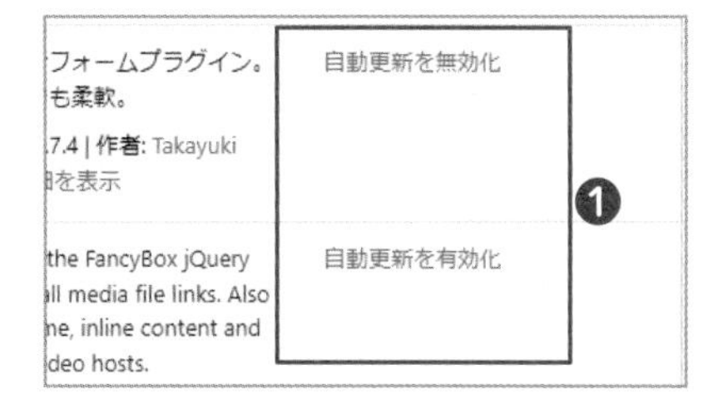

必須 2 最適化プラグイン

EWWW Image Optimizer

サイトで使用する画像を自動的に最適化してくれるプラグインで、次のような特徴があります。

- PNGやJPG、WebPなど多くの画像形式に対応しており、画質を損なわない最適化。
- 画像サイズを圧縮してくれるのでサイト表示スピードが向上。
- サイトの読込速度の向上でSEO対策も期待できる。

「EWWW Image Optimizer」をインストールして有効化したら以下のように設定を行います。

EWWW Image Optimizer
今すぐインストール
詳細情報
Smaller Images, Faster Sites, Happier Visitors. Comprehensive image optimization that doesn't require a degree in rocket science.
作者: Exactly WWW
(1,496)
最終更新: 2か月前
有効インストール数: 100万以上
✔ 使用中の WP バージョンと互換性あり

EWWW Image Optimizer

WebP（ウェッピー）とは

サイト上での画像表示を高速化することを目的としてGoogleが開発した最新の画像規格です。
拡張子は「ファイル名 .webp」です。
WebPは、画質を保ちつつより小さなファイルサイズで表示することができるようになります。

【設定方法】

1. 管理画面→［設定］→［EWWW Image Optimizer］を開きます。

2. 初期設定のための最初の画面が表示されます。下記の設定を確認して［次］ボタンをクリックします。

「サイトを高速化」：チェックを入れる
「保存スペースを節約」：チェックを入れる
「今は無料モードのままにする」：選択する

In order to recommend the best settings for your site, please select which goal(s) are most important:

☑ サイトを高速化
☑ 保存スペースを節約

○ Activate 5x more optimization and priority support
◉ 今は無料モードのままにする

次　I know what I'm doing, leave me alone!

必須プラグイン5選—その2（続き）

3. 初期設定のための2番目の画面が表示されます。設定を確認して［設定を保存］ボタンをクリックします。

「メタデータを削除」：チェックを入れる
「遅延読み込み」：チェックを入れる
「WebP変換」：チェックを入れる
「画像サイズの上限」：「1920」のまま

一般的な高解像度画面の最大幅が初期入力値（デフォルト）の「1920」です。もしくはサイト幅（本書の場合は1200）にしておくとよいでしょう。

本書では基本的な設定方法や
使用方法を取り上げることにします
ネット上には各プラグインの便利な
設定や使い方がたくさんあるので
自分でネット検索して調べてみましょう

必須 3 最適化プラグイン（SEO対策）

XML Sitemap Generator for Google

サイト内のコンテンツを分析してサイトマップ（サイトの目次のようなもの）を自動的に生成してくれるプラグインです。
サイトマップが正しく生成されていることにより、Googleなどの検索エンジンがサイト内のコンテンツを正確に把握するための助けになります。SEO（検索エンジン最適化）の観点から非常に重要です。

XML Sitemap Generator for Google

【使い方】

基本的にはプラグインをインストールして有効化し、初期設定のまま使用するのでも十分です。ただし、サイトマップの更新頻度や優先度を設定することで、SEO効果をより期待することができます。

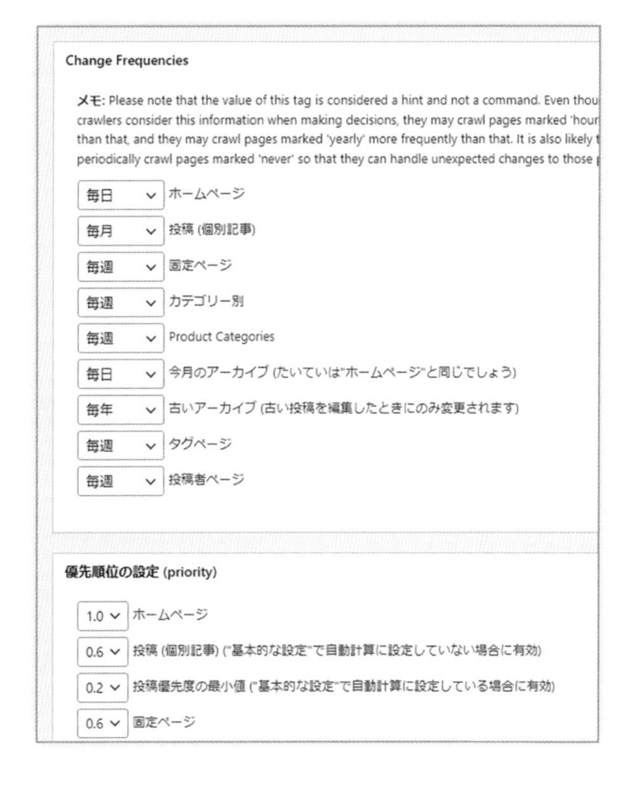

初心者にはちょっと難しいのですが
サイトをきちんと管理するには
どうしても必須のプラグインなので
紹介させていただきました
ゴメンナサイ……

検索エンジンに サイトマップを通知する

サイトマップを生成するだけでは十分なSEO効果を期待することはできません。検索エンジンに、**「このサイトの公式サイトマップはこれだよ」**と通知する必要があります。
SEO対策を本格的に行うには、WordPressの世界を飛び出して、Googleなどから提供されているツールを利用することになります。その代表的なツールが**「Google Search Console」**です。
Google Search Consoleで、サイトマップを通知したり、検索エンジンが正しくサイト内のコンテンツを把握しているか確認したり、さらにどんなキーワードでどれくらいのアクセスがあるか分析することができます。
ウェブサイトを所有したのならぜひGoogle Search Consoleも活用しましょう。

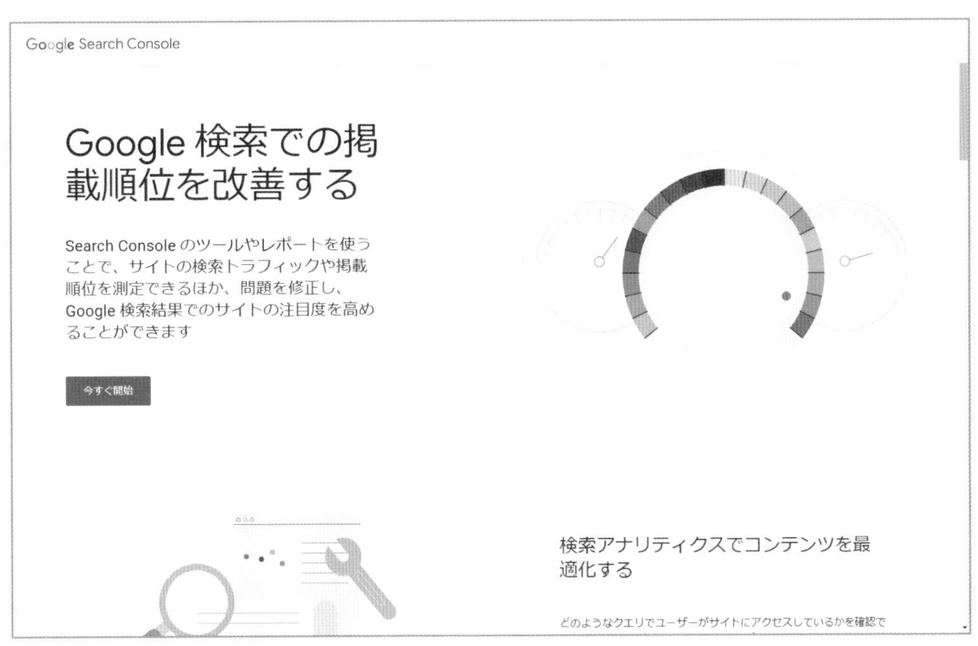

Google Search Consoleの導入開始の画面

必須プラグイン5選—その4

必須 セキュリティ系プラグイン

UpdraftPlus WordPress Backup & Migration Plugin

WordPressのバックアップと復元を簡単に行えるプラグインです。

UpdraftPlus WordPress Backup & Migration Plugin

【使い方】

インストール後に有効化するとガイドが表示されるので、それに従って設定していきます。

バックアップ / 復元　移行 / 複製　設定　高度なツール　プレミアム / 拡張機能
次回に予定されたバックアップ:
ファイル: 予定なし　データベース: 予定なし
今すぐバックアップ
現在の時間 Tue, August 1, 2023 09:05
Add changed files (incremental backup) ...

バックアップ／復元：
管理画面→［設定］→［UpdraftPlusバックアップ］の「バックアップ／復元」タブページでバックアップと復元を簡単に行えます。

バックアップ / 復元　移行 / 複製　設定　高度なツール　プレミアム / 拡張機能
ファイルバックアップのスケジュール: 毎週　予約からのバックアップを保存しておく数: 4
データベースバックアップのスケジュール: 毎週　予約からのバックアップを保存しておく数: 4

【バックアップスケジュールの設定のポイント】

「設定」タブページで自動バックアップのサイクルや、バックアップ先を設定できます。

- **ファイルバックアップのスケジュール**：ファイルには、画像などのメディア、テーマやプラグインなどが含まれます。「バックアップの頻度」と「保存しておく数」を設定します。
- **データベースバックアップのスケジュール**：記事の本文や設定などが記録されたデータベースのバックアップです。同様にバックアップ頻度と保存数を設定します。
- **保存先の選択**：バックアップを保存する外部ストレージを選択します。Dropbox、Google Drive、またはMicrosoft OneDriveなどが一般的です。これらに正しく認証されるように設定してください。

本書では頻度を「毎週」、保存数を「4」に設定しました。4週間前の状態にまで戻せます。サイトの更新頻度に合わせて適切に設定してください。不具合に備えて、正常で適切な時期のバックアップから復元できるように備えておくことは大切です。

必須 5 セキュリティ系プラグイン

SiteGuard WP Plugin

外部からの不正アクセスからWordPressを守るプラグインです。
プラグインをインストール後に有効化して、管理画面→［SiteGuard］→［ログインページ変更］を開きます。

SiteGuard WP Plugin

【ログインページを変更する】

WordPressサイトは「(ドメイン名) /wp-login.php」にアクセスするとログインページを開くことができます。このURLを変更するのがこの設定です。

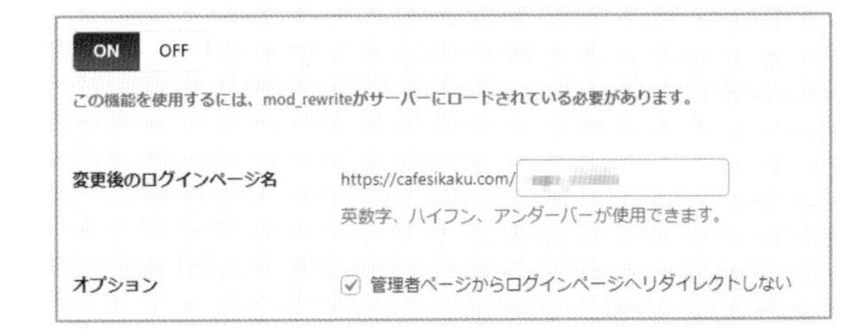

- **変更後のログインページ名**：類推しにくいログイン名を入力します。
- **管理者ページからログインページへリダイレクトしない**：チェックを入れます。ログインしていない状態で「(ドメイン名) /wp-admin」にアクセスすると、通常はログインページにリダイレクトされてしまうため、それを防ぐための設定です。

変更したログインURLを覚えておかないと
自分のサイトにログインできなくなってしまうので
注意が必要ですね

いい意識ですね
ここで紹介した必須プラグインは
同様の役割を持つ
ほかのプラグインでもOKです

サイトをリッチにする おすすめプラグイン6選

プラグインって
とっても便利ですね
ほかにも入れておくとよい
プラグインはありますか？

便利さがわかってもらえて
うれしいです
ここでは「おすすめ」の
プラグインを紹介しますね

サイトをさらにリッチにするおすすめのプラグイン

「よいサイト」の基本は「中身（コンテンツ）」です。サイトの訪問者にとって、いかに有用な情報が提供されているかにかかっています。

しかし、**「見た目」もとても大切です。**どれほど有用なコンテンツを提供していたとしても、サイトがあまりにも貧弱ならそこにとどまりたいとは思いません。栄養はあってもおいしそうに見えないから食べてもらえないのは残念なことです。ただ情報を提供するだけでなく、気の利いた演出を加えるだけで、サイトの信頼性と魅力を格段に向上させることが期待できます。ここでは、信頼性と魅力に着眼した「おすすめ」プラグインをいくつか紹介しましょう。

栄養豊かなバランスのとれた料理
「おいしそう」は「食べたい」に変わります

サイトをより魅力的に演出する
おすすめのプラグインを
6つ紹介しますね

おすすめプラグイン6選―その1

おすすめ 1 表示系プラグイン（エフェクト）

Easy FancyBox

❶**画像などのメディアを大きくふわっと浮かび上がるように表示させる**ための代表的なプラグインです。

静止画像のほかにも動画やPDFなどあらゆるメディアに対応しています。

プラグインの使い方は、基本的にはインストールして有効化するだけです。

Easy FancyBox

【使い方】

通常の記事の投稿と同じように、記事に画像を埋め込むために画像（メディアファイル）のリンク先を指定します。

❷**「リンクを編集」**をクリックして❸**「メディアファイル」**を選択、表示させる画像を選択すれば完了です。

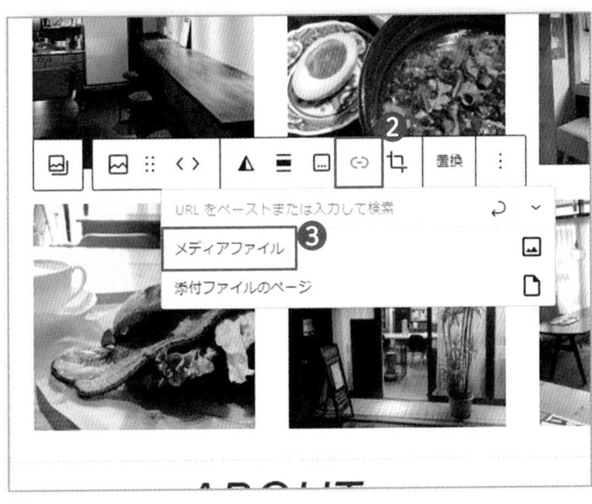

メディアをふわっと表示させることを「モーダル表示」といいます
たくさんあるモーダル表示系のプラグインの中からお好みのものを見つけてみてください

おすすめ 2 機能系プラグイン

WP Mail SMTP

指定した**SMTPサーバー**を使ってメールを送信できるようにするプラグインです。
設置したフォームから送信すると、送信元に「〇〇経由」と表示されたり、「迷惑メール」に分類されることがあります。このプラグインを使用することによりメールの信頼性と配信率の向上を期待することができます。

【設定の仕方】

まず、送信用のメールアカウントのためのパスワードなどの設定情報を準備します。
WP Mail SMTPプラグインをインストールして有効化すると、❶**セットアップウィザード**が表示されます。❷**「始めましょう→」**をクリックして表示される手順に従って設定が完了すればOKです。

SMTP（Simple Mail Transfer Protocol）とは、電子メールを送信するためのサーバーです。設置したフォームから送信すると、SMTPサーバーに送られてから、あて先になっているメールアカウントのメールサーバーを経由して配送されます。郵便物を集めて配送する郵便局のようなものです。

WP Mail SMTP

おすすめプラグイン6選—その3

XO Event Calendar

イベントや店休日といったカレンダーを表示するプラグインで、操作はシンプルで高機能です。詳しい使い方は作者の公式ページを参照するのが早いでしょう。
https://xakuro.com/wordpress/xo-event-calendar/

XO Event Calendar

【まず休日設定】

管理画面→〔イベント〕→〔**休日設定**〕を開きます。

- **休日の名前**：初期設定は「all」（全日）でam/pmなど独自の休日を指定できます。
- **タイトル**：定休日の表記を入力します。
- **週定期**：定休の曜日にチェックを入れます。
- **臨時日**：年末年始などの例外的な休業日を「2023-2-28」のような形式で入力します。
- **取消日**：定休日だが例外的に営業する日を「2023-2-25」のような形式で入力します。

【「シンプルカレンダー」ブロックで埋め込む】

埋め込みたい位置に「**シンプルカレンダー**」ブロックを追加します。

- **休日設定／表示する休日**：上記で休日を設定した「休日の名前」を選択します。設定した休日が表示されます。

おすすめ 4 表示系プラグイン（スライダー）

Smart Slider 3

サイトにダイナミックで美しいスライダーを簡単に設置することができます。

「スライダー」とは、ウェブサイト上で画像や情報を自動的または手動で切り替える機能のことを指します。

Smart Slider 3

【スライダーを作成する】

インストールして有効化すると管理画面に新しいメニュー❶［Smart Slider］が追加されます。管理画面→［Smart Slider］→［ダッシュボード］を開きます。

1. ❷「NEW PROJECT」をクリックして新規スライダーを作成します。

2. 続けて❸「Create a New Project」をクリックします。

さまざまなテンプレートから作成し始めるには「Start with a Template」をクリックします。

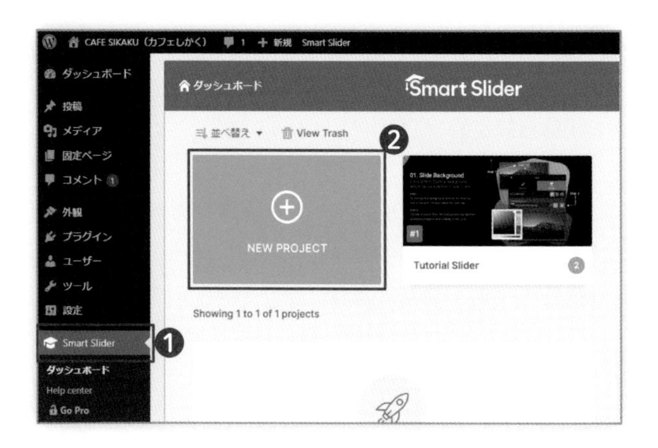

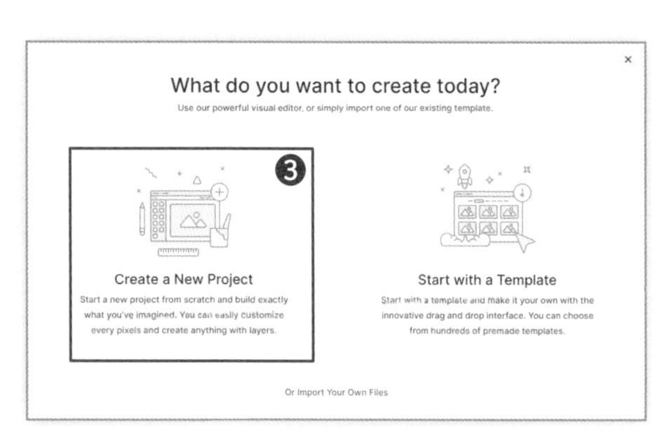

3. スライダーのタイプを選択します。ここでは下記のとおり選択・入力しました。

❶ **Project Type**：スライダー
❷ **Slider Type**：シンプル
❸**設定／名前**：スライダーの名前を入力
❹**レイアウト**：全幅

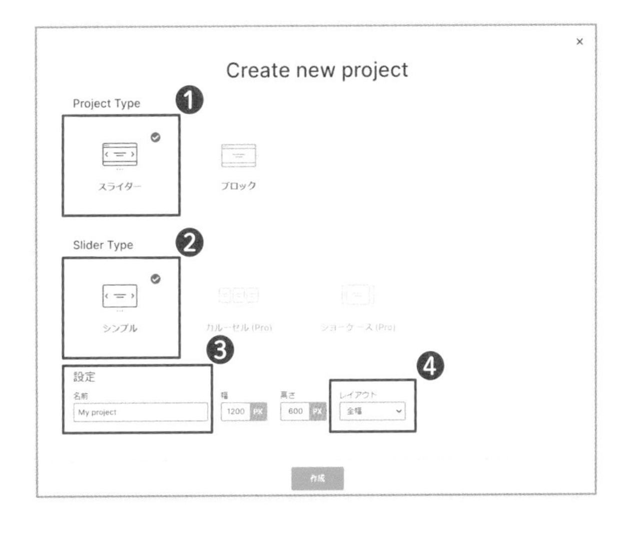

4. ❺**「スライドを追加する」**をクリックして、4枚ほどの画像を追加しました。

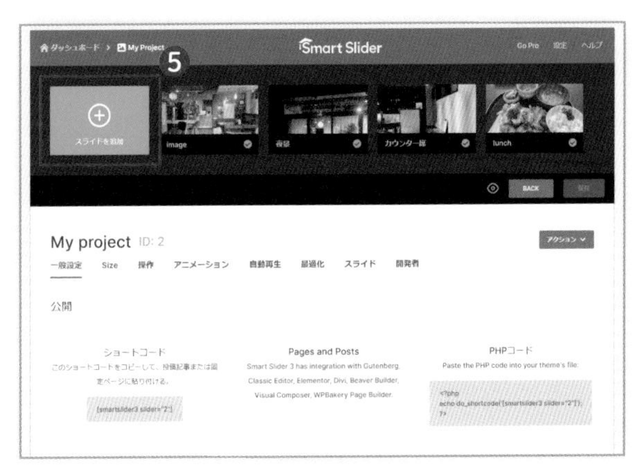

次のページに続きます

5. 好みの設定にします。

本書では、初期設定から以下のように変更しました。

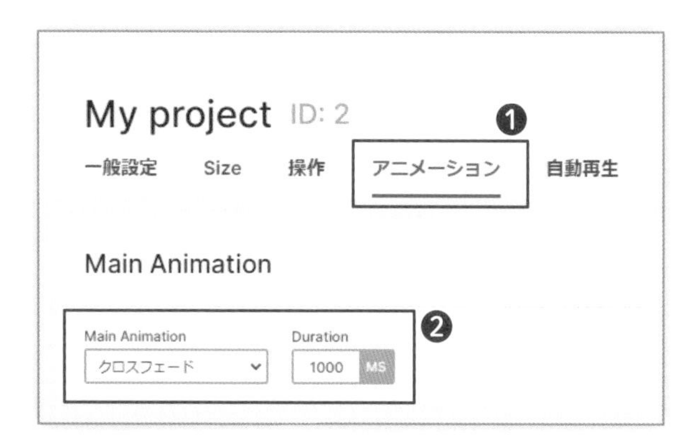

❶アニメーション
❷Main Animation→「クロスフェード」を「1000」ミリ秒（1秒）間隔に（1秒かけて次のスライドに切り替わります）。

❸自動再生
❹有効にして、❺「5000」ミリ秒（5秒）間隔に（1つのスライドが5秒表示されます）。

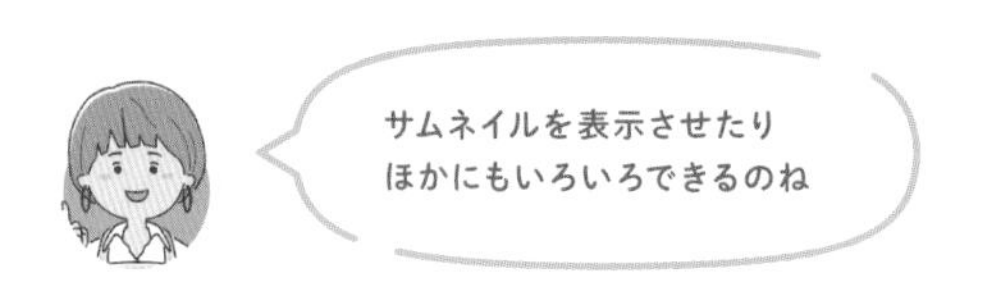

【スライダーを埋め込む】

「Smart Slider 3」ブロックをいつもの要領で追加し、❻「Select Slider」ボタンをクリックします。作成したスライダーを選択すれば埋め込み完了です。

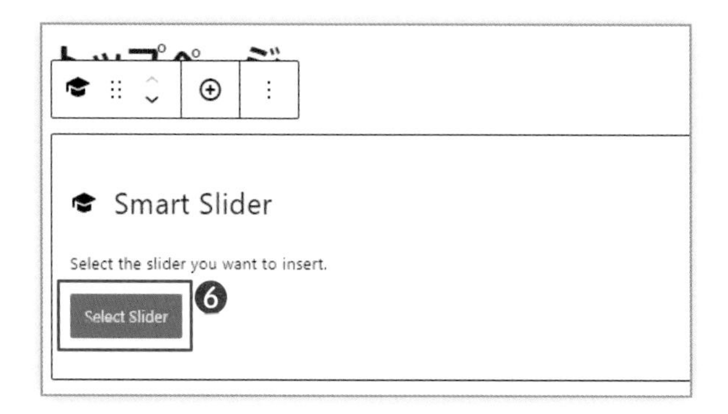

おすすめプラグイン6選―その4（続き）

【完成したスライダーを確認する】

スライダーを活用すると、お店のいろいろな表情やサービスをダイナミックに表現することができます。

【高機能なSmart Slider 3】

Smart Slider 3は、画像にテキストやボタンを重ねることができるようになっています。Smart Slider 3プラグインをインストール時に追加されている❶「**Tutorial Slider**」や、新しいスライダーを追加する時に「**Start with a Template**」を選択すると、Smart Slider 3のさまざまな可能性を発見できるでしょう。

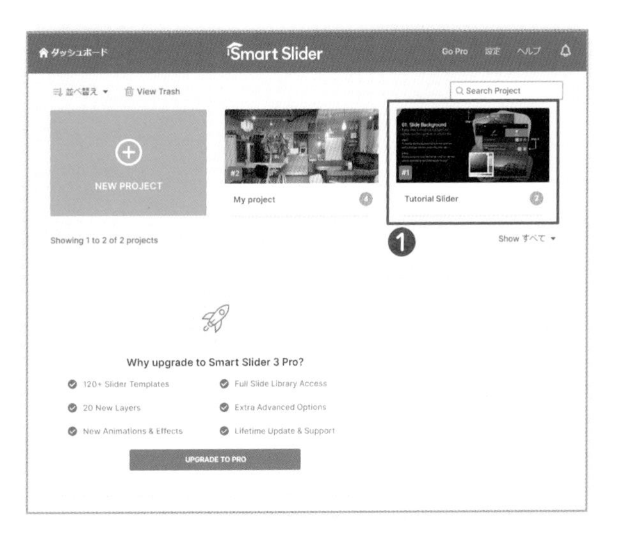

「どんなことができるんだろうー」
探求心や興味を持って
いろいろ触ってみるのも
上達の秘訣です！

おすすめプラグイン6選—その5

おすすめ 5　表示系プラグイン（エフェクト）

Blocks Animation: CSS Animations for Gutenberg Blocks

ページのスクロールに応じて、コンテンツをブロック単位でアニメーション表示させることができるプラグインです。

Blocks Animation: CSS Animations for Gutenberg Blocks

今すぐインストール

詳細情報

Blocks Animation は、Gutenberg のすべてのブロックに最も洗練された方法で CSS アニメーションを追加することができます。

作者: *ThemeIsle*

★★★★★ (24)

最終更新: 2週間前

有効インストール数: 20,000+

✔ 使用中の WP バージョンと互換性あり

Blocks Animation

【使い方】

インストールして有効化すると、追加したブロックの操作パネルに項目❶**「アニメーション」**が追加されます。
右の例では、先ほど追加した「Smart Slider 3」ブロックを選択して次のように設定しました。

アニメーション：「フェードイン」
アニメーションの種類です。「フェードイン」は、ウェブ要素が透明から不透明へ徐々に現れるアニメーション効果のことを指します。

遅延：「200ミリ秒（0.2秒）」
遅延表示されます。

速度：「やや低速」
表示スピードです。

この設定では、ページが読み込まれて、0.2秒後（遅延）にゆっくり（速度）、ふわっと（アニメーション）表示されます。

ちょっとしたことなんですけど
やわらかい雰囲気になりますね！

おすすめプラグイン6選―その5（続き）

【複雑なアニメーションの例】

左側のブロックは左から、右側のブロックは右からなど、配置されている側からアニメーション表示させるなどしてみました。「遅延」を上手に設定して、要素が順序よく表示されるようにご自身で工夫してください。

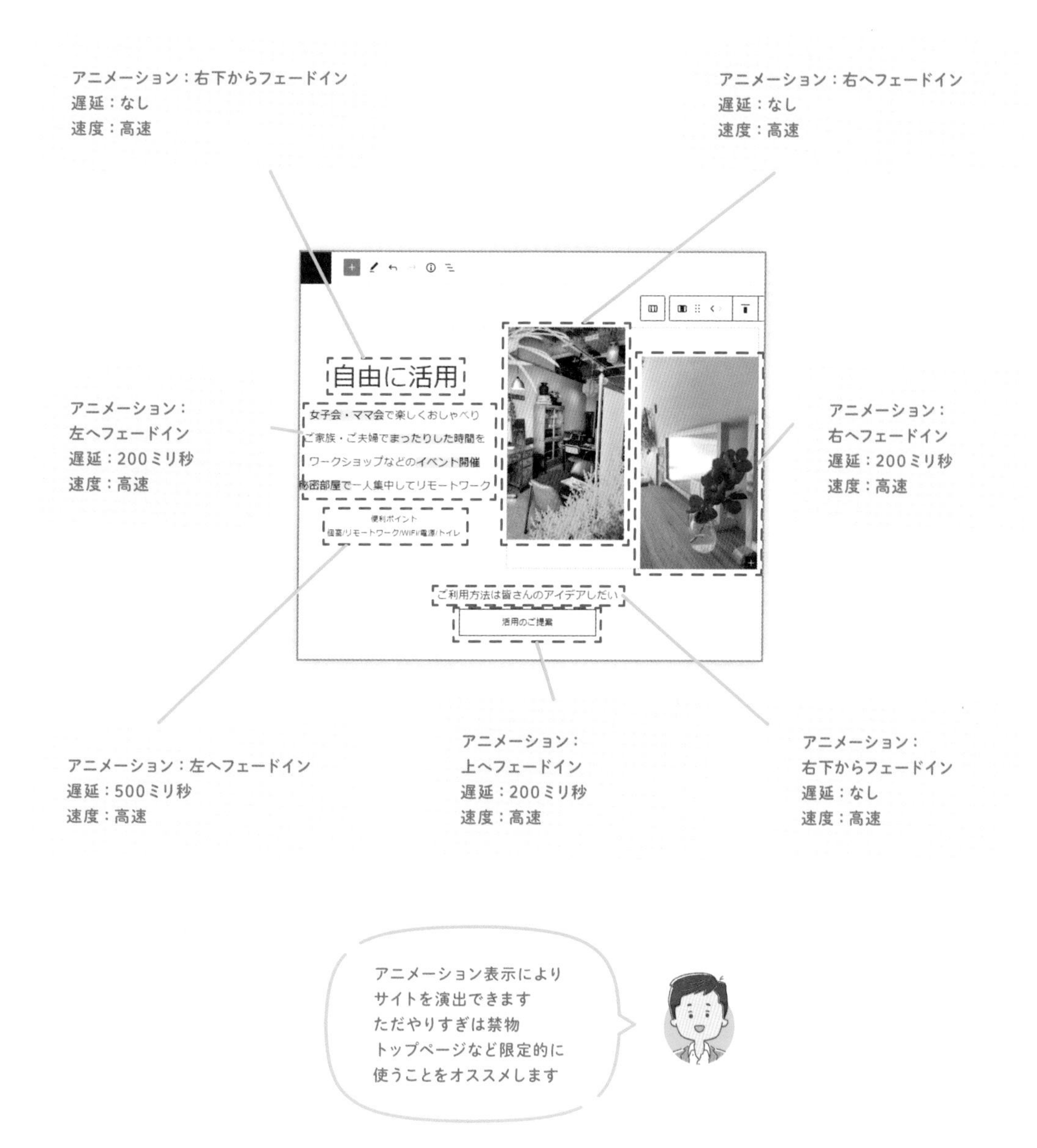

おすすめプラグイン６選―その６

Easy Google Fonts

Googleが提供するスタイリッシュにデザインされたウェブフォント（「**Google Fonts**」）を使用するためのプラグインです。

Easy Google Fonts

【使い方】

インストールして有効化します。管理画面→［外観］→［カスタマイズ］→［テーマカスタマイザー］にメニュー❶「**Typography**」が追加されます。
［Typography］ →❷［**Default Typography**］と順々にクリックしていくと、

Paragraphs、Heading 1、Heading 2 ……

といったようにコンテンツ内の構成ごとにフォントを設定することができます。
例として「Paragraphs」をクリックしてオプション設定を表示してみましょう。

Paragraphとは、pタグ（<p>テキスト</p>）と呼ばれるコードで囲まれた最も一般的な段落のことです。

「Typography（タイポグラフィ）」って調べたら
デザインされた文字のことで
伝達するメッセージや感情を伝える
効果があるんですって

❶【設定例】

「LANGUAGE」で「japanese」を選択すると、「Font Family」では日本語をサポートしているGoogleフォントを選択できるようになります。

- LANGUAGE：「japanese」
- Font Family：「Kiwi Maru」
- FONT WIGHT/STYLE：「300」

公開済み
Customizing ▸ Typography
Default Typography
Your theme has typography support. You can create additional customizer font controls on the admin settings screen.
❶
Paragraphs
Please select a font for the theme's body and paragraph text.
Font　Style　Position
LANGUAGE
japanese
Font Family
Kiwi Maru
FONT WEIGHT/STYLE
300
TEXT DECORATION
Theme Default
TEXT TRANSFORM
Theme Default
Close　Reset
カフェ好

ちょっとした演出で
サイトの表情を豊かにできるんです

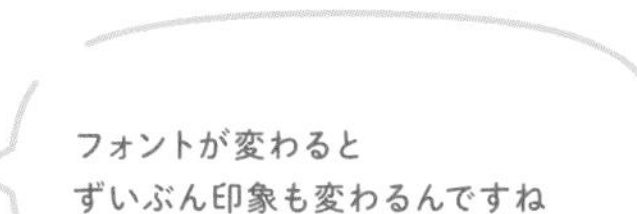

いつも新しい発見がある
季節ごと旬の食材でしっかりご飯
地元に愛されるイベントの数々

設定前

いつも新しい発見がある
季節ごと旬の食材でしっかりご飯
地元に愛されるイベントの数々

設定後

04

プラグインでWordPressサイトを強力に拡張

まだまだある 便利なプラグイン9選

なんだか
便利なプラグインが
まだまだありそうですね

ええ
もっともっとありますよ
もう少しだけ紹介しますね

プラグインの入れすぎには注意してください

便利だからといってむやみにプラグインをインストールするのはNGです。あまりにもたくさんのプラグインをインストールしていると、サイトが重くなって表示速度に影響したり、セキュリティ上の脆弱性が潜んでいるプラグインが悪意のある攻撃者に悪用されたりするリスクが大きくなってしまいます。必要なものだけをインストールするように心がけてください。

そして不要になったプラグインは「無効化」するだけでなく、必ず削除するようにしてください。

プラグインを選定する際のチェックポイントをまず紹介します。

この欄の項目をチェック！

- ☑ 管理画面で検索できる＝公式ディレクトリのプラグインだからより安心
- ☑ 「★」の数が多い＝評価が高い
- ☑ 「有効インストール数」が多い＝多くのユーザーに使われており安心できる
- ☑ 「最終更新」が新しい＝メンテナンスが定期的に行われている
- ☑ 「使用中のWPバージョンと互換性あり」＝WordPress本体との互換性も問題がない

上の画面の赤い枠の項目を
チェックするんですね！

そのプラグインが必要かどうか
きちんと判断してくださいね
では「便利なプラグイン9選」を
見ていきましょう！

便利

1 最適化プラグイン

Broken Link Checker

コンテンツ内のリンクを自動的に検出して、リンクの不具合を検出して通知してくれるプラグインです。

Broken Link Checker

便利

編集系プラグイン

Duplicate Post

既存の記事を複製して記事を作成することができます。似た構造の記事を作成する時にとても便利です。

Duplicate Post

便利

表示系プラグイン

WP-PageNavi

前後のページへの移動のための視覚的なナビゲーションを提供します。

WP-PageNavi

便利 4 表示系プラグイン

Breadcrumb NavXT

ページの位置を示す「パンくず」を表示します(パンくずは「Arkhe」をはじめ、元からテーマに含まれている場合もあります)。

Breadcrumb NavXT　今すぐインストール　詳細情報

訪問者に対し現在地へのパスを表示する「パンくずリスト」ナビゲーションをサイトに追加します。

作者: John Havlik

★★★★☆ (126)　最終更新: 2週間前

有効インストール数: 900,000+　✔ 使用中の WP バージョンと互換性あり

Breadcrumb NavXT

便利 5 編集系プラグイン

Public Post Preview

記事を公開する前に、下書きをプレビューできます。作成者とは異なる第三者がチェックする時に便利です。

Public Post Preview　今すぐインストール　詳細情報

投稿が公開される前に、匿名のユーザーが下書きされた投稿のプレビューを見られるようにします。

作者: Dominik Schilling

★★★★☆ (69)　最終更新: 3か月前

有効インストール数: 100,000+　✔ 使用中の WP バージョンと互換性あり

Public Post Preview

便利  表示系プラグイン

Table of Contents Plus

目次を自動生成します。記事が長い場合、目次を作成することで、読者が必要な情報にすばやくアクセスできるようになります。

Table of Contents Plus　今すぐインストール　詳細情報

目次を自動で生成する、強力でユーザーフレンドリーなプラグインです。全てのページとカテゴリーリストを表示するサイトマップも出力することができます。

作者: Michael Tran

★★★★☆ (128)　最終更新: 2週間前

有効インストール数: 300,000+　✔ 使用中の WP バージョンと互換性あり

Table of Contents Plus

便利なプラグイン9選

便利 7 表示系プラグイン

Word Balloon

吹き出しを表示させるプラグインです。本書のように複数の人物の会話を記事で表現することができます。

Word Balloon

便利 8 表示系プラグイン

TablePress

簡単に表（テーブル）を作成するためのプラグインです。並べ替えや絞り込みなどの便利な機能を表に追加することも可能です。

TablePress

便利 9 表示系プラグイン

XO Featured Image Tools

アイキャッチ画像が設定されていない場合に、投稿や固定ページの記事内にある最初の画像から自動生成してくれるプラグインです。

XO Featured Image Tools

「こんなことできたらいいな」と思ったら
きっと便利なプラグインを
見つけられるはずということね

その探求心いいですねー！
でもプラグインの入れすぎには
注意してくださいね

業種・業界特化型プラグイン

業種や業界によってそれぞれ独特の商慣習があるものです。プラグインにも各種の業種・業界向けに機能を特化したものが用意されているので、ここで3つ紹介しましょう。

❶ Welcart e-Commerce

ショッピングサイトを手軽に始めることができるプラグインです。対応したテーマをこのプラグインの公式サイトから入手できます。

https://www.welcart.com/

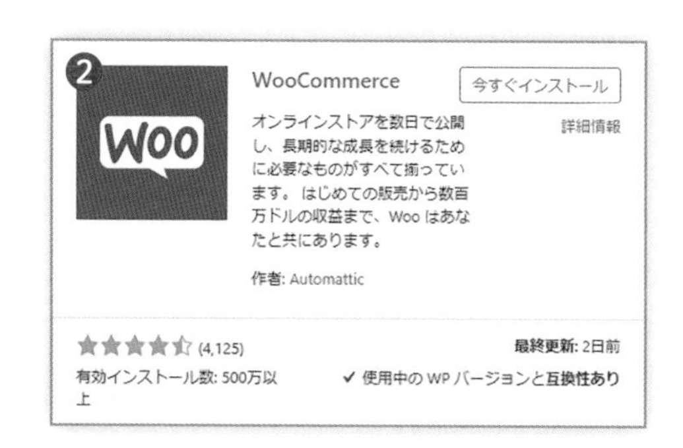

❷ WooCommerce

WordPressを本格的にカスタマイズしてショッピングサイトを制作するのに、世界中でもっとも多く利用されているプラグインです。

❸ Fudousan Plugin（不動産プラグイン）

本格的な不動産サイトを制作できるプラグインです。公式WordPressプラグインディレクトリには登録されておらず、提供元の公式サイトからプラグインを入手し、無料で始めることができます。

https://www.nendeb-biz.jp/

このほか「LMS」と呼ばれる
eラーニングシステムを構築する
プラグインなどもありますよ

Your First Website
with WordPress
Beginner's Guide

LEVEL 6

WordPressサイトで コミュニケーション

さらに後日
CAFE SIKAKUにて
お待たせしました

わっ
おいしそう！
ね！
家具とかも
すごく素敵だよ
だね！

新しいお客さん
みたいですね！

そうなんです！
最近新しいお客さんも
よくいらしてくれて……
サイトの効果でしょうか？
うれしいです！
でも……
ん？

どれくらいの方が
どういうふうに
サイトを見てくれているのか
わかったら
?
アピールの仕方をいろいろ
工夫できるんじゃないかなって
思ってるんですけれど……

なるほど……
実はそれもWordPressで
できるんです！
えっ
ほんとですか？

では
アクセス分析して
サイト上で交流できる仕組みを
作ってみましょうか

さらにステップアップですね
よろしくお願いします！

アクセス状況の解析

どのくらいの人がサイトを訪問しているかわかるなんてすごいですね

どんなブラウザでどのページを訪問したか？なんてこともわかるんです！

サイトのアクセス状況を分析しよう

飲食店で新メニューを出すとどれぐらいのお客様に食べていただけるのか気になります。注文してくれた理由は、店頭のPOPか、お店でメニュー表を見たからか、人から勧められたからなのか？　お客様が店に来て料理を注文するまでの足跡がわかれば、今後の新メニュー開発や宣伝方法の参考にできます。ウェブサイトも同様で、どれくらいの方が訪問してくれているのか、どこからアクセスしてきたのか、どれくらい滞在したのかといった**サイト訪問者の足跡がわかれば改善に利用することができます。**これらの情報を統計的に分析するのが**アクセス解析**です。

しかしアクセス数がすべてではない

店舗のウェブサイトは必ずしも多くのアクセス数を稼ぐことが目的ではありません。最終的にはサイトを見てもらった人に来店してもらうことが目的です。アクセス数が増えたからといって必ずしもより多くのお客様が来店してくださるわけではありませんし、逆にアクセス数が減っても実際の店舗では影響のない場合もあります。重要なのは、解析で得られた情報もひとつの指標として、実際の店舗をどう盛り上げていくかということです。

サイトの訪問者が多くても少なくても一喜一憂しちゃダメということね

ここではプラグイン「Slimstat」を使ったアクセス解析について見ていきましょう

プラグインを使って簡単にアクセス解析しよう

1 アクセス解析プラグイン Slimstat Analytics

「Slimstat Analytics」は、ページの閲覧数や滞在時間などのアクセス状況を解析する高機能なプラグインです。
インストールして有効化すると、管理画面にメニュー「Slimstat」が追加されます。

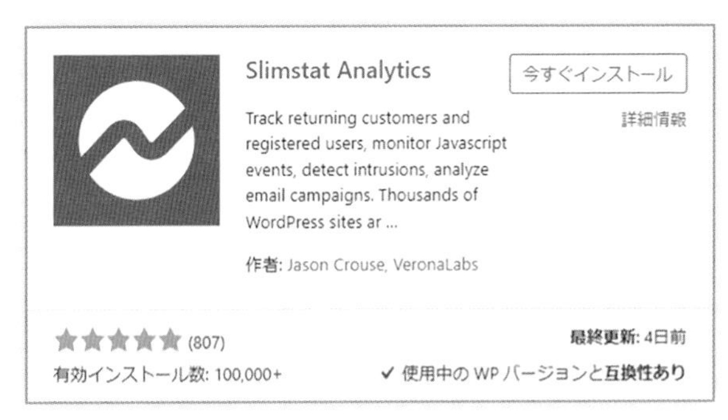

Slimstat Analytics

2 自分およびボットを解析対象から除外する

管理画面→［Slimstat］→［設定］を開き、さらに❶**「除外」**タブページを開きます。
❷**「WPユーザー」**と❸**「ボット」**を「オン」にして、解析から除外するように設定します。
「WPユーザー」は、自分のサイトにログインしているユーザーで、ほとんどの場合は自分自身のことです。
「ボット」とは、検索エンジンなどがインターネット上のページを巡回して情報を収集するためのプログラムで**「クローラー」**と呼ばれることもあります。
自分自身と「ボット」はアクセス解析に含めなくてよいでしょう。

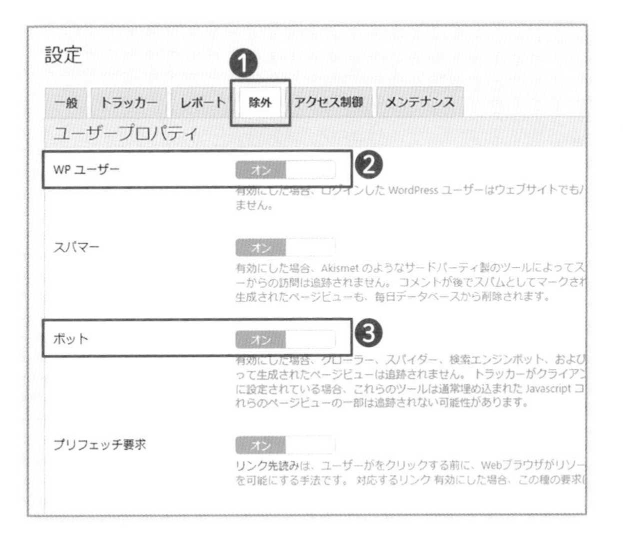

どの解析ページを見ても
「表示するデータがありません」
となってますけど……？

プラグインを有効化してから
統計を取り始めるので……
情報を取得するまで
しばらく時間がかかるんです

3 Slimstat Analyticsのリアルタイム解析を見る

管理画面→［Slimstat］→［リアルタイム］では、現在（リアルタイム）のアクセス状況を分析できます。たとえば、下の図からアクセス状況を分析してみましょう。

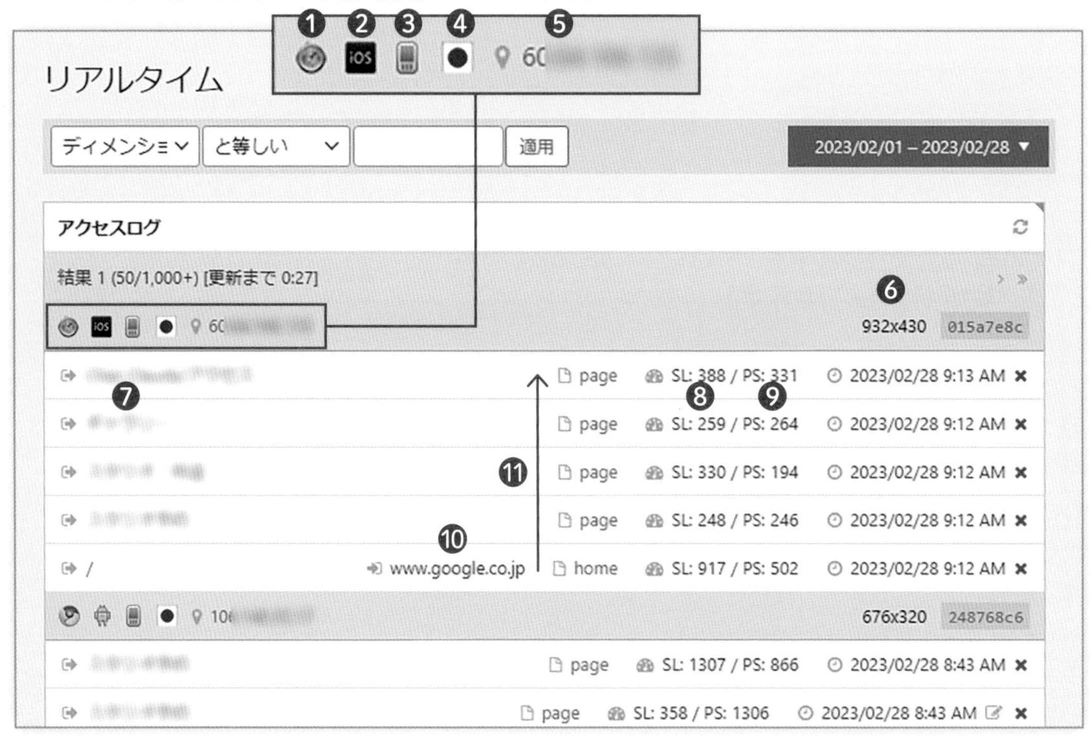

❶ブラウザ（EdgeやSafariなど）　❷OS（Windows、iOS、Androidなど）　❸閲覧しているデバイス（パソコン、スマホ、タブレット）　❹閲覧している国　❺閲覧者のIPアドレス　❻閲覧者の画面サイズ　❼閲覧されたページ　❽サーバーの処理速度（ミリ秒）　❾ページの表示速度（ミリ秒）　❿リファラ（どこからサイトに入ってきたか）　⓫閲覧されたページの足跡（上に行くほど新しい）

閲覧者について

ブラウザは❶ **Safari**、OSは❷ **iOS**、❸モバイルデバイスで、❹**日本**からアクセス、画面サイズは❻ **932×430**で閲覧しています。このことから「日本国内からiPhoneで閲覧している」であろうことが推察できます。

閲覧者の行動について

❿ **Google検索**によりサイトのトップページ（home）を訪れ、その後さらに⓫ **4つのページ**を閲覧しています。

Slimstat Analyticsの概要でPVを分析する

管理画面→［Slimstat］→［概要］を開くと「**PV（ページビュー）**」を分析することができます。
PVとは、ページが閲覧された回数のことで、Slimstat Analyticsでは、1日単位から12カ月までの推移を見たり、以前の同じ期間とを比較したりすることができます。

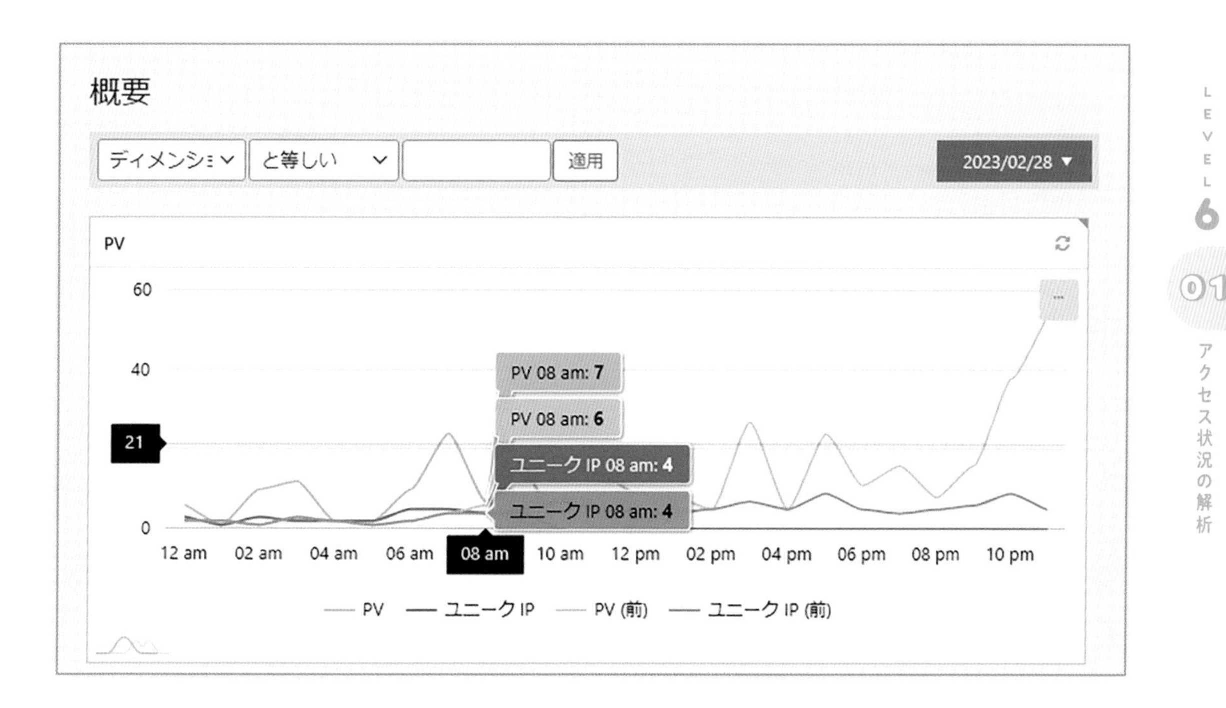

サイトを訪問してくださる方がどれくらい活発に閲覧しているかといったことがわかるんですね！

アクセス解析することでサイトに来てくださった方のワクワクした気持ちが伝わってくる感じがしますよね！

5 Slimstat Analyticsで分析ページをカスタマイズする

管理画面→［Slimstat］→［カスタマイズ］を開くと、各分析ページをカスタマイズすることができます。各項目アイテムをドラッグ＆ドロップして、好みの項目が表示されるようにアレンジしてみてください。

ヘルプ ▼

レポートのカスタマイズと整理

各レポート画面のレイアウトをカスタマイズするには、プレースホルダをあるウィジェット領域から別のウィジェット領域にドラッグアンドドロップします。
特定の指標に関心がない場合は、同じビューに複数のグラフを配置したり、レポートを複製したり、それらを非アクティブレポートに移動したりできます。

レイアウトをリセット

リアルタイム

アクセスログ	世界地図	

概要

PV	概要	現在の閲覧者
最近の検索キーワード	トップ Web ページ	上位の参照元ドメイン
トップ既知の訪問者	上位の検索キーワード	上位の国
現在オンラインのユーザー	検索キーワード	

訪問者

上位の国	人間の訪問	訪問者の概要
上位の言語	上位のユーザーエージェント	上位の画面解像度
滞在時間	上位の OS ファミリー	最新ユーザー
上位のユーザー	ユーザー	上位のボット
上位の人間用ブラウザ		

アクセス解析は
継続的なプロセスです
注目したい項目を自分で
見やすくアレンジしましょう

アクセス解析の注目ポイント！

アクセス解析を行う際の主だった注目ポイントを下記の表にまとめました。
これらの情報を分析することで、サイトの改善点や戦略の見直しなど、より効果的な施策を立てることができます。
最終的に注目したいのは**「サイト設置の目的に達する閲覧者の割合」**で、これを**「コンバージョン率」**といいます。訪問者に取ってほしい行動は、オンラインショップなら商品の購入、サービス提供者ならお問い合わせがサイト設置の目標になることでしょう。
実店舗への来店が目標であればその算出は難しくなります。
サイト限定クーポンなどを用意して、その利用者の人数で目標達成の割合を見極めるのもひとつの方法です。

［アクセス解析の注目ポイント］

項目	解説
ユーザー数とページビュー	「ユーザー数」はサイトに訪れた人数を、「ページビュー」は訪問されたページ数を示します。これらの情報はサイトの人気度や成果を評価するために重要です。
リファラ	サイトの閲覧者がどのサイトから来たのかを示します。この情報は、サイトへの流入元を特定し、戦略の改善に役立ちます。
検索クエリ	Googleなどの検索エンジンで検索されたワードです。これらを分析することで、検索エンジン最適化（SEO）の改善点を把握できます。
ページ閲覧時間	ページ閲覧時間は、閲覧者がサイト内の特定のページを閲覧した時間を示します。この情報は、閲覧者の興味を引くコンテンツや、改善が必要なページを特定するために役立ちます。
ユーザーのデバイス	閲覧しているデバイス（スマホ、タブレット、パソコンなど）です。スマホ利用者が多いなら、スマホでの利便性の向上を重視するなどUI改善のための重要な情報となります。
直帰率	サイトに訪れたページのみを閲覧して、離脱してしまう割合を指します。高い直帰率は一般的に「サイトを訪れたものの興味を引かなかった」ことを示しており、改善が必要です。

サイト上での交流の仕組みづくり

訪問していただいた方とサイト上で交流するということですか？

そうなんです そのために工夫できることがたくさんあるんですよ

コミュニケーションをもっと活性化しよう

サイト上でのコミュニケーションはキャッチボールのようなものです。「情報」というボールを訪問者が受け止めやすいように投げると、訪問者はその情報を受け止め、何らかのアクションという形で投げ返してくれます。

それが単調なものにならないように、こちらもいろいろなボールを投げますし、訪問者にもいろいろな方法で投げ返してもらえるような仕組みを作っていくと、コミュニケーションはもっと活発になっていきます。

お店側のアクション	お店とお客様を結ぶ仕組み	お客様の反応・アクション
なんでも聞いてくださいね	お問い合わせフォーム Contact Form 7	4人で女子会したいんだけど 個室の予約できるかな?
どのようにアクセスしてるの?	アクセス解析 Slimstat Analytics	スマホで見てますよ
こんなイベントやりますよ	イベントカレンダー XO Event Calendar	おもしろそう!　行ってみよう
このイベント、たくさんの方に 来ていただいて大好評でした!	Instagram ギャラリー Social Slider Feed	楽しそう!　今度は行きたいな! 私も「# カフェしかく」で投稿しよう

お問い合わせフォームとアクセス解析はすでに対応しましたね

このレッスンではイベントの発信とSNSとの関連付けについてステップアップしてみましょう

プラグインを使ってイベント情報の発信をしよう

1 カレンダープラグイン XO Event Calendar

プラグイン「XO Event Calendar」を使った店休日のカレンダー表示についてはLEVEL 5で紹介しました。
XO Event Calendarを使ってイベント情報の発信も行えます。その方法を紹介しましょう。

XO Event Calendar

2 イベントを新規作成する

管理画面→［イベント］→［新規追加］をクリックして新規イベントページを開きます。
通常の投稿と同じように❶**タイトル**を決めて❷**アイキャッチ画像**を設定し、❸**イベントの説明**を適切にブロックで追加していきましょう。
❹ URLも適切に設定します。イベントの日付などを含めると（例：event20230805）、ほかの投稿のURLとかぶるのを防ぐことができます。

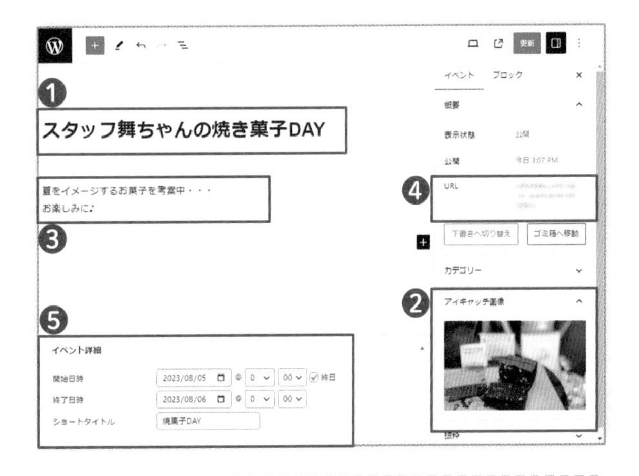

3 イベント詳細を入力する

❺のエリアで下記を編集しましょう。

開始日時／終了日時：イベントの予定日時
ショートタイトル：カレンダーに表示される短めのタイトル

編集を終えたら公開します。

「イベント」用の投稿では
日付も入力できるように
デザインされているんですね！

4 「イベントカレンダー」ブロックに置き換える

カレンダーに定休日だけを表示させるには「シンプルカレンダー」ブロックを追加することは以前に学びました（P.221参照）。
定休日のほかにもイベント情報を表示させたいので、❶「**イベントカレンダー**」ブロックに置き換えます。

5 カレンダーの設定

イベントを表示するには、「イベントカレンダー」ブロックの設定パネル→「イベント設定」→❷「**表示する**」を有効にします。
そのほかの項目も適切に設定してください。
更新して保存します。

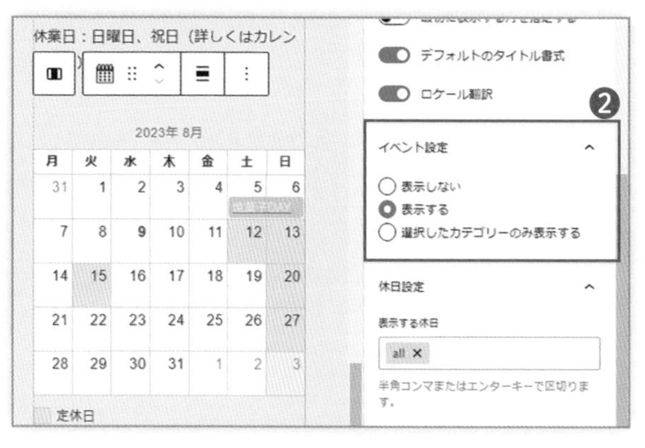

同じイベントを
別の日にも行う場合は
その投稿に「Duplicate Post」
プラグインを使うと便利です
（P.231を参照してください）

SNSと連携しよう～ソーシャルアイコンを設置する

1 リンクを張ってお店の SNSアカウントへ誘導する

InstagramやFacebook、TikTokなどといったSNS（ソーシャルネットワークサービス）は、「いいね」したり、フォローしあったりするなど活発な交流を生み出します。
お店のSNSアカウントへ誘導するアイコンを設置する方法です。

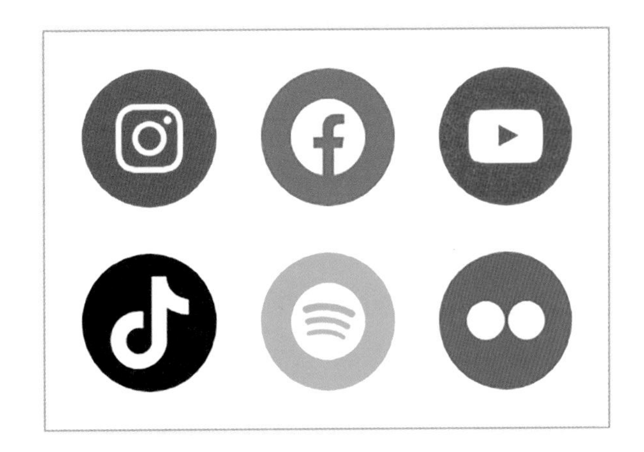

2 「ソーシャルアイコン」ブロックを追加する

本書ではトップページのメインビジュアルの下に、カフェしかくのInstagramへ誘導するSNSアイコンを設置することにします。
❶「ソーシャルアイコン」ブロックを追加しましょう。

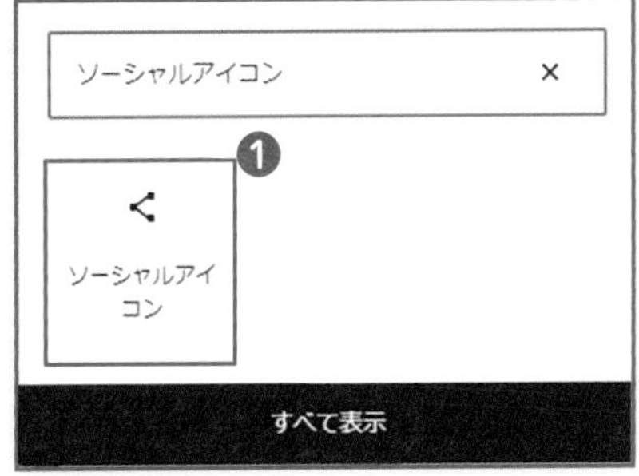

頻繁に更新している
Instagramにも
サイトから来てもらえるんですね

LEVEL 6
02 サイト上での交流の仕組みづくり

3 各種SNSブロックを追加する

追加された「ソーシャルアイコン」ブロックの右端の❶**「ブロックを追加」**ボタンをクリックします。
追加したいSNSブロックを選択して追加します。本書では❷**「Instagram」**ブロックを追加します。

「Instagram」ブロックが表示されない場合は、検索してください。

4 リンク先を指定する

追加されたInstagramアイコンをクリックして、お店のInstagramへのアドレスを入力します❸。
その右の❹**「適用」**ボタンをクリックして指定先リンクを確定します。
設定パネルで❺**「Instagramラベル」**を、本書の場合「cafesikaku@instagram」とすると、何のアイコンなのか明確にすることができます。

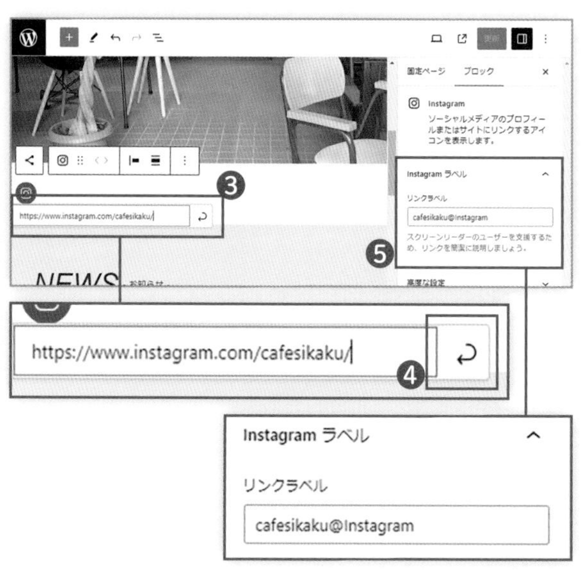

SNSと連携しよう〜ソーシャルアイコンを設置する（続き）

5 「ソーシャルアイコン」ブロックの各種設定

SNSブロックの親ブロックである❶「**ソーシャルアイコン**」ブロックを選択して、設定パネルを表示します。
本書では以下のように設定しました。

❷【**設定タブ**】

- **レイアウト／配置**：中央揃え
- **設定／新しいタブでリンクを開く**：有効
- **設定／ラベルを表示**：有効

❸【**スタイルタブ**】

- **スタイル**：カプセル型

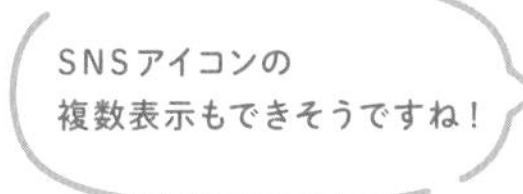

シェアボタンでみんなに拡散してもらおう

ソーシャルアイコンには2種類あります。ここで紹介した自分のSNSアカウントへ誘導するためのソーシャルアイコンはそのひとつで、もうひとつは、サイトもしくはサイト内の特定の投稿を他者のSNSで紹介してもらうシェアボタンです。
シェアボタンを設置できるプラグイン「AddToAny Share Buttons」は、さまざまなSNSに対応しています。
イベント情報などをどんどんシェアしてもらいましょう！

SNSと連携しよう〜Instagramギャラリーを埋め込む

1 ウェブサイトとSNSの住み分け

ウェブサイトとSNSとの住み分けを意識することはとても大切です。たとえば下記のように使い分けてみましょう。

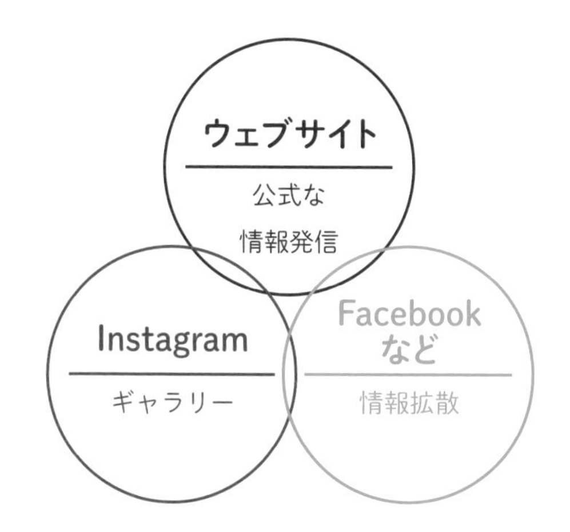

ウェブサイト
お店の取り組みやイベントなどの公式な情報発信の場として活用する

Instagram
写真ギャラリーとして活用する

Facebookなど
ウェブサイトやInstagramの投稿の拡散のために活用する

2 Instagramフィードをウェブサイトに取り込む

ウェブサイトとSNSの特徴を活かした発信を心がけます。ここでは**SNSでの発信（フィード）を自動的にウェブサイトに取り込む方法**を説明します。そのために活用できるプラグインが「**Social Feed Gallery**」です。インストールして有効化しましょう。

サイトとSNS
それぞれの特徴を
上手に活用するということね

3 Instagramアカウントと連携させる

管理画面→［Social Feed Gallery］→［Accounts］を開きます。

❶「ADD PERSONAL ACCOUNT」をクリックすると、SNSアカウントとリンクして❷**情報を共有するための画面**が表示されるので、❸［**許可する**］をクリックします。

❹のように連携したSNSアカウントが表示されていることを確認します。

ここでは「PERSONAL ACCOUNT（個人用アカウント）」との連携について説明していますが、「BUSINESS ACCOUNT（ビジネスアカウント）」をすでにお持ちの場合は、そちらに連携することをおすすめします。

外部サービスと連携する場合
連携を許可するための
きちんとしたプロセスがあるので
安心ですね

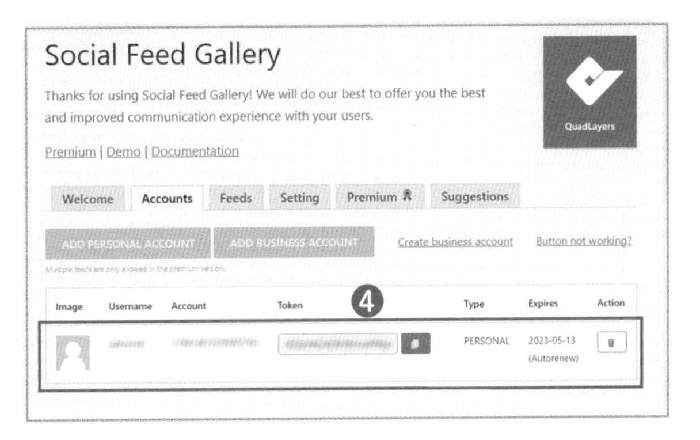

4 「Social Feed Gallery」ブロックを追加する

フィードを表示したい場所（ここではトップページ）に❶「Social Feed Gallery」ブロックを追加します。
ここではトップページに新たにInstagramのセクションを設けてフィードを表示することにします。

「フィード」とは、インターネット上で定期的に発信されるコンテンツを収集して表示するための仕組みのことです。

5 ACCOUNTとFEEDを確認する

「Social Feed Gallery」ブロックを追加すると、**❷連携したアカウントが自動的に選択**されていることを確認できます。
❸「FEED」は「Username」が選択されています（もうひとつの選択肢「Tag」についてはP.254を参照してください）。

SNSフィードを表示することで
旬の情報をサイトに
取り込むことができ
さらにSNSへの入り口と
することができます

6 レイアウトや表示枚数を設定する

続けて、表示レイアウトで❶「Gallery」を選択しました。そのほかの項目も次のように設定しました❷❸。

- LIMIT：6（投稿を6つ）
- COLUMNS：6（6枚並べる）
- Image → SPACING：1（画像間の隙間）

7 表示を確認する

トップページに❹ Instagramフィードが表示されました。

でも設定できない項目がたくさんあるのはなぜですか？

ハハ　気づきましたね
BUSINESS ACCOUNTや有料版でないと利用できない設定もあるんです

#ハッシュタグでお客様にも参加してもらおう！

「ハッシュタグ（#）」とは、ソーシャルメディアのポストやメッセージに付けるラベルです。「#」記号の後にキーワードやフレーズをつけて作ります。これにより、特定のトピックに関連する投稿を検索しやすくなり、ユーザーが関心のある情報へ効率的にアクセスすることが可能になります。

このセクションで紹介したのは自分のSNSフィードをサイトに取り込む方法でしたが、「Social Instagram Feed」プラグインを使えばハッシュタグを指定して取り込めます。

そのためにはInstagramをビジネスアカウントに切り替える必要がありますが、その方法は簡単です。「Instagram ビジネスアカウント切り替え」などの語句でインターネット検索するとその方法をすぐに見つけられます。

P.252「SNSと連携しよう～Instagramギャラリーを埋め込む」で解説したように、「ADD BUSINESS ACCOUNT」をクリックして、切り替えたビジネスアカウントにリンクします。Feedの追加で「Tag」を指定できるようになります。

たとえば「#カフェしかく」などのハッシュタグフィードを表示するように設定します。

すると自分のInstagramの投稿だけでなく、「#カフェしかく」のハッシュタグを付けて投稿されたお客様のフィードもサイト内に表示されるようになります。

お客様には、自分の投稿がサイトに表示されるという体験を提供することができ、お客様によりお店の情報がより広く拡散される効果を期待することができます。

コンテンツの作り込みはこれで完了！

コンテンツの作り込みは
これでおおかた完了です！

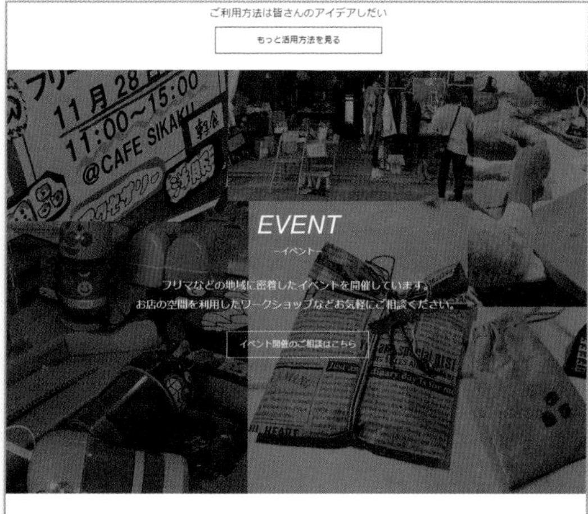

ここからがスタート
ということですね
お店もサイトも
お客様と一緒に育てていきます

スマホで撮影した画像をメディア系ブロックに追加する

スマホやタブレットからWordPressの管理画面にログインして、外出先でも手軽に「投稿」などの記事を作成できます。そんな時、スマホのカメラで撮った写真や加工した画像や動画を記事に直接活用できたらとても便利です。メディア系ブロック、たとえば「画像」ブロックを追加した後、［アップロード」ボタンをタップすると、❶**デバイスからアップロードする3つの方法**を選択できます。

「写真を撮る」を選択するとデバイスのカメラアプリが起動して、その場で撮った写真を直接アップロードすることもできます。

画像の加工は
スマホがやりやすいから
この方法は便利ですね！

【重要】
スマホの写真をアップロードする場合、写真のファイルサイズが大きい（数MB）ことがあるので注意してください。適切なファイルサイズに自動的に調整してくれるプラグイン「EWWW Image Optimizer」を有効化しておくことをおすすめします（P.212参照）。

Your First Website
with WordPress
Beginner's Guide

LEVEL 7

安全にウェブサイトを運営するには

セキュリティ対策の基本

サイトもできあがったし
これからどんどん
運用していきますよ〜！

いいですね〜
でもサイトは絶えず
攻撃にさらされています
対策もしっかりと強化して
おきましょう！

安全なサイト運営のためにセキュリティを強化しよう

ウェブサイトを公開することは、世界中のどこからでも悪意のある攻撃の対象になり得るということです。
攻撃者は、ウェブサイトから情報を盗み出したり、ウェブサイトを停止させたり、または改ざんしてウェブサイト利用者に悪影響を与えることを狙っていることがあります。
そのため、ウェブサイト管理者は、それらの**攻撃者からウェブサイトを守る**ためにセキュリティ対策を講じなければなりません。

WordPressは世界シェア40％以上！

WordPressは非常に人気があるため、悪意のある攻撃者の標的になりやすい

だからといって
不安になる必要はありません！
基本的な攻撃の方法を知ることが
セキュリティ対策の重要な一歩です

対策1：不正ログインを防ぐ

「ブルートフォースアタック（ブルートフォース攻撃）」：不正ログインのための総当たり攻撃

簡単なパスワードから始めて、ありとあらゆる文字列の組み合わせを順番に総当たりする攻撃手法です。攻撃者は自動化されたツールを使用して、サイトのログインページに対して膨大な数のパスワードで順番にログインを試みてサイトを乗っ取ろうとします。特に弱いパスワードを使用していると危険です！

対策1

不正ログイン防止

類推しにくいアカウント名とパスワードを設定する

WordPressにログインするためのアカウント名（ユーザー名）とパスワードを類推しなくいものにすることはとても重要です。

一意性が高いものにする
ほかにない固有（ユニーク）のものにして、同じアカウントやパスワードを使いまわすことは避けます。

個人情報を含めない
自分の名前や誕生日、住所、サイト名を含めないようにします。

複雑なものにする
類推されにくい複雑なもの（英数字や記号、大文字・小文字の組み合わせなど）にします。

ユーザー名またはメールアドレス

パスワード

ログイン状態を保存する　ログイン

いままで甘く考えていたので
反省するとともに
きちんと管理したいと思います

対策1
2 不正ログイン防止

ログイン試行回数を制限する

ログイン回数の制限を設けることで、短時間に多数のログイン試行されることを防ぎます。
セキュリティ系プラグインの「SiteGuard WP Plugin」（P.217参照）のメニュー❶**「ログインロック」**で、ログイン試行回数を設定することができます。

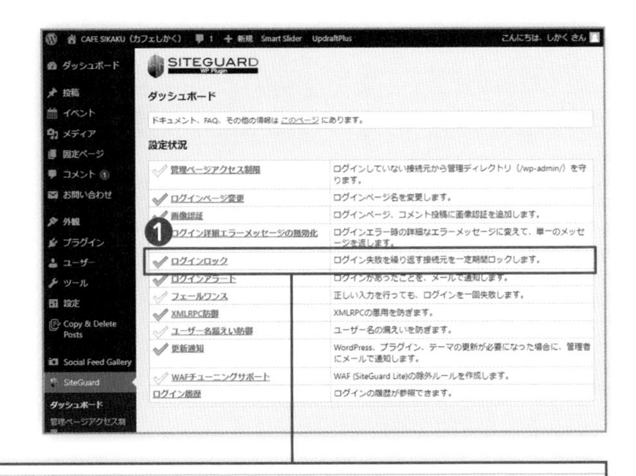

ログインロック	ログイン失敗を繰り返す接続元を一定期間ロックします。

対策1
3 不正ログイン防止

ログインページのURLを変更する

WordPressは通常「/wp-login.php」や「/wp-admin」にアクセスすればログインのためのページにアクセスできます。
これらのURLを変更することで、ブルートフォースアタックの発生率を減らすことができます。この変更も「SiteGuard WP Plugin」で簡単に行えます。
設定方法についてはP.217で説明しているのでご参照ください。

「/wp-login.php」のままだと
攻撃される可能性が高まるので
軽減するための対策です

対策2：WordPressを良好な状態に保つ

WordPressの脆弱性を対象にした攻撃

ブルートフォースアタックもそのひとつですが、そのほかにもWordPress本体やテーマ、プラグインなどシステム上の脆弱性を対象にした代表的な攻撃手法には次のようなものがあります。

- **SQLインジェクション**：データベースに対して不正なSQL文を挿入することで、データベースを破壊したり、機密情報を盗み出したりする攻撃手法です。
- **クロスサイトスクリプティング（XSS）**：サイトの入力フィールドに悪意のあるスクリプトを挿入し、そのフィールドを通じて他のユーザーにスクリプトを実行させることで発生します。

対策2 1 良好な状態を保つ

安全なテーマやプラグインを選択する

WordPressテーマやプラグインの作者に最新のセキュリティに関する知識が不足している場合があり、脆弱性が残されることがあります。
そのため、テーマやプラグインを選定する際には、信頼性の高いものを選ぶことが重要です。
たとえばプラグインを選ぶ際のチェックポイントには次のようなものがあります。

公式ディレクトリに登録されているものがすべて安全というわけではありません
安全性や信頼性の評判などを確認して使用するようにしてください

☑ 公式ディレクトリに登録されている
☑「有効インストール数」（ユーザー）が多い
☑ ★の数が多い（評価が高い）
☑「最終更新」が新しい（定期的にメンテナンスされている）

対策2

2 良好な状態を保つ

不要なテーマやプラグインは削除する

便利そうだからといって
プラグインをやたらに
たくさん入れておくのも
リスクが大きくなるわけね

不要なテーマやプラグインをそのままにしておくことは攻撃の対象となります。アンインストールして攻撃されるリスクを軽減しましょう。

【不要テーマを削除する】

使っていないテーマを削除するには、以下の方法で行います。管理画面→［外観］→［テーマ］でたとえば、❶「Twenty Twenty-Two」をクリックして詳細を開きます。

「Twenty Twenty-Two」詳細画面の右下にある❷「**削除**」をクリックするだけです。

使っているテーマに何かのトラブルが生じた時のために、検証用として最新のデフォルトテーマは削除しないでおくことをおすすめします。

【不要プラグインを削除する】

使っていないプラグインを削除するには、管理画面→［プラグイン］→［インストール済みプラグイン］で、プラグイン名の下の❸「**削除**」をクリックします。

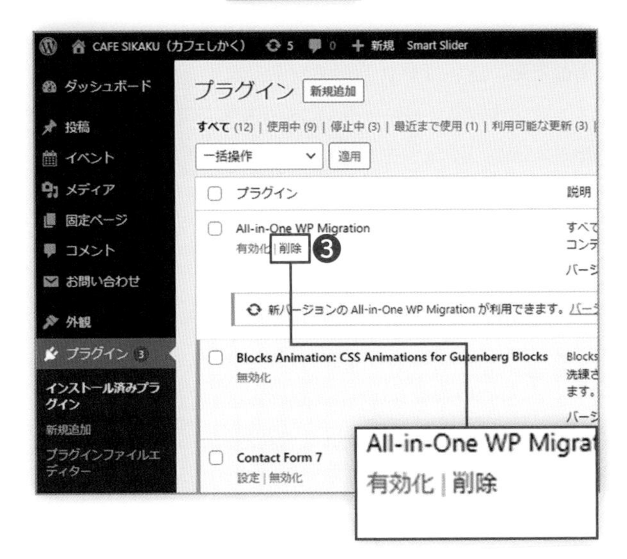

更新しないまま
使っていないテーマや
プラグインは削除する
ようにしましょう

対策2
3 良好な状態を保つ

WordPressを最新バージョンに保つ

WordPressは定期的にセキュリティアップデートされるので、できるだけ早めに最新バージョンにアップデートしましょう。WordPress本体に加えてテーマやプラグインも同様です。
更新の有無は❶**「管理バー」**や、❷**更新ページ**で簡単に確認することができます。

【重要】
アップデートを行うと互換性の問題などによりサイトが機能しなくなる場合がたまにあります。更新する前にバックアップは必ずとっておきましょう。

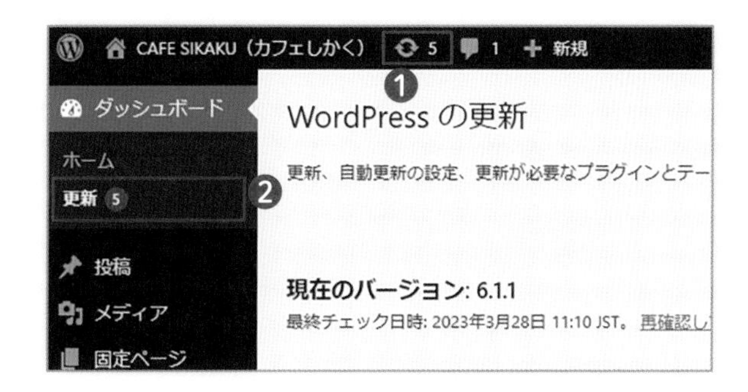

たしかプラグインを自動で更新する設定がありましたね（P.213「And More」参照）

WordPress本体には「メンテナンスリリースとセキュリティリリースのみ自動更新」という設定があります マイナーリリースだけ自動更新するようなことができるんですよ

And More

数字が示すメジャーリリースとマイナーリリース

6.3.1

メジャーリリース　マイナーリリース

WordPressは「6.3.1」など数字が大きいほどより新しいバージョンです。頭の2つの数字（「6.3」）が**メジャーリリース**で、新機能の追加など大きい変更が加えられています。このアップデートは慎重に行う必要があります。対して3つめの数字（「1」）は**マイナーリリース**で、バグやセキュリティ対策なのでほとんどの場合は何も考えずにアップデートしても大丈夫です。

対策2
4 良好な状態を保つ

自動更新を有効にする

【テーマの自動更新を有効にする】

管理画面→［外観］→［テーマ］で、テーマをクリックして詳細画面を開きます。タイトル下の❶「**自動更新を有効化**」をクリックします。

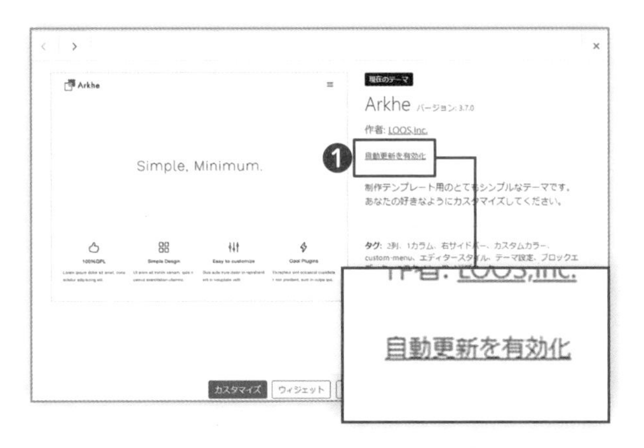

【プラグインの自動更新を有効にする】

管理画面→［プラグイン］→［インストール済みプラグイン］で、一覧の右端にある❷「**自動更新を有効化**」をクリックします。

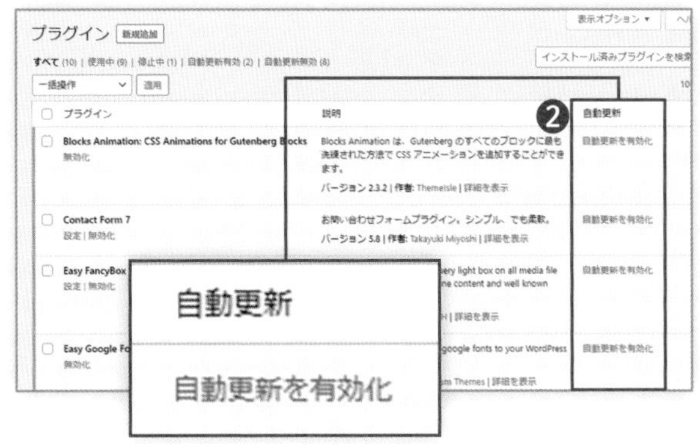

「自動更新を無効化」という
文字列に変わったら
「今は有効ですよ」って
ことね！

対策2
5 良好な状態を保つ

定期的なバックアップを行う

攻撃者にサイトを改ざんされてしまったり、そうでなくてもWordPressのシステムに不具合が生じたり、データベースが壊れてしまうなどのトラブルはどうしても生じるものです。

正常だった時点の状態にいつでも戻せるように定期的なバックアップは欠かせません。

❸「**UpdraftPlus**」（P.216参照）などのバックアッププラグインの導入をおすすめします。

対策2

良好な状態を保つ

サイトヘルスでチェックする

サイトのパフォーマンスやセキュリティ状況は管理画面→❶［**サイトヘルス**］でテストできます。「**致命的な問題**」が表示されていればすぐに対応する必要があります。改善方法も提案されており、サイトヘルスはとても有用な機能です。❷**それぞれの項目をクリック**すると、❸**詳細**が表示されます。
どのような状況なのか、改善するにはどうしたらよいかが具体的に説明されています。

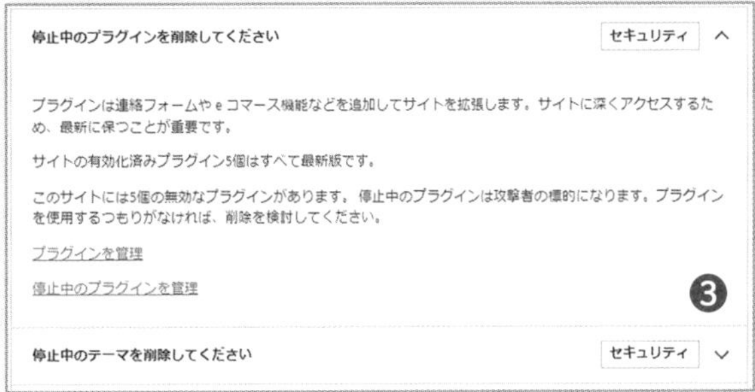

セキュリティ上
どんな危険が潜んでいるか
知っておくのは
大切なんですね

リスクについても
きちんと情報を得て
きちんと対策しておけば
おおかた大丈夫です

ログインセキュリティをさらに強化する

「ブルートフォースアタック」（不正ログインのための総当たり攻撃、P.259参照）は**海外からの攻撃がほとんど**です。
その対策を2つ紹介しましょう。

【国外IPアクセス制限】
Xserverを利用している場合、Xserverの管理画面→「サーバーパネル」→❶**「WordPressセキュリティ設定」**で、国外のIPアドレスからログインやそのほかの編集ができないように制限することができます。

【ひらがな画像認証】
海外の攻撃者がひらがなを理解して入力するのは困難です。プラグイン「SiteGuard WP Plugin」（P.217参照）で「ひらがな」での「画像認証」を有効にしておくと効果的です。
❷の場合、画像として表示されているひらがな文字を理解して「そまかか」と入力しないとログインできません。

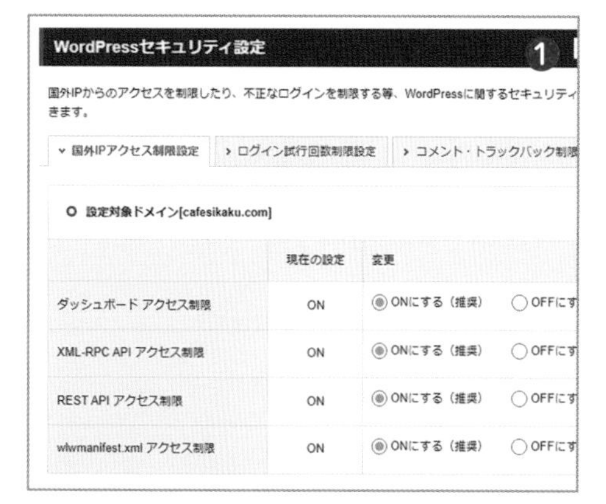

Xserverサーバーパネル

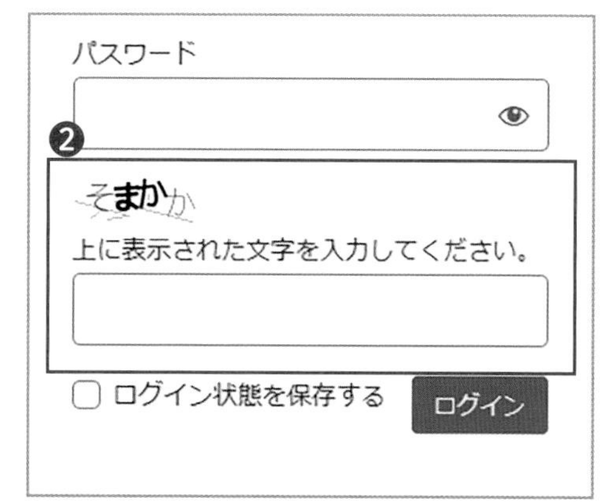

WordPressログイン画面

さらに2段階認証という方法もあります。パスワードのほかにユーザーアカウント所有者であることを証明する別の要素を使用して認証する方法です。
2段階認証を導入するには❸プラグイン「Two-Factor」が便利です。

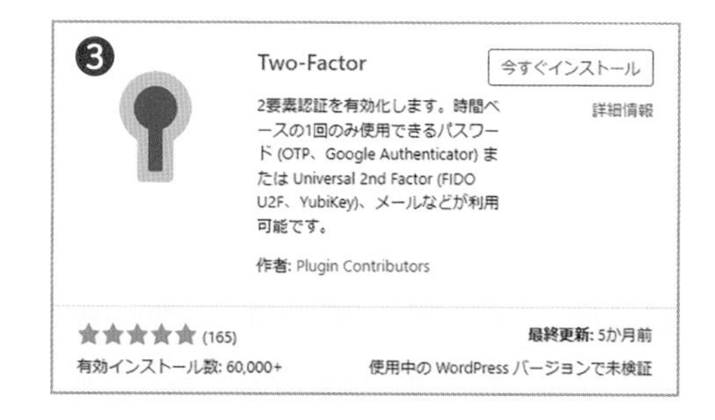

Your First Website
with WordPress
Beginner's Guide

LEVEL 8

さらにステップアップ
——中級・上級へ

CSSでデザインをカスタマイズする

文字の大きさや
色のほかにも
もっと外観を整えたい
ところがあるんですよね

テーマやプラグインに加えて
「CSS（スタイルシート）」のことも
知る必要がありそうですね

スタイルを追加してサイトの外観を整える

「CSS」は「Cascading Style Sheets」の略称で、**「スタイルシート」**とも呼ばれます。ウェブサイトのレイアウトや細かな装飾を定義する仕組みです。下図で示すとおりコンテンツとその構造はHTML形式のソースファイルが担いますが、文字や背景の色・フォントサイズ・表示させる位置など、レイアウトや装飾のスタイル定義をCSSが担っています。実はブロックエディターでコンテンツを作成した時にも、たくさんのCSSのスタイル設定を使っていたんです。WordPressではこれらの定義を上書き修正したり、新しく定義を追加したりすることができるようになっています。

HTML……コンテンツの情報・構造を定義する

```
<h1 class="heading">ホームページへようこそ</h1>
```

ホームページへようこそ

HTMLのみ　スタイルのない見出し

CSS……コンテンツのスタイル・外観を定義する

```
.heading {
    font-size: large;    /* フォントサイズを大きく */
    font-weight: bold;    /* フォントの太さを太く */
    color: red;    /* 色を赤に */
    text-align: center;    /* 位置を中央に */
}
```

ホームページへようこそ

HTML+CSS　スタイルが設定された見出し

ここから先はWordPressの
中級者になるための学習です
これまでに学んだことを踏まえて
ぜひチャレンジしてくださいね！

まずは適用されているCSSのスタイル設定を調べる

1 テーマカスタマイザーを開く

まずは、すでに適用されているCSSのスタイル設定を調べてみましょう。
管理画面→［外観］→［カスタマイズ］でテーマカスタマイザーを開きます。

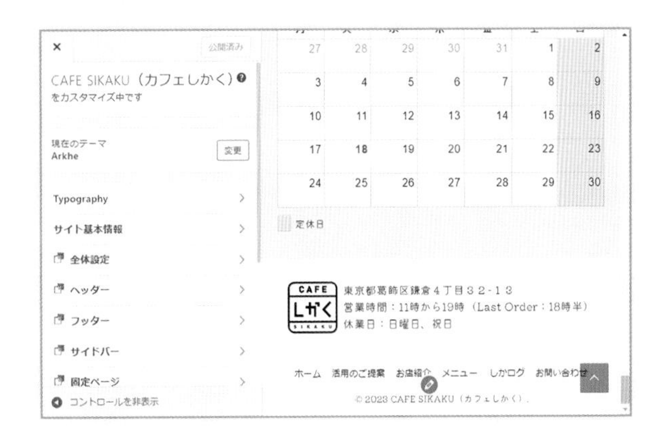

HTMLとCSSの基本的な書式・用語を理解しよう

HTMLはウェブページの構造を定義します。「HTMLタグ」と「属性」を使って要素を作成します。
これらの要素のスタイルを定義するのがCSSです。
「セレクタ」で要素を指定し、「プロパティ」と「値」で詳細なデザイン設定が可能です。

HTMLの基本的な書式の例

```
<h1 id="heading1" class="heading">見出し</h1>
```

HTMLタグ：基本的な要素（h1, h2, div, a, pなど）
属性：要素に関する情報（id, classなど）

CSSの基本的な書式の例

```
.heading { color: red; }
```

セレクタ（どこの） プロパティ（何を） 値（どうする）

スタイル設定に使える代表的なセレクタは、「HTMLタグ」、「class属性（「.heading」のようにクラス名の前にドットをつけて指定）」、「id属性（「#heading1」のようにID名の前にシャープ（#）をつけて指定）」です。
これらのようなセレクタの指定で要素を特定して、スタイルを設定することができます。

まずは適用されているCSSのスタイル設定を調べる（続き）

2 スタイル定義の確認に役立つデベロッパーツール

コンテンツの確認したい要素の上でマウスを右クリック→コンテキストメニュー→❶［検証］をクリックします。

この検証機能は「デベロッパーツール」と一般に呼ばれており、ウェブ制作に携わる人にとっては必須のツールです。

使用しているブラウザによって名称は異なりますが、本書ではGoogle Chromeの表記で説明します。Microsoft Edgeの場合は「開発者ツールで調査する」メニュー、Firefoxの場合は「調査」メニューをそれぞれクリックすると同様のツールを表示することができます。

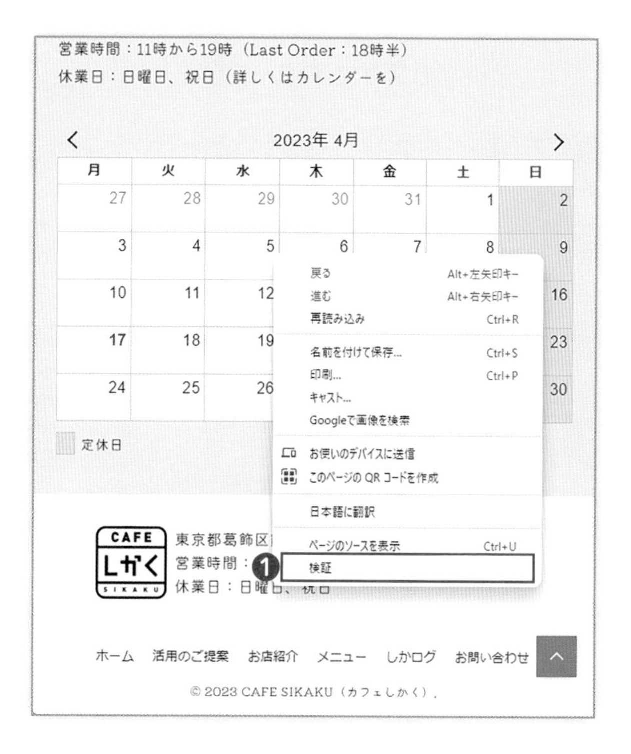

3 要素の構造とスタイル設定を確認する

右クリックした❷要素（Element）を起点とするその周辺のHTML構造を、❸**Elements表示領域**で確認することができます。

Elements表示領域のカーソル位置のスタイル設定は、その下の❹**Styles表示領域**で確認できます。

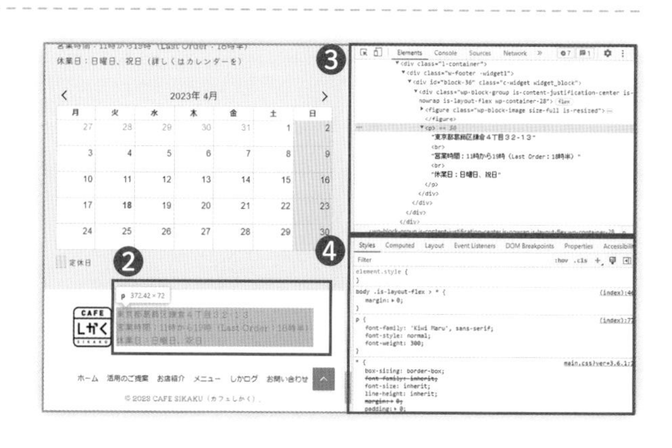

まずは適用されているCSSのスタイル設定を調べる（続き）

スタイル設定を分析する

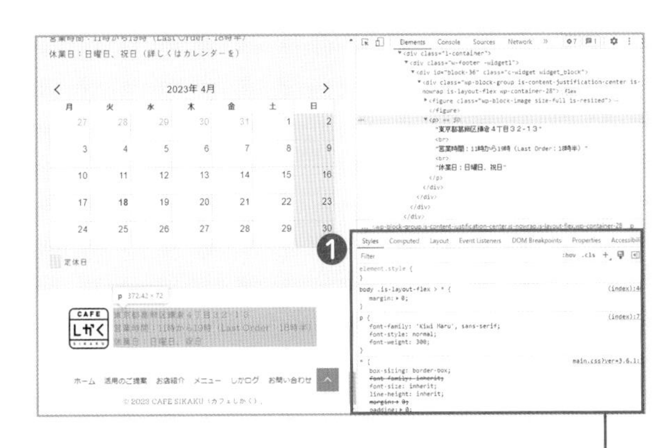

調べている要素に対して複数のスタイル設定が適用されていることが❶を見るとわかります。しかもその設定は、優先順位のルールに従って上書きされていきます。

最終的に適用された主なスタイル設定は

- **margin**：0（要素の周りの余白）
- **font-family**：「Kiwi Maru」フォントで表示
- **font-style**：標準（normal。ほかにはItalicなど）
- **font-weight**：太さは300

であることがわかります（上書きされたスタイル設定には取り消し線が引かれています）。

```
body .is-layout-flex > * {
    margin: ▸ 0;
}
p {
    font-family: 'Kiwi Maru', sans-serif;
    font-style: normal;
    font-weight: 300;
}
* {
    box-sizing: border-box;
    font-family: inherit;
    font-size: inherit;
    line-height: inherit;
    margin: ▸ 0;
    padding: ▸ 0;
}
```

上書きされたスタイル設定には取り消し線が引かれる

スタイルは滝のように段階的に適用される

「カスケーディング（Cascading）」とは「滝のように流れ落ちる」という意味の言葉です。
CSSのカスケード形式では、汎用的な設定がより詳細な指定によって上書きされていきます。“流れ落ちる滝”のようにスタイルが段階的に適用されていく仕組みを指しています。
同じ要素に対して、複数のスタイルを順々に適用して上書きされていくイメージです。

「追加CSS」でスタイル設定を上書きする

1 スタイル設定を調整したい個所をフォーカスする

フッター領域の背景色のスタイル設定を上書きしてみましょう。

❶ **Element表示領域でマウスホバー**していくと、❸**該当部分の色**が変わり、どの要素がフッター全体を示しているかがわかります。

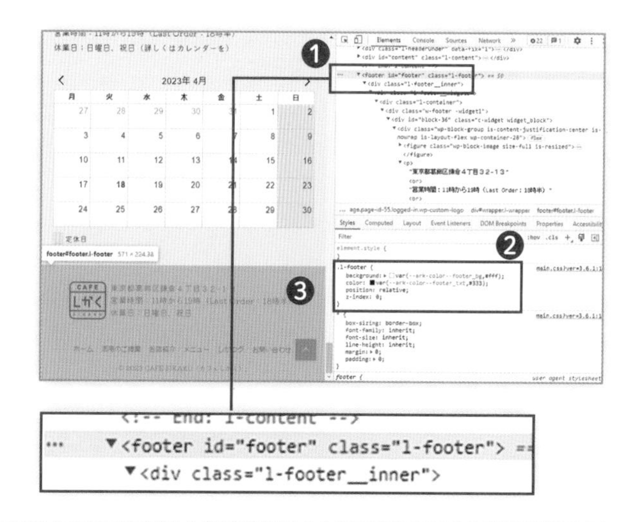

2 現在の背景色を確認する

上記STEP1のfooterタグのクラス属性❷「**l-footer**」に次のようなスタイルが設定されていることがわかります。

```
.l-footer {
   background: ▶ □var(--ark-color--footer_bg,#fff);
   color: ■var(--ark-color--footer_txt,#333);
   position: relative;
   z-index: 0;
}
```
❷

```
background: var(--ark-color--footer_bg, #fff);
```

「background」の値は「var(--ark-color--footer_bg, #fff)」。テーマ「arkhe」標準の設定で、カラーコード「#fff」は「白色」を意味しています。

わからない記号ばっかりと
最初は思ったけど
「footer」とか
「background」とか
なんとなく英単語でわかりそうね

そうでしょ
「へーこうなってるんだー」と
最初はとにかく観察することから
はじめてみましょう

「追加CSS」でスタイル設定を上書きする（続き）

3 変更する背景色を検証する

❶ **「background（背景色）」の値**フィールドをクリックすると編集できるようになります。値を削除すると、そのプロパティに対応した選択可能な設定値がリストで表示されます。リストから任意の色を選択すると適用された色をすぐに確認することができます。
右図は❷「wheat」、❸「lightslategray」をそれぞれ選択した例です。
ここでは「lightslategray」を選択することにします。

> 色の指定は「red」や「blue」のようにキーワードで指定する方法のほかに、次のようなコードで表現することもできます。
>
> - RGB値：rgb(255, 0, 0) ← 赤色。赤（red）緑（green）青（blue）を0から255の範囲で指定
> - RGBA値：rgba (255, 0, 0, 0.5) ←半透明の赤色。RGB値に透明度（アルファ値を0から1で指定）を追加した表記
> - RGB値の16進数表記：#FF0000←赤色

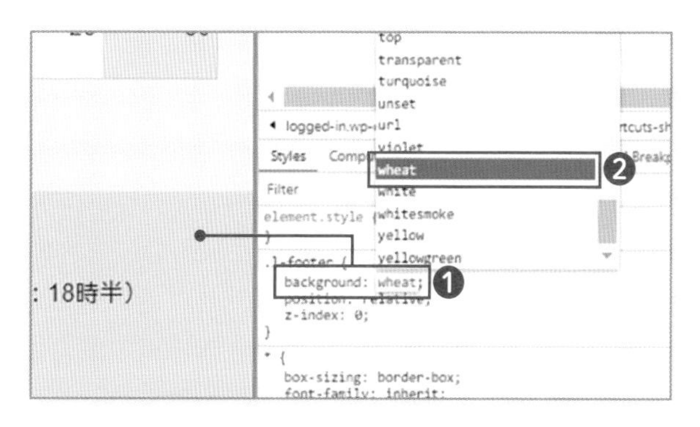

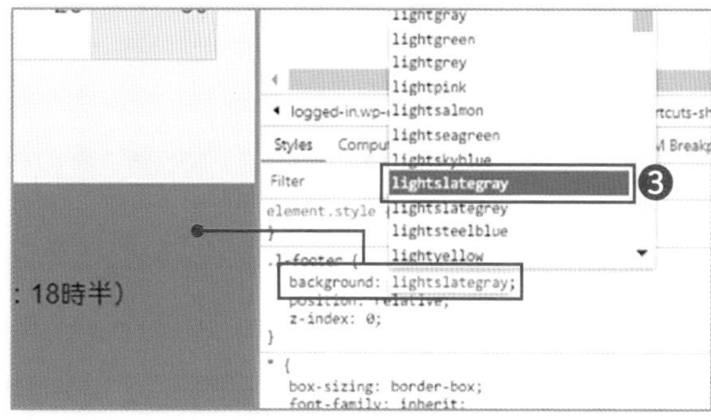

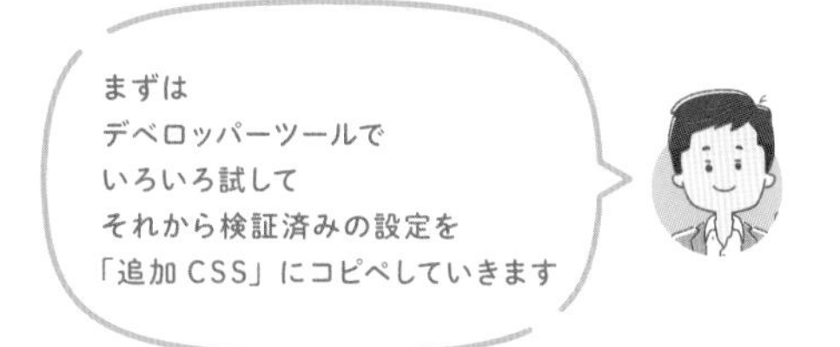

スタイル設定をクリップボードにコピー

デベロッパーツール上での変更は検証のための一時的な変更にすぎません。
「追加CSS」でスタイル設定を上書きするために、❹**この設定を選択してクリップボードにコピー**（Control ＋ C キー）しておきます。

5 「追加CSS」を開く

テーマカスタマイザーのメニューから❶「追加CSS」をクリックします。

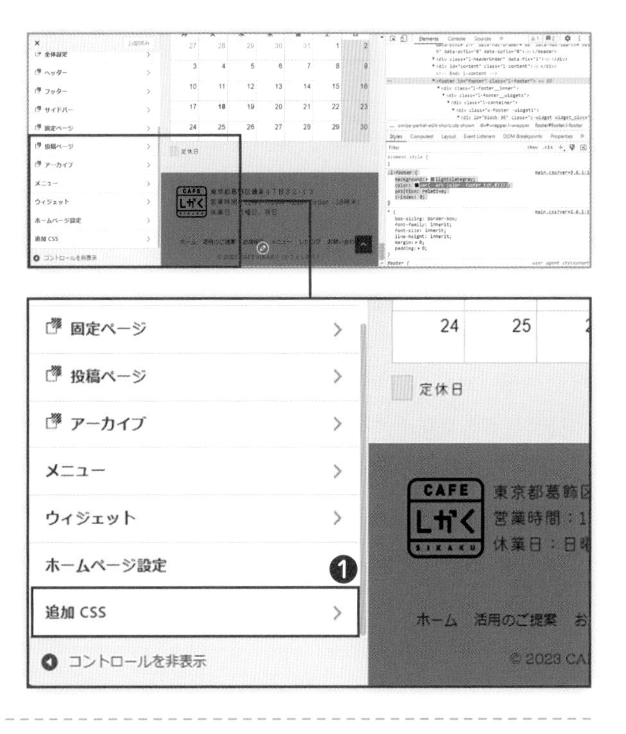

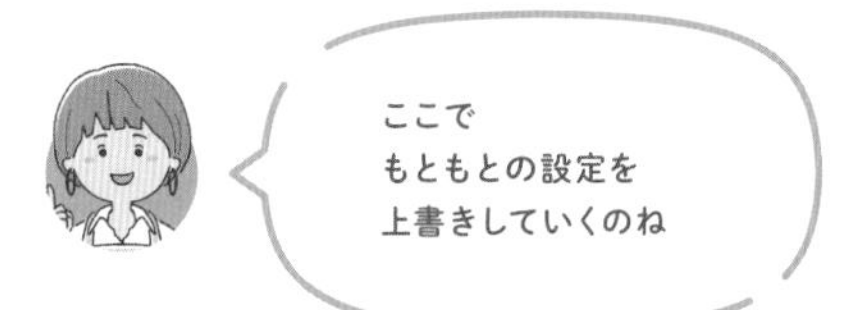

6 コピーしたスタイル設定を貼り付けて編集する

前ページのSTEP4でコピーしておいたスタイル設定を「追加CSS」の入力エリアに貼り付けて、❷のように編集します。

「/* フッターの背景色 */」とコメントを追加し、上書きしたいプロパティだけ残してほかのプロパティは削除しましょう。

❸「**公開**」をクリックします。

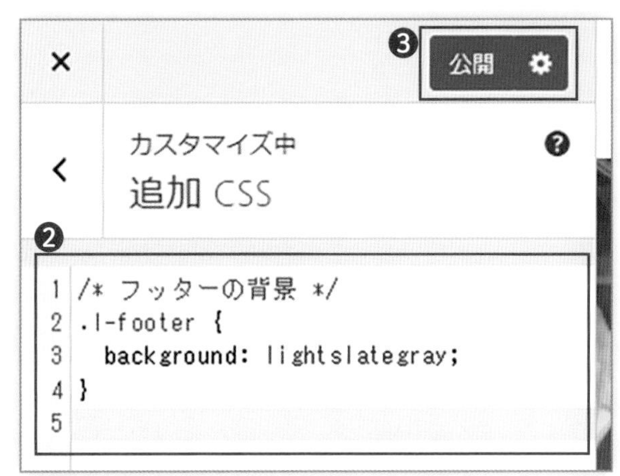

CSS設定内の「/*」と「*/」で
囲まれた文字列は「コメント」となり
設定の読み込みには影響ありません
何の設定かわかるように
コメントを記述しておくといいですね

7 追加したスタイル設定を確認する

❶ブラウザをリロード（再読み込み）して、該当箇所をデベロッパーツールで確認してみましょう。

❷元の設定が上書きされて、追加したスタイル設定が最終的に適用されていることがわかります。

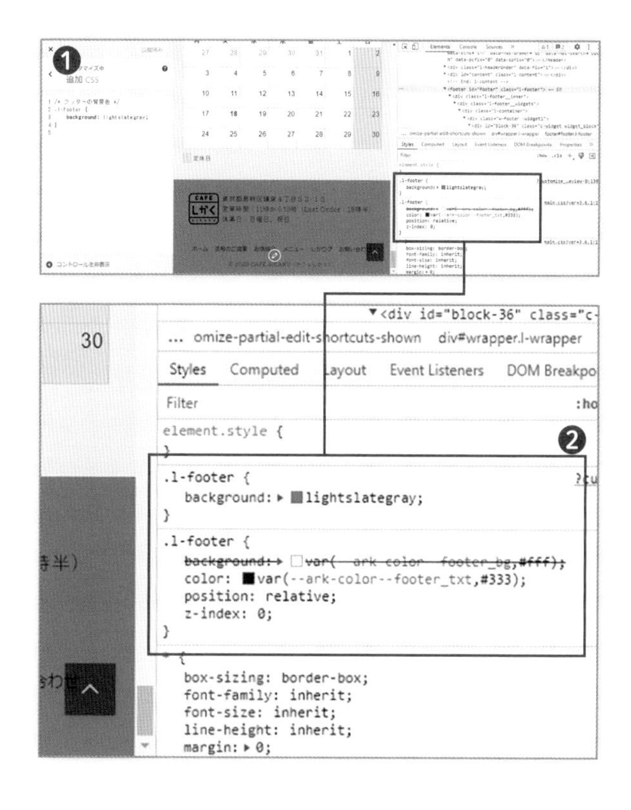

And More

デベロッパーツールの表示位置は変えられる

大きなディスプレイで作業する場合は、画面左側に「追加CSS」編集エリア、右側にデベロッパーツールを表示させると便利です。しかしノートパソコンのように小さな画面では左右に並べるのは限界があります。そんな時は、デベロッパーツール右上の❸**縦3点アイコン**→サブメニューで、デベロッパーツールの表示位置を変えることができます。❹**下**に表示させるか、❺**切り離す**かしてみるといいでしょう。

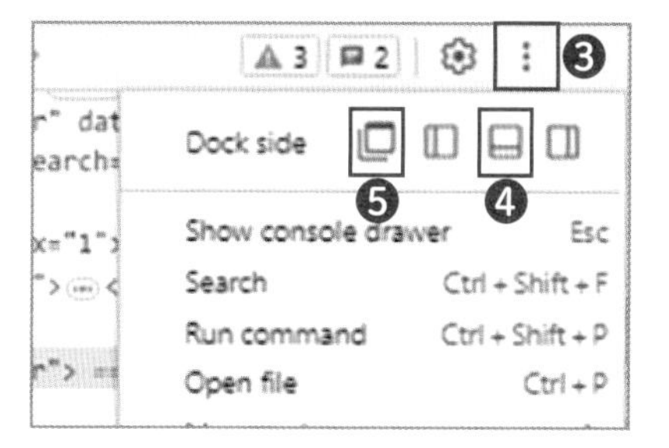

クラス属性やID属性を追加してスタイルを定義する

1 レイアウトを調整する

「お問い合わせ」ページをパソコン画面で見ると、フォームが左端に寄っており、全体的に間延びしたレイアウトになっています。
赤い点線で示すように、幅を指定してページの中央に配置するようにスタイルを新たに定義してみましょう。

【大まかな手順】

1. ブロックエディターで全体をグループ化
2. 新たなクラス属性を追加
3. 「追加CSS」に新たなスタイル定義を追加

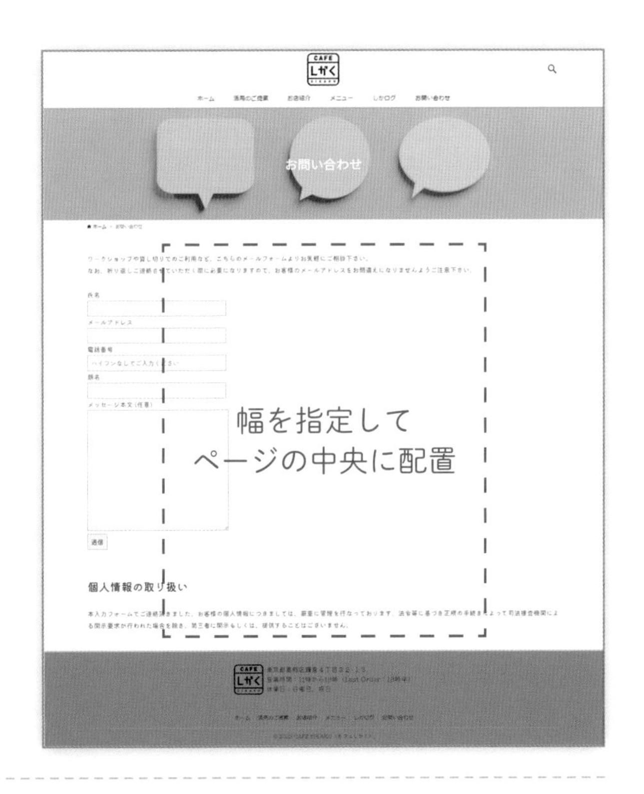

2 グループ化するブロックを選択する

管理画面→［固定ページ］→［固定ページ一覧］→［お問い合わせ］ページの編集画面を開きます。
すべてのブロックを選択するには、❶**［ドキュメント概観］**をクリックして❷**「リストビュー」**を開くと簡単です。
「リストビュー」で❸**先頭の段落ブロック**をクリックして選択した後、❹**最後の段落ブロック**を Shift キー＋クリックすると、4つのブロックすべてを選択できました。

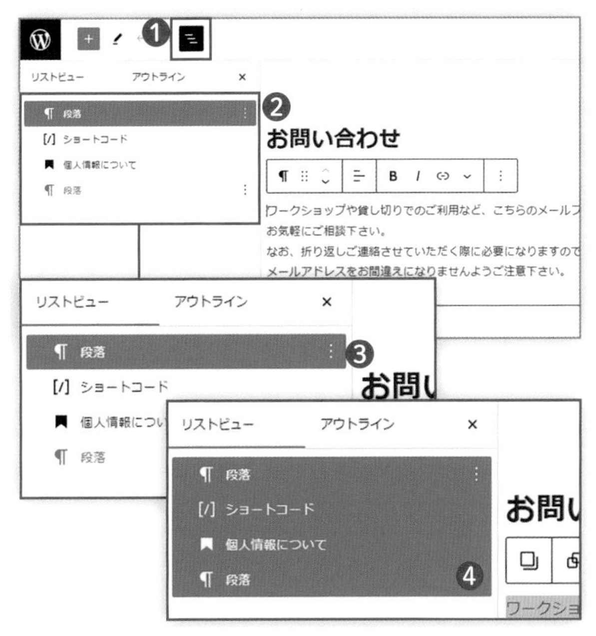

3 グループ化する

操作メニュー→❶［グループ化］をクリックして、選択したブロックをグループ化します。❷**リストビュー**を見ると、4つのブロックすべてが「グループ」ブロックの下位階層にまとめられたことがわかります。

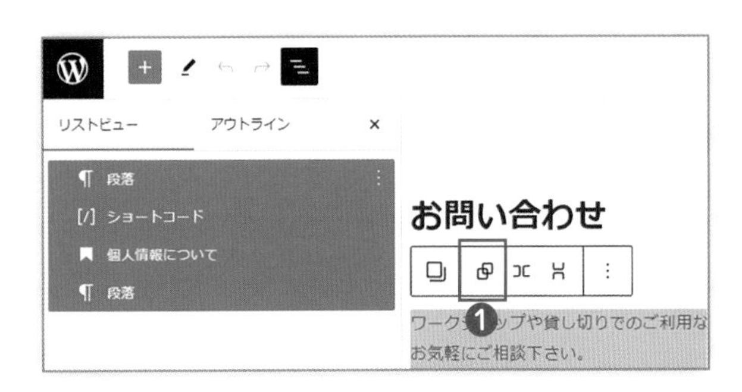

リストビューを見ると
ブロックの構造が
わかりやすいわね

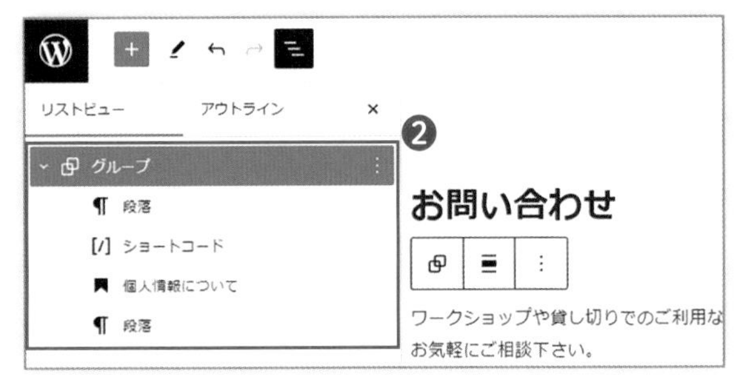

4 グループブロックにクラス名をつける

グループ化したグループブロックにクラス属性を追加します。方法は以下のとおりです。

- グループブロックを選択
- 画面右の操作パネル「高度な設定」の❸「**追加CSSクラス**」フィールドに、追加したいクラス名を入力
- 本書では「otoiawase」と命名

設定が完了したら「更新」をクリックして更新を反映します。

クラス属性やID属性を追加してスタイルを定義する（続き）

5 追加したクラス属性を確認する

テーマカスタマイザーのプレビュー画面で「お問い合わせ」ページを開きます。デベロッパーツールで、❶クラス属性「otoiawase」が追加されていることを確認できます。

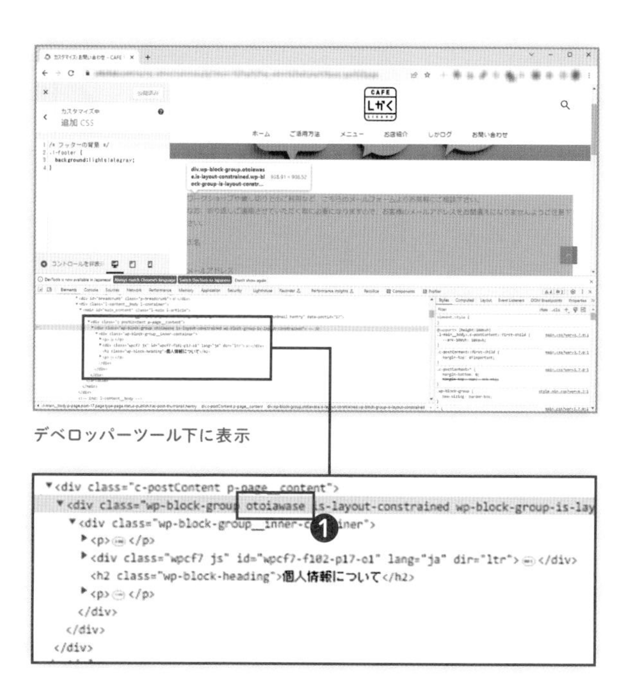

デベロッパーツール下に表示

デベロッパーツールを
下に表示してみました
文字列の検索もできるので
（Control＋Fキー）
活用してみてください

6 幅を指定して中央に配置する

追加したクラス属性「otoiawase」のためのスタイル設定を「追加CSS」に追加します。

```
/* お問い合わせ */
.otoiawase {
  max-width: 800px; /* 幅の最大値 */
  margin: auto; /* 外側の余白 */
}
```

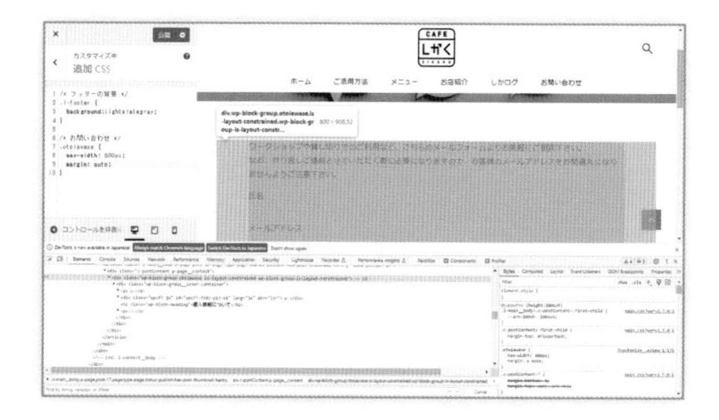

見た感じが
思いどおりになってくると
楽しいですね

外側の余白（margin）を
「auto」にすることで
余白を左右に自動的に割り振ってくれるので
全体が中央に配置されるんです

クラス属性やID属性を追加してスタイルを定義する（続き）

7 フィールドの幅を調整する

❶入力フィールドの幅が左に偏っているのでスタイル設定を定義して調整します。

```
/* お問い合わせ:フィールド */
.wpcf7-form-control[type=text],
.wpcf7-form-control[type=email],
.wpcf7-form-control[type=tel],
.wpcf7-textarea {
    /* 親要素の幅 */
    width: 100%;
}
```

このように同じ設定の要素は半角カンマでつなげて一緒に記述できます。**❷親要素に対する100%の幅**、つまり「otoiawase」の幅いっぱいに広げることができました。

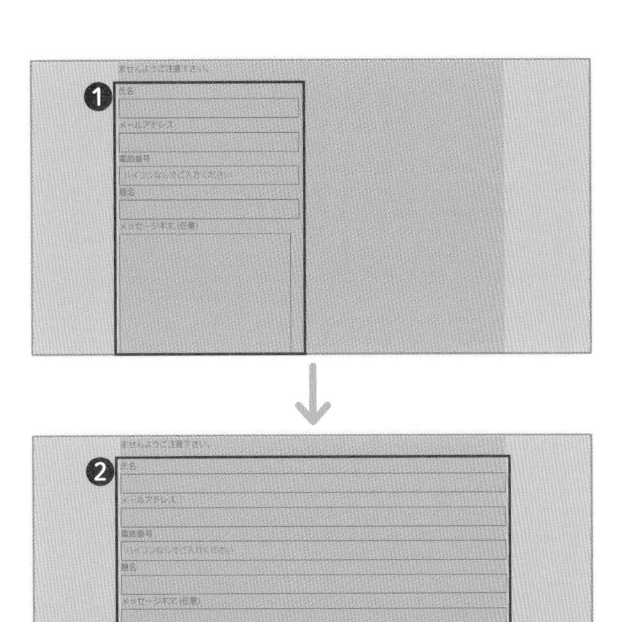

8 見出しを中央に配置する

❸フォーム下の見出しも中央にします。

```
/* お問い合わせ:見出し */
.otoiawase h2 {
    text-align: center;
}
```

セレクタを「h2」とだけ指定すると、サイト内のすべてのh2に影響します。親要素のセレクタも一緒に「.otoiawase h2」と指定することで、**❹「otoiawase」の子要素である「h2」**のみを中央に配置できました。

送信

個人情報について ❸

本入力フォームおよび、メールでご連絡頂きましたお客様の個人情報に付きましては、厳重に管理を行なっております。法令等に基づき正規の手続きによって司法捜査機関 による開示要求が行われた場合を除き、第三者に開示もしくは、提供することはございません。

送信

個人情報について ❹

本入力フォームおよび、メールでご連絡頂きましたお客様の個人情報に付きましては、厳重に管理を行なっております。法令等に基づき正規の手続きによって司法捜査機関 による開示要求が行われた場合を除き、第三者に開示もしくは、提供することはございません。

ここではクラス属性を追加しましたが
「高度な設定」の「HTMLアンカー」に入力して
ID属性を追加することもできるんですよ！
そのID属性を使ってスタイルを設定したり
ページ内リンクを設置したりもできます

9 ボタンの体裁を整える

最後に、❶「**送信**」ボタンを❷**他ページのボタンと同じような体裁**になるように整えます。

```
/* お問い合わせ：送信ボタン */
p:has(> .wpcf7-submit) {
        /*ボタンの位置 */
        text-align: center;
        display: flex;
        justify-content: center;
        align-items: center;
        position: relative;
        /*ボタン上の余白 */
        margin-top: 1rem;
}
.wpcf7-submit {
        font-size: inherit;
        line-height: 1.5;
        padding: 0.75rem 2.5rem;
        transition: opacity .25s;
        color: var(--ark-color--main);
        border-color: var(--ark-color--main);
        background-color: #fff;
}
.wpcf7-spinner {
        position: absolute;
        left: calc(50% + 24px);
        margin: 0 !important;
}
```

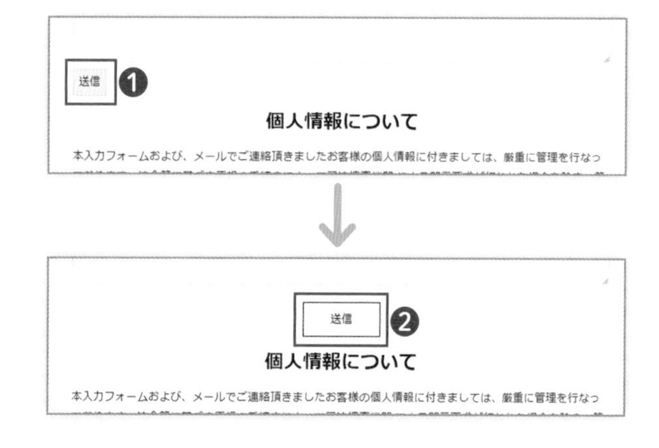

最後の「-spinner（スピナー）」とは
送信処理が完了するまで
ちょっと待つ時に表示される
クルクルまわるアレです
ボタン上に表示されるように
設定してみました

「justify-content」
「position: relative」って
なんですか？

えっとー
あとは少しずつ
自分で調べてみてください

10 全体の体裁を確認する

❶パソコンと❷スマホの両方で全体の体裁を確認します。

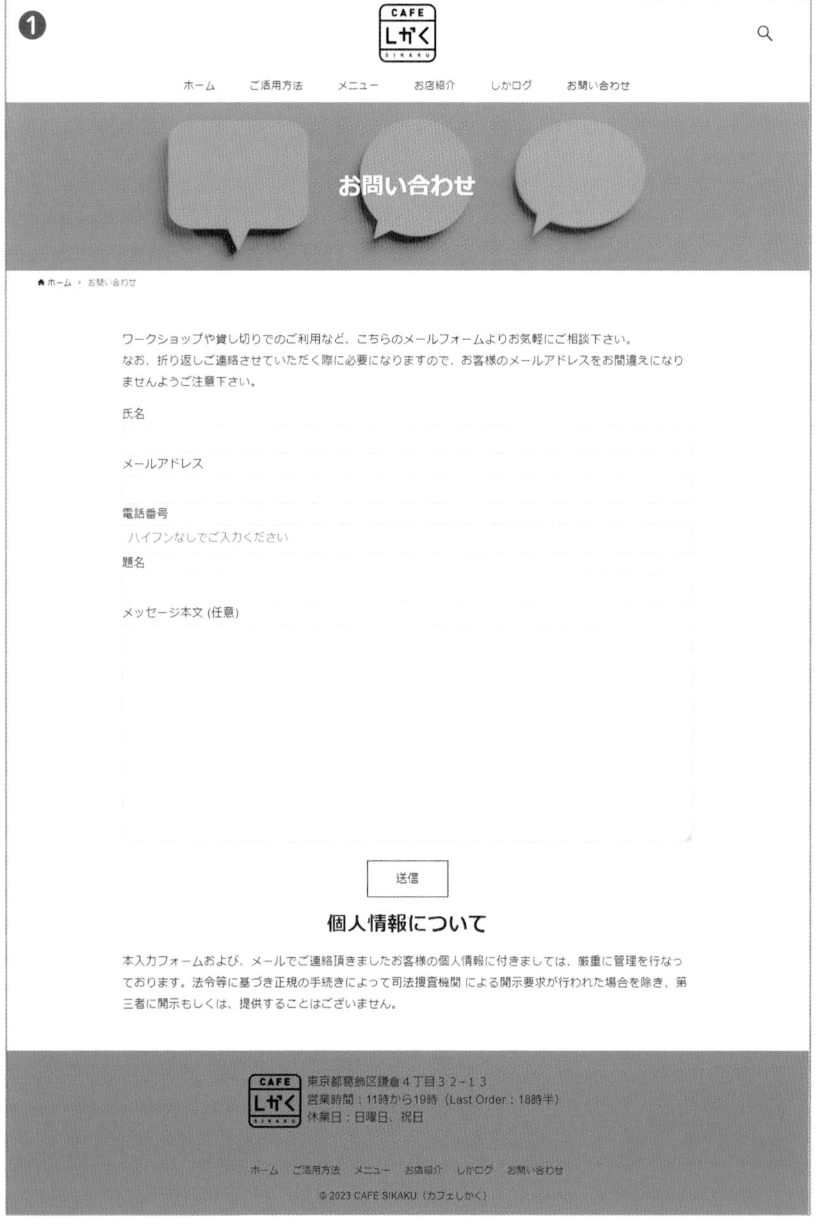

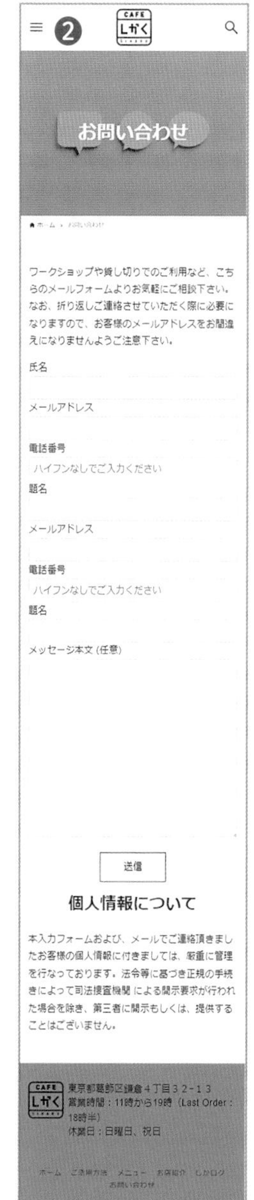

1 「追加CSS」で自由にカスタマイズ

「追加 CSS」にスタイル設定を追加することで、サイトの装飾やレイアウトを自由にカスタマイズできるようになります。
ここでは基本的なCSSの簡単な説明にとどめていますが、CSSの専門書やネットで調べるなどしてぜひとも知識を深めてください。
ここでは参考までに本書で追加したスタイル設定を紹介します。

2 グローバルナビの下部に影を入れる

グローバルナビに少し❶影をつけてみます。右の図のように追加 CSSを記述しました。
こうするだけで、ほかのコンテンツとの境目がはっきりするようになります。

```
/* グローバルナビ */
.l-headerUnder[data-fix] {
    /*ナビ下部に影で装飾 */
    box-shadow: 0 1px 5px rgb(0 0 0 / 20%);
}
```

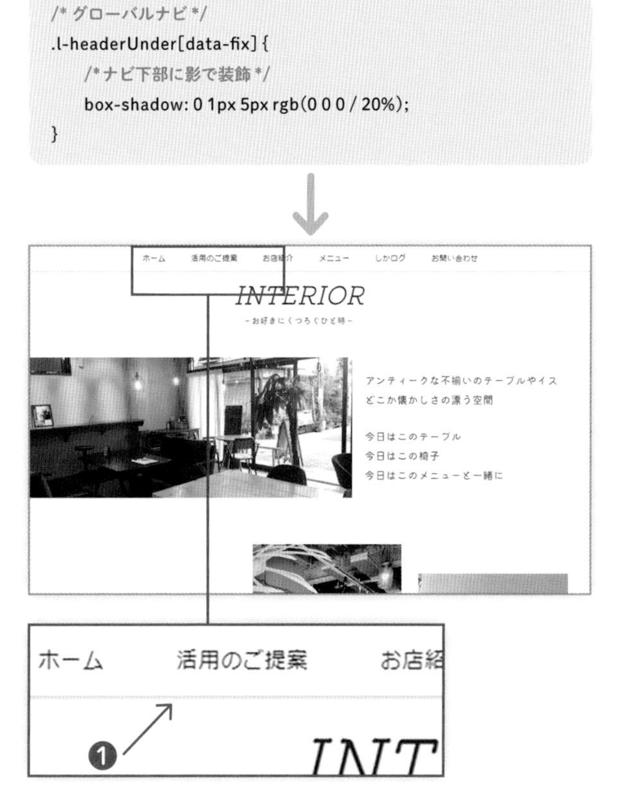

ちょっと影を付けるだけで
メニューとコンテンツの
メリハリが生まれるもの
なんですね

参考資料：追加したCSS定義の例（トップページ）（続き）

3 フッターの調整

フッターの外観を調整しました。メインコンテンツとの区分を明確にする線や、フッター上部の線、フッター全体の背景色、コピーライト周辺の線や余白を整えています。
下記の追加 CSSはそれぞれ❶～❺の外観に呼応しています。

```
/* フッター */
.l-content {
    /*メインコンテンツ下部の線 */
    border-bottom: solid 1px lightslategray;  ❶
}
.l-footer {
    /*フッター上部の線 */
    border-top: solid 1px #fff;  ❷
    /*フッターの背景色 */
    background: lightslategray;  ❸
}
.c-copyright {
    /*コピーライト上部の線 */
    border-top: solid 1px #919fad;  ❹
    /*コピーライト周囲の余白調整 */
    padding: 0.8em 0 0;  ❺
}
```

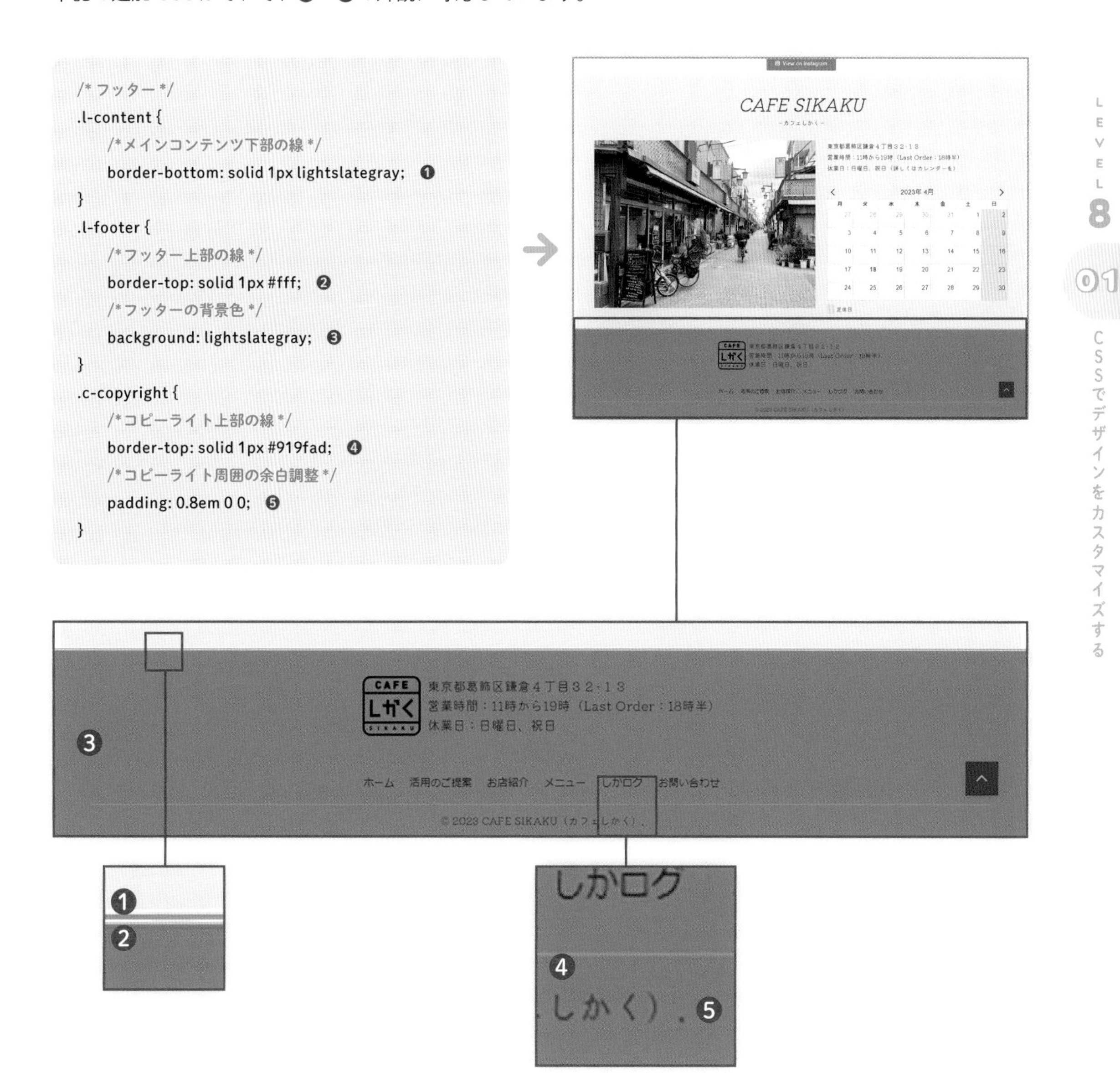

4 メインビジュアルスライドの高さを調整する

メインビジュアルスライドの高さがブラウザの高さとほぼ一致するように調整してみましょう。右の図のように追加CSSを記述しました。ファーストビュー（P.167参照）いっぱいにメインビジュアルを配置することでよりダイナミックな印象になります。

```
/* メインビジュアルスライド */
.n2-ss-slider {
    /*ブラウザの高さを考慮 */
    height:83svh;
}
```

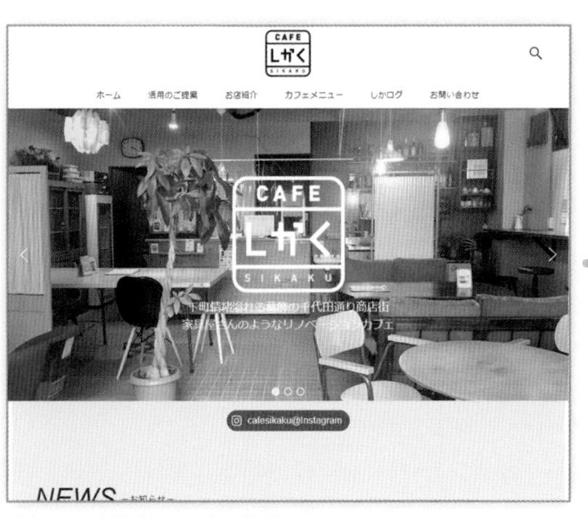

追加CSSを設定していない状態

追加CSSによりスタイル設定を上書きした状態

最初に目にした印象で
いかに惹きつけるか？
訪問者の離脱率を下げるため
ファーストビューを工夫しましょう

5 背景と重なった文字列に影を付ける

背景と混ざり合っても見えやすくするために、**❶ロゴ画像とテキストに影（shadow）を付け**ましょう。

```
/* スライダーに重なるロゴ画像とテキスト */
.n2-ssslider
.n2-ss-text,
.n2-ss-slider .n2-ss-text p,
.n2-ss-slider .n2-ss-item-image-content img {
    /* PNG画像とテキストに影を付ける */
    filter: drop-shadow(1px 1px 2px rgb(0 0 0 /
    60%));
}
```

テキストに影をつけるには
text-shadowが一般的ですが
PNG形式の画像にも
影を付けるために
filterを使いました

透過を表現できるPNG形式の画像

上記のロゴ画像のファイル名は「logo.png」で、ファイルの拡張子が「.png」であるPNG（ピング）形式の画像です。PNG形式はアルファチャンネル（透明度）をサポートしていて、画像の一部を透明にすることができます。これにより、画像の形状に合わせて切り抜いたような表現が可能です。

本書で制作したページを概観する：トップページ

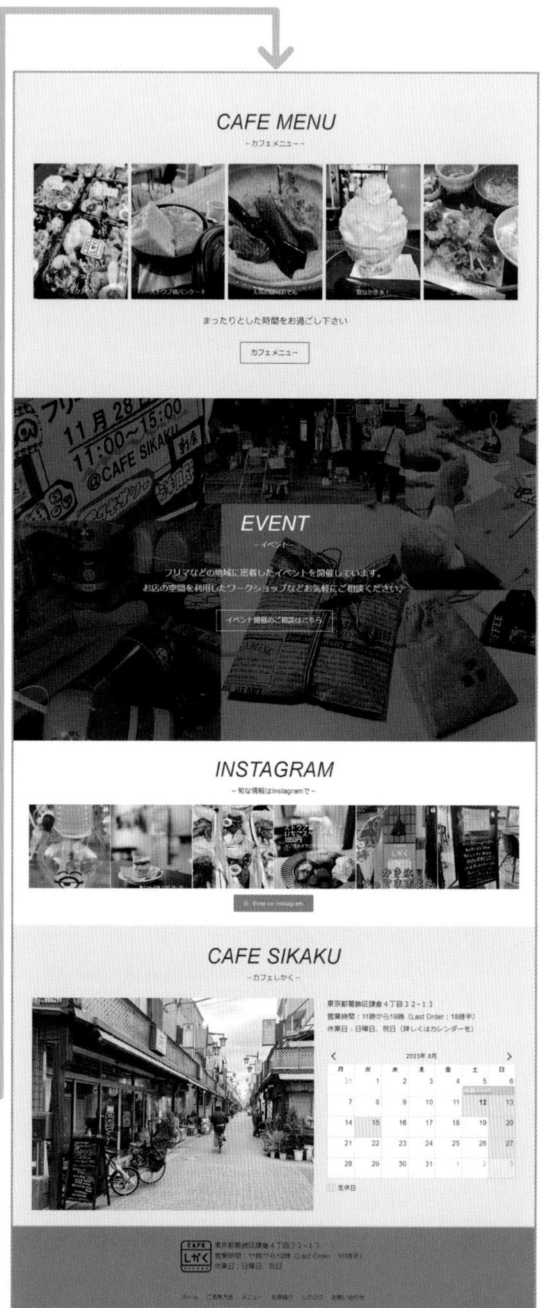

本書で制作したページを概観する：お店紹介、お問い合わせ

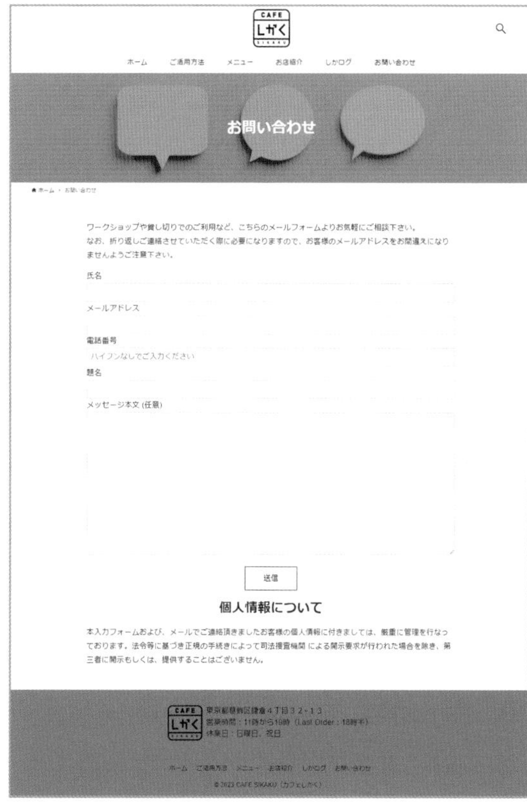

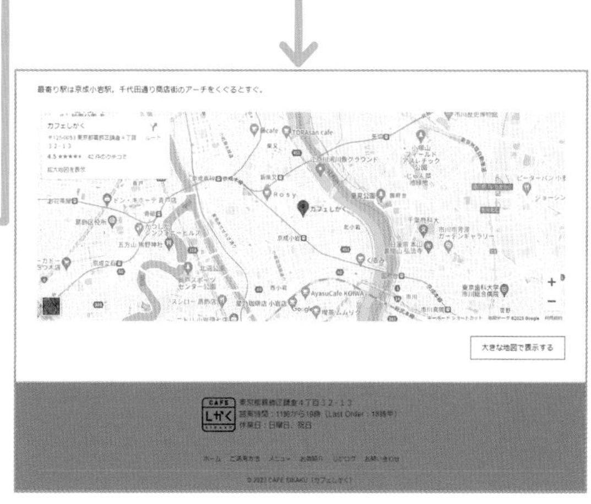

CSS習得のコツはとにかく真似すること
デベロッパーツールで気になるサイトの
設定をのぞいてみたり
試しに値を変えてみたりして
徐々に理解を深めていきましょう！

「子テーマ」で本格的カスタマイズ

プラグインで追加したイベント情報を新着に表示するにはどうしたらいいですか？

そうなるとコードを書くことになりますね完全に中級レベル以上ですがチャレンジしてみますか！

親テーマに変更を加えずにカスタマイズできる子テーマ

テーマを本格的にカスタマイズするには**「子テーマ」**を使います。子テーマとは、親テーマをベースにして作成されるテーマであり、親テーマの機能やデザインを継承しながら追加のカスタマイズを行うことができます。

子テーマを利用する最大の利点は、親テーマを一切変更することなく、子テーマで独自のデザインや機能を追加したり、既存の機能を変更したりできることです。

親テーマは、セキュリティやWordPress本体のバージョンアップに合わせて開発者により定期的に更新されます。そのような親テーマの更新に影響されずに、独自のカスタマイズを持たせることができるのが子テーマです。

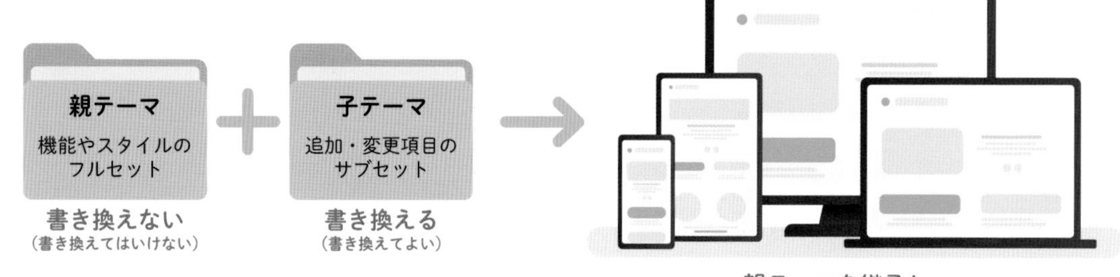

ここからはもはや開発の分野です専門書やネットを検索して勉強するようにしてくださいね本書では入口だけご紹介します

子テーマ作成に必要なスキルとツール

1 このレッスンで必要なスキルとツール

このレッスンではプログラムコードの編集を行いますので、もはや開発の分野です。次のスキルおよびツールが必要です。

スキル1：プログラムファイルの編集

CSSやPHPなどのプログラムファイルを編集する必要があります。文字コード「UTF-8」に対応したテキストエディター（テキスト編集ソフト）を使います。最近よく使われているエディターは「**Visual Studio Code**」（以下、VS Code）です。

【Visual Studio Code】

https://azure.microsoft.com/ja-jp/products/visual-studio-code

Visual Studio Code

スキル2：サーバーからファイルをダウンロード／アップロード

ファイルのダウンロード/アップロードはサーバーの管理画面でも行えますが、FTP（File Transfer Protocol）ソフトを使うのが一般的です。最も代表的なFTPソフトは「**FileZilla**」です。

【FileZilla】

https://filezilla.softonic.jp/

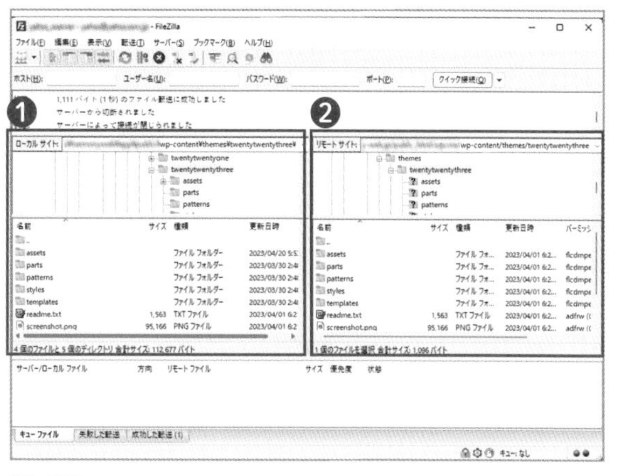

FileZilla

FileZillaの
左側が❶ローカルサイト（パソコン上のファイル）
右側が❷サーバー上（リモートサイト）のファイルです
サーバーからローカルサイトへのダウンロードや
ローカルサイトからサーバーへのアップロードが
ドラッグ＆ドロップなど簡単な操作で行えます

ここからはもう自分で調べて
いかなきゃいけないのですね
まずはダウンロードして
そしてインストールですね

FileZillaによるサーバー接続手順

FilleZillaでサーバーに接続する手順を紹介します。接続するための情報は、たいていレンタルサーバーの管理画面で確認できます。
本書で説明しているXserverでは、「サーバー管理」→「FTP」→❶**「サブFTPアカウント設定」**メニューから、❷**「FTPサーバー（ホスト名）」、「ユーザー名（アカウント名）」、「パスワード」**の3つの情報を入手します。

次にFilleZillaを開いて、ファイルメニュー→❸**［サイトマネージャー］**を開きます。
❹**［新しいサイト］**をクリックして、❺**「新規サイト」に任意の接続名を入力。**
❻**「ホスト」**、❼**「ユーザー」**、❽**「パスワード」**に入手した❷の情報を入力して、❾**［接続］**をクリックするとサーバーに接続できます。

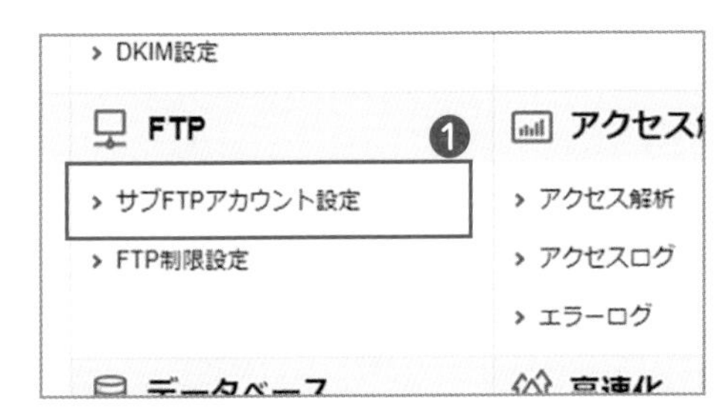

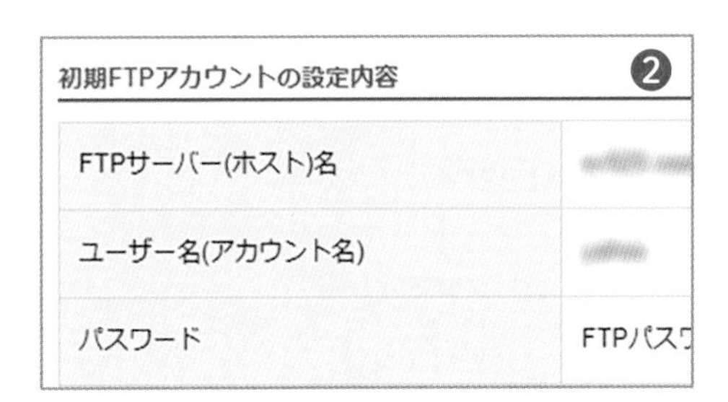

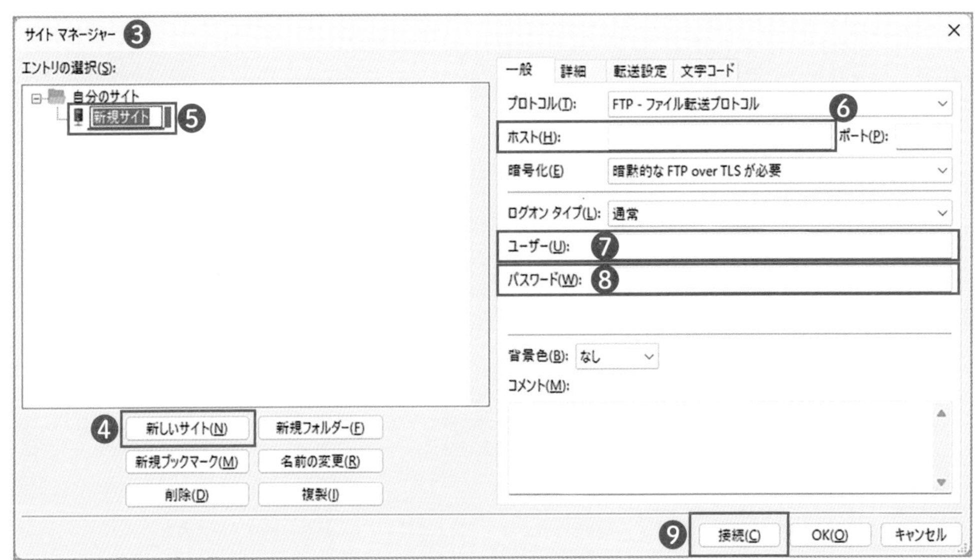

子テーマを作成する

1 パソコン上に作業用の子テーマフォルダを作成する

自分のパソコン上の適当な場所に子テーマ用の作業フォルダを作成します。

フォルダ名は親テーマの名前に「親テーマ名-child」と追加するとわかりやすいでしょう。本書では「**arkhe-child**」というフォルダを作成しました。

2 子テーマ定義用のstyle.cssを作成する

本書では、VS Codeを使って、作成した子テーマ用フォルダに「**style.css**」というファイルを作成します。

style.cssは一般に、レイアウト、フォント、色など、サイトのデザインに関するさまざまなスタイルを定義するためのファイルです。しかし、WordPressでは、スタイル定義に加えてテーマを識別するための特別なファイルです。

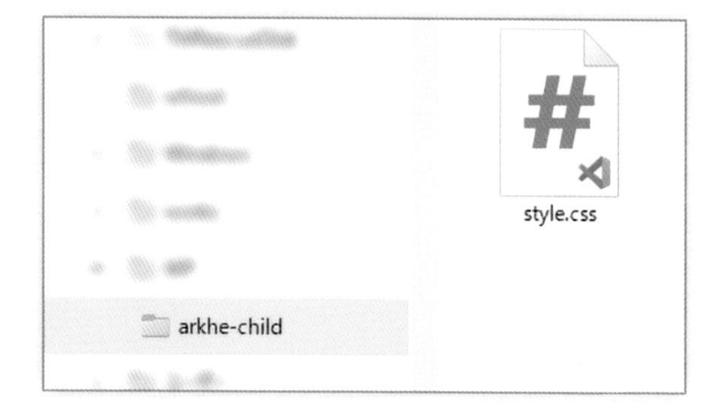

親テーマの「style.css」を
ダウンロードして
子テーマ用の定義ファイルに
書き換えるのもひとつの方法です

3 style.cssに子テーマの定義を入力する

作成した子テーマ用のstyle.cssをVS Codeで開きます。

親テーマの定義を参照しつつ、**子テーマの定義を入力**していきます。日本語入力モード（全角モード）をオフにして、基本的には半角モードで慎重に入力していきます。

❶は本書での入力例です。

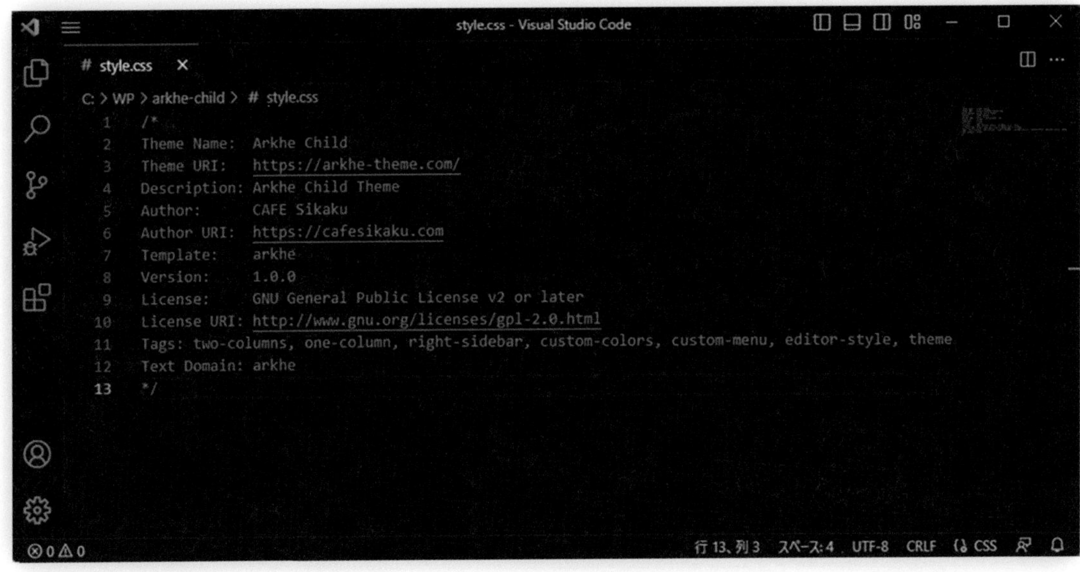

Visual Studio Codeでstyle.cssを編集した例

❶

```
/*
Theme Name: Arkhe Child
Theme URI: https://arkhe-theme.com/
Description: Arkhe Child Theme
Author: CAFE Sikaku
Author URI: https://cafesikaku.com
Template: arkhe
Version: 1.0.0
License: GNU General Public License v2 or later
License URI: http://www.gnu.org/licenses/gpl-2.0.html
*/
```

Theme Name: Arkhe Child	（子テーマの名前）
Theme URI: https://arkhe-theme.com/	（テーマの提供元URL）
Description: Arkhe Child Theme	（子テーマの説明）
Author: CAFE Sikaku	（子テーマの制作者名）
Author URI: https://cafesikaku.com	（子テーマの制作者のURL）
Template: arkhe	（親テーマの場所を示すフォルダ）
Version: 1.0.0	（子テーマのバージョン）
License: GNU General Public License v2 or later	（準拠するライセンス）
License URI: http://www.gnu.org/licenses/gpl-2.0.html	（準拠するライセンスのURL）

子テーマを作成する（続き）

追加CSSの記述をコピペする

この次のステップ5で、**親テーマがもともと持っているCSSの定義（スタイル定義）が子テーマに引き継がれるように設定**します。ただし、親テーマ選択時に、管理画面→［外観］→［カスタマイズ］→［追加CSS］（P.274参照）で追加したスタイル定義は引き継がれません。そのため、ステップ3で記述した子テーマ定義の下に、「追加CSS」で追加したスタイル定義をコピー＆ペーストしておいてください。

親テーマ選択時の「追加CSS」のデザイン定義を
子テーマ選択後にコピペしてもOKです
しかしここではせっかくstyle.cssファイルを作成しているので
本来あるべき場所であるstyle.cssファイルに
スタイル定義を記述してみました

style.css - arkhe-child - Visual Studio Code

```
/*
Theme Name:  Arkhe Child
Theme URI:   https://arkhe-theme.com/
Description: Arkhe Child Theme
Author:      CAFE Sikaku
Author URI:  https://cafesikaku.com
Template:    arkhe
Version:     1.0.0
License:     GNU General Public License v2 or later
License URI: http://www.gnu.org/licenses/gpl-2.0.html
Tags: two-columns, one-column, right-sidebar, custom-colors, custom-menu, editor-s
Text Domain: arkhe
*/

/* グローバルナビ */
.l-headerUnder[data-fix] {
    /*ナビ下部に影で装飾*/
    box-shadow: 0 1px 5px rgb(0 0 0 / 20%);
}

/* メインビジュアルスライド */
.n2-ss-slider {
    /*ブラウザ高さを考慮*/
    height:90svh;
}

/* グループブロック上部の余白調整 */
.c-postContent > .wp-block-group {
  margin-top: 0;
}

/* フッター */
.l-content {
    /*メインコンテンツ下部の線*/
  border-bottom: solid 1px lightslategray;
```

子テーマを識別するための定義

子テーマのCSSデザイン定義
親テーマ選択時の「追加CSS」からコピペ

子テーマを作成する（続き）

5 functions.phpを作成する

同様の方法でfunctions.phpというファイルを作成します。functions.phpは、WordPressの機能をつかさどる基本的なファイルのひとつです。

まずは親テーマのstyle.cssのデザイン設定を継承するためのコードを記入します。

本書での入力例❶です。

❶
```
<?php // プログラム言語PHPの始まりを意味（コメントは文頭に「//」をつけます）
add_action( 'wp_enqueue_scripts', 'theme_enqueue_styles' );
function theme_enqueue_styles() {
  wp_enqueue_style( 'parent-style', get_template_directory_uri() . '/style.css' );
  wp_enqueue_style( 'child-style',
    get_stylesheet_directory_uri() . '/style.css',
    array('parent-style')
  );
}
// 次の行はPHPの記述の終了を意味
?>
```

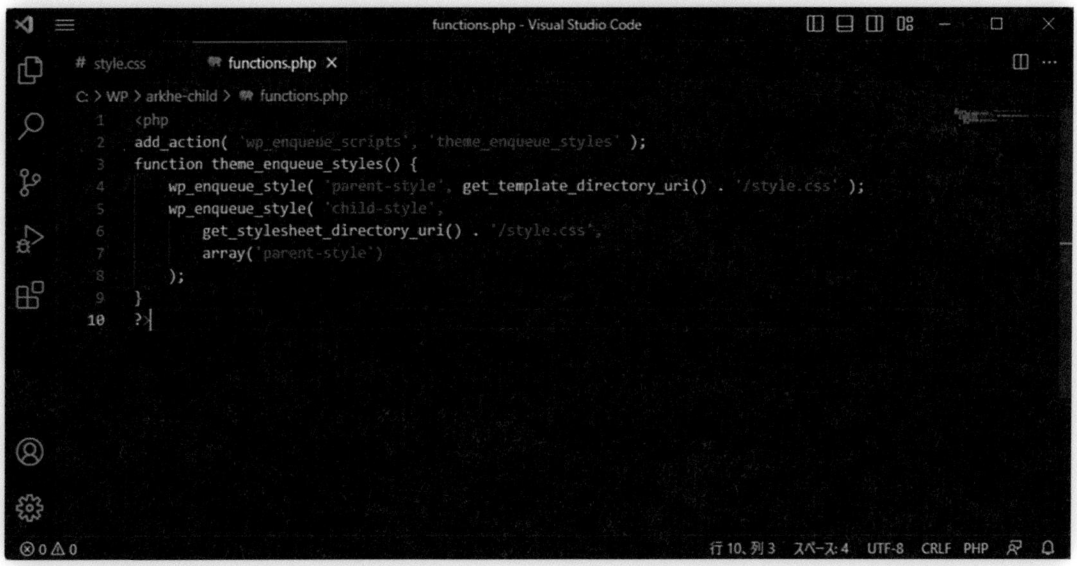

Visual Studio Codeでfunctions.phpを編集した例

作成した子テーマをフォルダごとアップロードする

はじめにサーバー上（リモートサイト）にあるWordPressが導入されたフォルダを見つけ、❶「wp-contents/themes」を開きます。

作成した子テーマ用作業フォルダ「**arkhe-child**」を、style.cssとfunctions.phpの2つのファイルを含めてフォルダごとサーバーにアップロードします（左のローカルエリアから右のサーバーエリアにドラッグするとアップロードされます）。

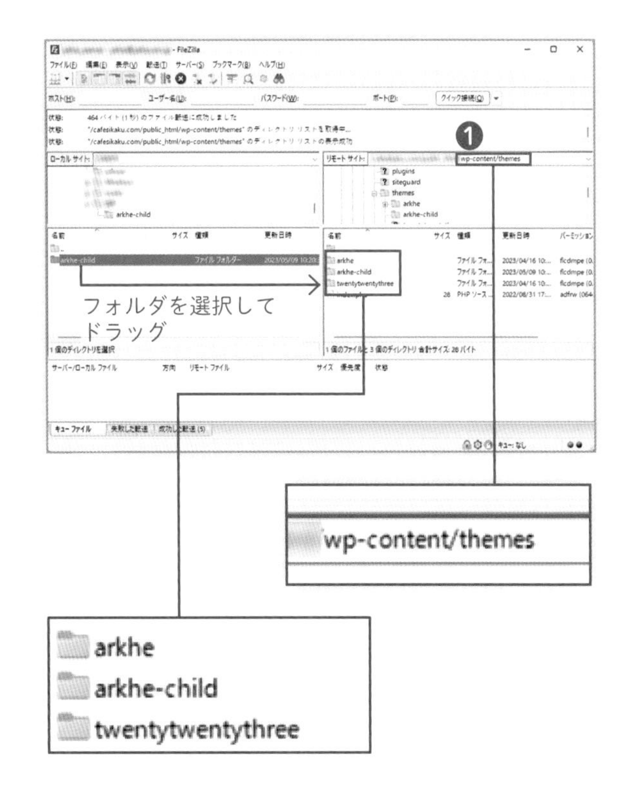

手元のパソコンからサーバーにドラッグ＆ドロップするだけでファイルが送れるなんてすごく便利ですね

And More

本来はローカル開発環境で検証→本番公開が望ましい

「ローカル開発環境」とは、自分のパソコン上にウェブサーバーやデータベースなどを構築して、本番環境と同じようにWordPressが完全に動作する環境のことです。

本書ではWordPressファイルを編集するための作業用フォルダを自分のパソコン上に設けて編集し、本番環境上のWordPressを直接操作する方法を紹介しています。しかし本来は、インターネットから完全独立して動作するWordPressシステム用のローカル開発環境を構築して、本番環境へのアップロード前に動作をローカル環境で確認するのが安全面からも好ましいです。

その方法については「WordPress ローカル環境」などと検索するとたくさんの解説を見つけることができます。ぜひご自身でいろいろ調べてチャレンジしてみてください。

7 追加した子テーマを確認して有効化する

管理画面→［外観］→［テーマ］を開くと、❶**作成した子テーマ**が追加されていることを確認できます。

［有効化］をクリックして作成した子テーマを有効にします。

公開しているサイトの見た目が
特に何も変わっていないのは
子テーマを通しただけであって
カスタマイズはまだ
何もしてないからだよね

【追加した子テーマが表示されないときは】

style.cssの記述をもう一度確認してみてください。

少なくともテーマとして認識されているなら、管理画面→［外観］→［テーマ］のページの下部に❷のようなメッセージが表示されているかもしれません。この「説明」は、子テーマで定義した親テーマが見つからないことを示しています。**よく見ると親テーマ名が「arke」と間違っています。**正しくは「arkhe」ですね。

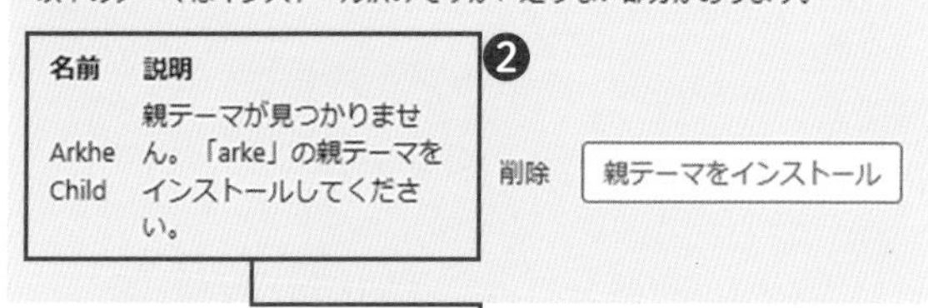

名前	説明
Arkhe Child	親テーマが見つかりません。「arke」の親テーマをインストールしてください。

何か問題が起こってもあわてずに！
ほとんどの問題の原因は
ちゃんと表示されるので
まずはその説明を確認しましょう

子テーマの活用例：新着記事にカスタム投稿タイプを含める

1 最新記事一覧にイベント情報を含める

本書では、メインビジュアルの下に最新の投稿一覧を3件表示するために「最新の投稿」ブロックを使っています。

これは、管理画面→［投稿］の「投稿」記事の中からピックアップされた一覧です。

この最新記事の一覧に、管理画面→［投稿］の記事だけでなく、管理画面→［イベント］の「イベント」記事も表示できるようにカスタマイズしていきます。

カスタマイズ前の状態

「最新の投稿」に「投稿」記事に加え、「イベント」記事も表示されるようにカスタマイズします

2 functions.phpにカスタマイズした機能を追加する

WordPressシステムの機能を拡張するには、functions.phpにプログラムコードを記述します。子テーマフォルダのfunctions.phpに❶のように記述してサーバーにアップロードします。

❶

```
function my_latest_posts( $query ) {
  if (
    // 条件 1: 管理画面ではない
    ! is_admin() &&
    // 条件 2: メインクエリではない
    ! $query->is_main_query() &&
    // 条件 3: トップページである
    $query->is_home()
  ) {
    // 上記の条件を満たすなら、post_typeに、'post'に加えて'xo_event'を含める
    $query->set( 'post_type', array( 'post', 'xo_event' ) );
  }
}
add_action( 'pre_get_posts', 'my_latest_posts' );
```

```
<?php
add_action( 'wp_enqueue_scripts', 'theme_enqueue_styles' );
function theme_enqueue_styles() {
    wp_enqueue_style( 'parent-style', get_template_directory_uri() . '/style.css' );
    wp_enqueue_style( 'child-style',
        get_stylesheet_directory_uri() . '/style.css',
        array('parent-style')
    );
}

function my_latest_posts( $query ) {
    if (
        // 条件1: 管理画面ではない
        ! is_admin() &&
        // 条件2: メインクエリではない
        ! $query->is_main_query() &&
        // 条件3: トップページである
        $query->is_home()
    ) {
        // 上記の条件を満たすなら、post_typeに、`post`に加えて`xo_event`を含める
        $query->set( 'post_type', array( 'post', 'xo_event' ) );
    }
}
add_action( 'pre_get_posts', 'my_latest_posts' );

?>
```

Visual Studio Codeでfunctions.phpを編集した例

子テーマの活用例：新着記事にカスタム投稿タイプを含める（続き）

3 表示を確認する

STEP1のカスタマイズ後の画面のように「最新の投稿」ブロックの一覧に、管理画面→［イベント］の「イベント」記事も掲載されていれば成功です。

あれ？
イベントの開催日じゃなくて
作成された日付の順に
並ぶんですねぇ……

ハハハ
この実装例ではイベントの内容（開催日）は考慮していないんです
もっと複雑なコードを書けばできますけど
そこまでやるかどうかは各自の判断です

クラフトマルシェ開催
2023年4月20日
5月14日 日曜日にクラフトマルシェ@カフェしかくを開催します！ お気軽に寄ってくださいね♪ まかないカレーライス500円で販売！ 出展者募集中　4/20(木)...

「アクションフック」と「フィルターフック」

上記の例では「pre_get_posts」という**アクションフック**を使用しました。WordPressのコアにはたくさんの**フックポイント**が埋め込まれており、そこにコードを差し込んで、動作や外観をカスタマイズできるようになっています。次の2つに分類できます。
「こんなことできないかな？」と思ったら、どのフックを使えるかを考えることはカスタマイズのヒントになることでしょう。

【アクションフック（action hook）】
特定のイベントやアクションが発生した時に実行される独自のコードを差し込めます。pre_get_postsは、記事一覧を取得する前に、その条件に「イベント」を追加した例でした。

【フィルターフック（filter hook）】
取得したデータを加工することができます。

トラブルが発生しても あわてない

でもやっぱり
コードを書くとなると
サイトが壊れたりしないか
心配です……

もちろん
トラブルはつきものです
事例や対処方法を
最後に紹介しましょう

トラブルは起きるものです

突然エラーメッセージが表示されたり、画面が真っ白になってしまったり、表示が崩れたりなど、**トラブルは起きるもの**です。あわてず冷静に対応するようにしましょう。
ヒントとなるいくつかのチェックポイントをご紹介します。

- ☑ 冷静な対応：パニックになるのではなく、焦らずに落ち着いて対応するようにします。
- ☑ 問題の特定：まずは問題の範囲と影響を確認しつつ、問題が起きている場所と原因を特定します。
- ☑ 対応策の検討：対応策を検討します。みなさんが遭遇する問題のほぼすべては誰かが経験済みのはずです。似たようなトラブルがないか、ネットで検索してみるとヒントを得られるかもしれません。
- ☑ 専門家の協力：解決できないトラブルや技術的な問題は専門家の助けを求めることが賢明です。

1 バックアップを取っておく

定期的にバックアップを取っておくことはとても大切です。
致命的な問題が生じて、最終的にどうしようもない状況に陥ったとしても、バックアップから復元することができます。
正常だったポイントに戻せるように備えておきましょう。

ローカル環境やクラウド環境などにバックアップしておくと安心です

2 「重大なエラーが発生しました」

右図のエラーの場合、英語の説明を見るとどこでどんなエラーが発生しているかヒントを得ることができます。

どこで：❶ arkhe-child/functions.phpの11行目付近

どんな：syntax error（構文エラー）

❷ functions.phpの11行目前後を確認すると、9行目に全角スペースが入っていました。この場合は、この全角スペースを削除するだけでエラーは解消されました。
ほかにも、全角のローマ字が紛れ込んでいないか、カッコ閉じが抜けていないかなど注意深く確認してみてください。

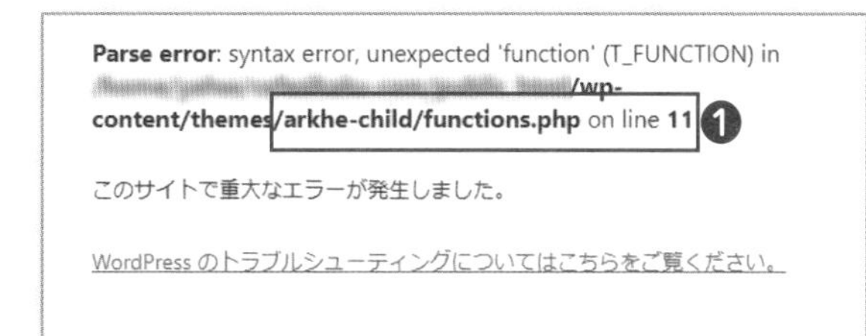

❷
```
6          get_stylesheet_director
7          array('parent-style')
8      );
9  }　
10
11 function my_latest_posts( $quer
12     if (
13         // 条件1: 管理画面ではない
14         ! is_admin() &&
```

3 「現在メンテナンス中のため、しばらくの間……」

テーマやプラグインの更新がしばらく待っても一向に終わらなかったり、更新中にエラーが生じることがあります。
やむをえずブラウザをリロードすると、管理画面は問題なく表示できるものの……

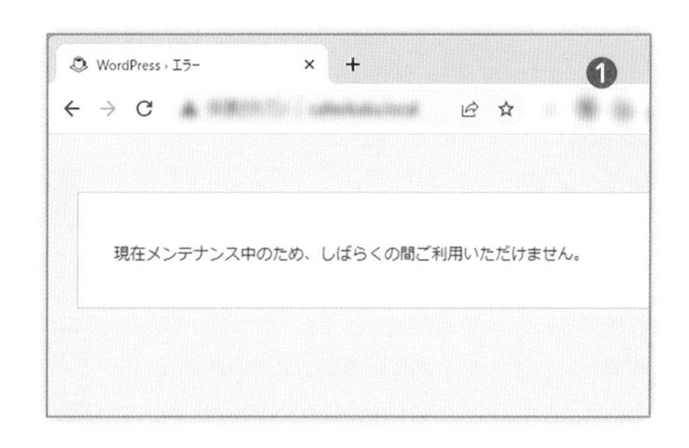

【現象】
サイトを確認すると❶**右図のメッセージ**が現れてサイトの閲覧ができなくなってしまうことがあります。

【原因】
テーマやプラグインの更新処理を行っている間、WordPressは「現在メンテナンス中のため……」とメッセージを表示してサイトを閲覧できないようにしています。
更新中に何らかのエラーが生じて、このメッセージ表示を終えないままになっているのが原因です。

【対応】
FileZillaなどのFTPソフトでサーバーに接続します。WordPressが導入されているフォルダの直下にある❷**ファイル「.maintenance」を削除**すると、サイトは正しく閲覧できるようになることがほとんどです。

それだけなんです
更新が終わるまで
更新ページを閉じないとか
たくさんの更新を
一気にしないようにするとか
再発防止策を講じたほうが
安全かもしれませんね

トラブルが発生してもあわてない（続き）

画面が真っ白になった

【現象】

❶管理画面も公開サイトも真っ白で本当に何も表示できない状態です。

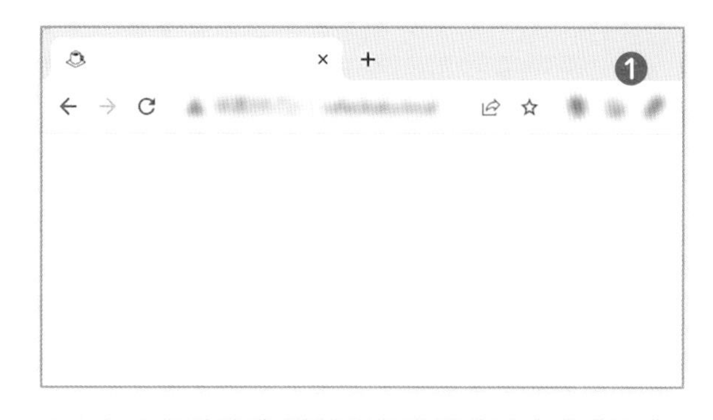

【原因】

直前の何らかの変更が関係していることがほとんどです。代表的なケースは次の2つです。

- テーマを更新した、もしくはテーマ内のファイルを編集した
- プラグインを更新した

リモート サイト: /wp-content/themes

❷

themes
- arkhe
- arkhe-child
- twentytwentythree

名前	サイズ	種類	更新日時
..			
arkhe		ファイル フォ...	2023/08/08
arkhe-child		ファイル フォ...	2023/07/09
twentytwentythree		ファイル フォ...	2023/08/09
index.php	28	PHP ソース ...	2022/08/31

【対応】

問題が生じた直前の状態に戻せるなら戻します。戻せない、もしくは戻し方がわからない場合は以下の方法を試してください。

テーマの更新が怪しいなら……

FTPソフトでサーバー上の❷「wp-content/themes」に接続します。まず該当するテーマをフォルダごとローカルサイト（パソコン）にコピーしてバックアップした後、サーバーのそのテーマをフォルダごと削除します。WordPressは自動的に別のテーマを有効化するので、管理画面にアクセスできるようになります。

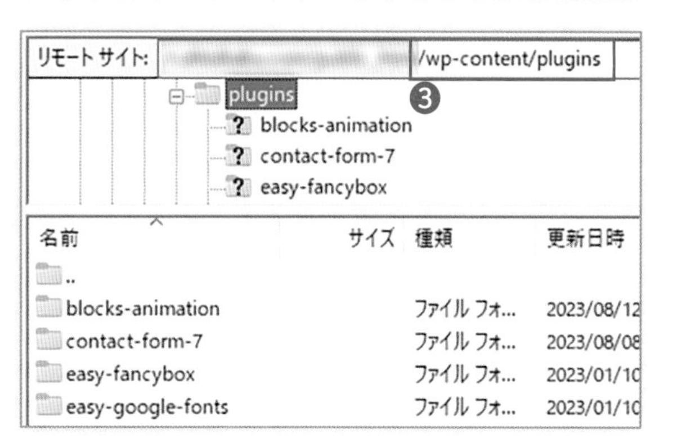

プラグインの更新が怪しいなら……

FTPソフトでサーバー上の❸「wp-content/plugins」に接続して、怪しいと思われるプラグインフォルダを削除します。管理画面が表示されるなら、該当するプラグインをインストールしなおします。

トラブルの原因となるプラグインがわからないときは、プラグインフォルダの名称を「plugins」から「plugins_BAK」などにリネームすると全部のプラグインをいったん無効化できます。管理画面を表示できたら、ひとつずつプラグインをインストールしなおせば、原因となっているプラグインを特定できるかもしれません。

5 専門家に助けを求める

ここまでのステップで代表的な3つのトラブルとその解決策のヒントをご紹介しました。

1. まずは現象やエラーメッセージから、その原因と解決策を探ります。
2. 現象やエラーメッセージをキーワードに検索してみて、失敗の先輩たちから学びます。

それでも解決できない場合は、**専門家に助けを求めましょう。**WordPressサイトの開発経験の豊富なサイト制作会社に有料で対応を依頼することもひとつの方法です。

❶ **WordPressサポートフォーラム**を活用することもできます。過去の解決事例からヒントを得られるかもしれません。

WordPressサポートフォーラム
https://ja.wordpress.org/support/forums/

おつかれさまでした！

ブロックの使い方もマスターしたし
コードもちょっと書いてみたし
トラブルシューティングもあわてず取り組めそうだし
私ってWordPress中級者じゃないですか？

そうですね……
「WordPress中級者の入口がしっかりと見えた！」
という感じでしょうかね
でも本当によくがんばりました！
中・上級者の先輩たちは
みなさんがこれから経験する失敗の先輩でもあります
失敗をおそれずにこれからも勉強してくださいね
これで本書のレッスンはすべて終了です
たいへんおつかれさまでした！

INDEX

アルファベット

あ行

か行

さ行

た行

な行

は行

ま行

や行

ら行

わ行

【画像】
Adobe Stock ／写真AC ／イラストAC

著者プロフィール

早﨑 祐介 Hayasaki Yusuke

福岡出身のWordPressエキスパート。設計業界でITスキルを磨いた後、アプリケーション開発のプロダクションリーダーを経て、ウェブ業界に転身。当時、まだメジャーではなかったWordPressに早くから注目し、自身でWordPress勉強会を主催し、後にはスクール講師としても高い評価を得る。現在は、WordPress開発案件をはじめとしたフロントエンドエンジニアとして開発業務に携わる傍ら、制作会社を対象としたウェブ制作・運用コンサルタントなど幅広く活躍中。

Harmony Web（ハーモニーウェブ）
https://harmony-web.jp/

はじめてのホームページ制作

WordPress超入門

2023年10月12日　初版第1刷発行

著　者　　早﨑 祐介

編集制作　　鴨 英幸（confident）
イラスト　　安永 奈穂子
制作協力　　小林 直美（CAFE SIKAKU）
DTP支援　　安達 貴仁（あしのすけラボ工房）

発行人　　片柳 秀夫
編集人　　平松 裕子

発　行　　ソシム株式会社
https://www.socym.co.jp/
〒101-0064
東京都千代田区神田猿楽町1-5-15 猿楽町SSビル
TEL：03-5217-2400（代表）　FAX：03-5217-2420
印刷・製本　シナノ印刷株式会社

定価はカバーに表示してあります。
落丁・乱丁本は弊社編集部までお送りください。
送料弊社負担にてお取替えいたします。

ISBN978-4-8026-1425-2
©2023 Hayasaki Yusuke
Printed in Japan

・本書の内容は著作権上の保護を受けています。著者およびソシム株式会社の書面による許諾を得ずに、本書の一部または全部を無断で複写、複製、転載、データファイル化することは禁じられています。
・本書の内容の運用によって、いかなる損害が生じても、著者およびソシム株式会社のいずれも責任を負いかねますので、あらかじめご了承ください。
・本書の内容に関して、ご質問やご意見などがございましたら、弊社Webサイトの「お問い合わせ」よりご連絡ください。なお、お電話によるお問い合わせ、本書の内容を超えたご質問には応じられませんのでご了承ください。